国家出版基金项目
NATIONAL PUBLICATION FOUNDATION

现代农业高新技术成果丛书

华北小麦-玉米一体化
高效施肥理论与技术

High Efficiency Fertilization Theory and Techniques of Wheat-Maize Cropping System in North China

谭金芳　韩燕来　等著

中国农业大学出版社
·北京·

内 容 简 介

本书系统介绍了华北地区小麦-玉米轮作模式下土壤养分的供给规律、作物养分的吸收特点及作物轮作期间的土壤养分变异特征，不同肥料或养分配合效应，施肥与其他农艺技术措施配合效应，新型肥料不同施用方法的效应以及华北不同生态类型区小麦-玉米一体化土壤肥力指标体系、施肥指标体系、高产高效施肥技术模式。全书以作者和有关科研协作单位十几年的科研成果为依据，结合目前国内外有关小麦-玉米一体化施肥技术研究的新进展编著而成。其中新型肥料不同施用方法的效应及不同生态类型区小麦-玉米一体化高产高效施肥技术等内容有一定的创新和特色。

图书在版编目(CIP)数据

华北小麦-玉米一体化高效施肥理论与技术/谭金芳，韩燕来等著. —北京：中国农业大学出版社，2012.5

ISBN 978-7-5655-0439-6

Ⅰ.①华…　Ⅱ.①谭…②韩…　Ⅲ.①小麦-施肥②玉米-施肥　Ⅳ.①S512.106.2 ②S513.062

中国版本图书馆 CIP 数据核字(2011)第 226021 号

书　　名　华北小麦-玉米一体化高效施肥理论与技术

作　　者　谭金芳　韩燕来 等著

策划编辑　董夫才　　**责任编辑**　李丽君

封面设计　郑　川　　**责任校对**　王晓凤　陈　莹

出版发行　中国农业大学出版社

社　　址　北京市海淀区圆明园西路2号　　**邮政编码**　100193

电　　话　发行部 010-62818525，8625　　读者服务部 010-62732336

编辑部 010-62732617，2618　　出　版　部 010-62733440

网　　址　http://www.cau.edu.cn/caup　　**e-mail**　cbsszs@cau.edu.cn

经　　销　新华书店

印　　刷　涿州市星河印刷有限公司

版　　次　2012年5月第1版　　2012年5月第1次印刷

规　　格　787×1092　16开本　14印张　340千字

定　　价　48.00元

现代农业高新技术成果丛书
编审指导委员会

作 者 分 工

前言 谭金芳

第 1 章

1.1 谭金芳 孙克刚 苗玉红

1.2 苗玉红

1.3 王宜伦 苗玉红

1.4 苗玉红 李 慧

1.5 韩燕来

第 2 章

2.1 孙克刚 王宏庭 邢素丽 苗玉红

2.2 崔荣宗 彭正萍

2.3 王宜伦

2.4 崔荣宗 谭德水 魏建林 杨 果 管力生

2.5 王宜伦

第 3 章

3.1 韩燕来 汪 强 赵炳梓 苗玉红

3.2 孙克刚 李丙奇 和爱玲

3.3 崔荣宗 谭德水 魏建林 杨 果 管力生

3.4 王宏庭 洪坚平 张 强 王 斌 赵萍萍

3.5 邢素丽 彭正萍 刘孟朝

第 4 章 王宜伦

第 5 章 李 慧

出版说明

瞄准世界农业科技前沿，围绕我国农业发展需求，努力突破关键核心技术，提升我国农业科研实力，加快现代农业发展，是胡锦涛总书记在2009年五四青年节视察中国农业大学时向广大农业科技工作者提出的要求。党和国家一贯高度重视农业领域科技创新和基础理论研究，特别是863计划和973计划实施以来，农业科技投入大幅增长。国家科技支撑计划、863计划和973计划等主体科技计划向农业领域倾斜，极大地促进了农业科技创新发展和现代农业科技进步。

中国农业大学出版社以973计划、863计划和科技支撑计划中农业领域重大研究项目成果为主体，以服务我国农业产业提升的重大需求为目标，在“国家重大出版工程”项目基础上，筛选确定了农业生物技术、良种培育、丰产栽培、疫病防治、防灾减灾、农业资源利用和农业信息化等领域50个重大科技创新成果，作为“现代农业高新技术成果丛书”项目申报了2009年度国家出版基金项目，经国家出版基金管理委员会审批立项。

国家出版基金是我国继自然科学基金、哲学社会科学基金之后设立的第三大基金项目。国家出版基金由国家设立、国家主导，资助体现国家意志、传承中华文明、促进文化繁荣、提高文化软实力的国家级重大项目；受助项目应能够发挥示范引导作用，为国家、为当代、为子孙后代创造先进文化；受助项目应能够成为站在时代前沿、弘扬民族文化、体现国家水准、传之久远的国家级精品力作。

为确保“现代农业高新技术成果丛书”编写出版质量，在教育部、农业部和中国农业大学的指导和支持下，成立了以石元春院士为主任的编审指导委员会；出版社成立了以社长为组长的项目协调组并专门设立了项目运行管理办公室。

“现代农业高新技术成果丛书”始于“十一五”，跨入“十二五”，是中国农业大学出版社“十二五”开局的献礼之作，她的立项和出版标志着我社学术出版进入了一个新的高度，各项工作迈上了新的台阶。出版社将以此为新的起点，为我国现代农业的发展，为出版文化事业的繁荣做出新的更大贡献。

中国农业大学出版社

2010年12月

前　言

华北是我国农业主产区和重要的商品粮生产基地，2009 年华北小麦生产总量6 600 万 t，占全国小麦生产量的 57.59%，玉米生产总量 5 900 万 t，占全国玉米生产量的 35.70%。小麦 - 玉米轮作为华北地区作物主要种植模式，2009 年统计表明，华北小麦 -玉米轮作面积为 1 821.10 万 hm^2，占粮食作物播种面积的 68.44%。肥料是作物的粮食，研究该区小麦 - 玉米轮作体系的施肥技术一直是研究者高度关注的热点问题，但过去研究的主要关注点是施肥对作物的增产问题，而对施肥对农业经济效益和环境的影响则关注较少；另外，施肥指标体系是在 20 世纪 80 年代时制定的，时至今日，该区农业生产条件和作物产量水平已发生了很大变化，上述指标体系已经不适合当前农业发展的要求；随着当前农村社会经济状况的改变，生产上对简化施肥技术需求迫切，而现行施肥环节过于复杂，影响了技术的推广应用和农民接受。因此，面对保障国家粮食安全、节约资源和保护环境等多重施肥目标，进一步改进施肥技术，以实现高产高效生态安全的小麦 - 玉米生产成为一个具有挑战性的问题。

为此，河南农业大学组织河南省农业科学院植物营养与资源环境研究所、山东省农业科学院土壤肥料研究所、山西省农业科学院土壤肥料研究所、河北省农林科学院农业资源环境研究所、中国科学院南京土壤研究所相关领域的研究人员在“十一五”国家科技支撑计划“华北小麦 - 玉米一体化施肥关键技术研究与示范”课题的支持下，先后在华北中部灌区、华北南部补灌区、华北东部灌区、华北西北部补灌区、华北北部灌区、华北砂质壤土区，针对当前华北小麦 - 玉米生产体系中存在的肥料施用量过高、土壤肥力要素不平衡、肥料利用率及施肥效益低、环境污染风险高，施肥指标体系有待完善、施肥环节过于复杂等共性技术问题，系统地研究了华北小麦和玉米超高产需肥规律、小麦 - 玉米吨田半粮的土壤肥力特征、不同肥料的配合效应、肥料与其他农艺技术措施的配合效应、新型肥料不同施用方法与方式的效应，在此基础上提出了小麦 - 玉米一体化高产高效施肥关键技术，同时开展试验示范区建设，进行不同生态区小麦 - 玉米一体化高效施肥技术模式集成与示范，建立了一套适用于本地区的小麦 - 玉米一体化土壤肥力指标体系、施肥指标体系及高效施肥技术模式。这为保障国家粮食安全、发展高产高效生态安全的农业生产，并为不断提升测土施肥技术水平提供重要的技术支撑。

河南农业大学从研究高产小麦、玉米的营养规律入手，自“九五”以来，先后主持了国家“重中之重”科技攻关项目专题“麦田灌溉与优化施肥技术研究”、河南省科技攻关重点项目“作物专用控释肥的研制及其肥效与开发”、中加合作项目“河南省砂薄地和高产田平衡施钾技术研究”和“冬小麦夏玉米养分管理与优化施肥”、国家粮丰工程河南子课题“小麦夏玉米两熟制农田节本增效施肥技术研究”等，在编写本书过程中，也吸收了上述项目研究所取得的重要成果。

全书共计5章，第1章高产小麦营养与施肥，第2章高产玉米营养与施肥，第3章华北小麦-玉米一体化土壤肥力指标与施肥指标，第4章华北小麦-玉米一体化高效施肥关键技术，第5章华北小麦-玉米一体化高效施肥技术模式。

作者在编写本书的过程中，得到了中国农业科学院金继运研究员、白由路研究员的鼎力支持、悉心指导与热情帮助，在此表示衷心的感谢。河南农业大学、河南省农业科学院植物营养与资源环境研究所、山东省农业科学院土壤肥料研究所、山西省农业科学院土壤肥料研究所、河北省农林科学院农业资源环境研究所、中国科学院南京土壤研究所的有关研究人员、教师、研究生对本书编写也给予了大力支持，在此致以深深的谢意。对本书引用的大量国内外文献资料，限于篇幅，有些未能列出，在此对其作者表示感谢。中国农业大学出版社对此书的编辑出版也费尽了心力，在此一并表示最诚挚的感谢。

在本书出版之时，我们真实感到自身的水平有限，加之编写时间紧，难免纰漏，敬请同行专家及广大读者予以批评指正。

著者

2011年5月

目　　录

第1章

高产小麦营养与施肥

目前，在华北小麦主产区，已出现了不少小麦单产达到9 000 kg/hm^2 以上的地块，说明小麦单产仍有一定的增产空间。施肥是增加小麦产量的基本保证，合理施肥不仅能增加小麦产量，改善土壤肥力，还能提高子粒品质，增强小麦对生物及非生物逆境抵抗力。为了进一步提高小麦单产，使小麦产量达到高产甚至超高产，应在土壤类型、品种特性、产量水平和营养特点等条件适宜的前提下，进行适量适时施肥。为此，近十几年来，在华北小麦主产区通过多年多点田间试验，对高产小麦的营养与施肥问题进行了比较系统的研究，以期为指导小麦高产栽培管理提供合理施肥理论与技术依据。

1.1 小麦氮素营养与施肥

1.1.1 小麦体内氮的含量与分布

小麦含氮量一般占其干重的1.0%～1.6%，而含量的多少与品种、器官、生育期和营养水平等有关。蛋白质含量高的品种含氮量也较高；小麦子粒含氮2.2%～2.5%，茎秆含氮仅0.5%左右；不同生育时期含氮量也不相同，由苗期、分蘖期至拔节期逐渐增多，至孕穗期达到高峰，其后随生育期推移而逐渐下降；同时，其含氮量亦明显受施氮水平和施氮时期的影响，随施氮量的增加，叶、茎和子粒中氮的含量均有明显提高，而生长后期施用氮肥，子粒中含氮量则明显上升。小麦体内氮素主要存在于蛋白质和叶绿素中，幼嫩器官和子粒中含氮量较高，而茎秆含量较低。

1.1.2 氮对小麦器官形成的影响

1.1.2.1 氮对小麦根系的影响

氮是小麦根系生长发育必不可少的营养元素。适宜的氮肥用量可以促进根系生长，总根量增加，分枝根增多。在黄土丘陵旱地上的研究表明，底施 150 kg/hm² 尿素的条件下，0～300 cm 土层中的总根量达1 328.9 mg/dm²，比不施肥处理增加 16.56%。施肥处理 0～20、20～100、100～300 cm 等不同土层中的分布比例（占总根量的百分比）分别为 72.3%、19.0%、8.7%，而不施肥处理的则分别为 62.1%、20.3%、17.6%。研究表明，增施氮肥有利于促进根量增加，并使根系垂直分布递减率增大，即表层根量增加，深层根量减少（李焕章等，1986）（表 1.1）。张和平等（1993）在华北平原的研究结果与此基本一致，即施氮肥 150 kg/hm² 处理比不施氮肥处理的总根长增加 8.60 km/m²，总根重增加 33.97 g/m²，增加幅度分别为 33.17%和 15.88%，而且施氮处理的上层根系比不施氮肥的多（这种趋势可延伸到 60 cm 深的土层）。严六零等（1992）进一步研究指出，不同氮肥处理的单株根数、单株根重、每公顷根重等差异较大（表 1.2），其变化趋势表现为每公顷施氮 150 kg＞300 kg＞0（对照），处理间的差异达极显著水平。在每公顷基本苗 150 万和 300 万株条件下，根重随着施氮量增加而增加；但在每公顷 450 万株基本苗条件下，根重却随施氮量的增加而减少。以每条根、每克根重与产量因子之间的关系作为根功能指数的分析结果表明，不同施氮水平条件下的根功能指数和产量均以施氮量150 kg/hm² 处理最高。而在施氮量为 300 kg/hm² 时，植株最上两个节位上的根数却有所减少。因此，在低密度下适宜的氮肥用量可增加根数、根重、扩大根群，并有利于提高根群质量，增强根系功能；在高密度下应适当控制施氮量，可防止地上部徒长、冠根比失调和后期倒伏。

表 1.1 黄土丘陵旱地播前施肥对冬小麦根系的影响

处理	根系分布/(mg/dm²)				根系生物量构成模式
	总根量	0～20 cm	20～100 cm	100～300 cm	
施尿素	1 328.9	961.2	252.6	115.1	$Y=182.9e^{-0.3045x}$，$r=-0.92^{**}$
不施肥	1 140.1	708.1	231.9	200.1	$Y=143.2e^{-0.2194x}$，$r=-0.77^{**}$

注：* 表示差异达显著水平，** 表示差异达极显著水平，下同。

1.1.2.2 氮对小麦茎伸长的影响

氮、磷、钾营养元素影响茎节的伸长。特别在茎秆形成时，如氮素不足，植株茎秆生长纤弱；氮素过多会使节间的细胞加速分裂和伸长，机械组织发育不良，茎壁较薄，节间长，支持能力变弱，茎叶浓绿繁茂，相互荫蔽，地上部和地下部失去正常比例，容易发生倒伏，氮肥不同用量对各茎节的伸长都有影响，而对基部茎节影响较大。从表 1.3 看出，随着氮肥用量的增加，株高呈有规律的递增，这是由于每个节间伸长的结果。在 5 个茎节间中，

表 1.2 不同施肥、密度处理根量及根功能指数

品种	施氮量/(kg/hm^2)	密度/($10^4/hm^2$)	单株根数/(条/株)	每公顷根数/($10^4/hm^2$)	每根穗数/(个/条)	每根粒数/(粒/条)	每根产量/(mg/条)	单株根量/(g/株)	每公顷根重/(kg/hm^2)	单位重量根粒数/(粒/g)	单位重量根产量/(g/g)
扬麦5号	0	150	50.5	7 575	0.057	1.955	58.08	0.750	1 125.0	131.65	3.91
		300	28.5	8 550	0.053	1.788	57.85	0.401	1 230.0	127.10	4.11
		450	22.0	9 900	0.056	1.778	41.89	0.393	1 768.5	99.16	3.56
	150	150	53.6	8 040	0.066	2.746	53.76	0.883	1 324.5	166.70	4.48
		300	34.7	10 410	0.057	2.113	54.11	0.461	1 383.0	159.03	3.96
		450	25.7	11 565	0.052	1.921	37.79	0.314	1 413.0	157.20	3.10
	300	150	51.0	7 650	0.068	2.659	66.75	0.932	1 399.5	145.48	3.65
		300	34.1	10 230	0.055	1.985	50.12	0.507	1 521.0	133.50	3.37
		450	25.0	11 250	0.052	1.864	24.97	0.296	1 332.0	157.47	2.11
宁麦3号	0	150	51.0	7 650	0.062	2.693	70.89	0.999	1 498.5	137.49	2.62
		300	30.5	9 150	0.056	2.047	51.31	0.502	1 507.5	124.39	3.12
		450	23.3	10 480	0.057	1.961	38.44	0.428	1 926.0	106.76	2.09
	150	150	56.4	8 460	0.065	2.961	39.81	1.122	1 683.0	178.82	4.01
		300	37.2	11 160	0.052	2.208	48.12	0.577	1 731.0	142.32	3.10
		450	27.5	12 375	0.050	1.713	39.68	0.356	1 602.0	136.96	3.07
	300	150	55.2	8 280	0.067	3.290	71.87	1.143	1 714.5	158.87	3.47
		300	34.8	10 440	0.058	2.553	47.34	0.586	1 758.0	151.35	2.81
		450	26.0	11 700	0.050	1.861	34.09	0.325	1 462.5	141.89	2.73

以穗下节增加最大，倒二、三节增加依次减少，一般是原来长的茎节增长多，短的茎节增长少，但其穗下节和倒二、三、四节的增长一般比对照长10%左右，只有倒五节基部节间比对照增长了16.98%～18.87%，这可能是造成倒伏的原因之一。倒伏大多数由茎基部节间过长而引起，而施肥不当又是引起茎基节间过长的重要原因。试验还证明，在氮、磷、钾中，氮对主茎第一、二节间的伸长影响较大，返青期施氮又比拔节期施氮节间增长更快。

表 1.3　氮素用量对西安 8 号节间伸长的影响

（河南农业大学，1984）　　cm

纯氮/(kg/hm^2)	株高	穗下节间长度	第四节间长度	第三节间长度	第二节间长度	第一节间长度
150.0	91.5	32.4	23.4	12.6	8.3	6.3
112.5	91.4	32.3	23.4	12.3	8.3	6.2
75.0	90.5	30.4	23.0	12.4	8.1	6.2
37.5	89.6	30.7	22.6	12.3	8.1	6.3
18.75	89.1	30.7	21.9	11.9	8.0	5.1
0	87.3	30.3	21.0	11.3	7.8	5.3

1.1.2.3　氮对小麦穗器官的影响

良好的氮素营养不仅能提高小麦成穗率，而且还能增加结实小穗数，减少不孕小穗，达到穗大、粒多、粒饱，不同用量的氮肥对小穗形成和退化有明显的影响。

据韩燕来等研究，适量增施氮肥能明显加快二棱期之后的幼穗发育，有利于幼穗伸长，分化小穗数随着施氮量的增加而增加。提高施氮量不仅增加小花原基数，促进下部小花发育为可孕小花，而且延长中部小花的发育时间并减缓其退化，使小花发育向着更有利于结实的方向发展。过量施氮，虽中部小花分化时间有所延长，但因后期小花分化程度降低，仍不利于小花最终结实（表 1.4）。一般在中低产水平适量施用氮肥和后期追施氮肥，可提高小麦千粒重和子粒蛋白质含量。反之，如果每公顷成穗较多，地力水平较高，或施氮量超过一定范围，则会导致粒重下降。

表 1.4　氮素水平对冬小麦分化小穗数和小穗结实率的影响

（河南农业大学，2007）

施氮量/(kg/hm^2)	分化小穗数/个		不孕小穗数/个		结实率/%	
	豫麦 49	太空 6 号	豫麦 49	太空 6 号	豫麦 49	太空 6 号
90	20.3±0.5	19.9±0.7	4.7±0.5	4.8±0.6	76.8±0.6	75.9±0.7
180	20.9±0.3	21.3±0.4	4.5±0.2	4.2±0.4	78.5±0.3	80.3±1.0
270	21.5±0.1	20.9±0.5	4.1±0.1	4.7±0.3	80.9±0.4	77.8±0.9

1.1.3 小麦氮肥施用技术研究

1.1.3.1 施氮对小麦旗叶蔗糖含量及子粒淀粉合成的影响

小麦属于糖叶植物,光合产物在叶片中以蔗糖的形式存在,并且主要以蔗糖的形式向外输出,控制叶片中蔗糖合成的关键酶是蔗糖磷酸合成酶(SPS)。运输到子粒中的光合产物最初以蔗糖的形式存在,其后在蔗糖合成酶(SS)的催化作用下,降解生成尿苷二磷酸葡萄糖(UDPG)和果糖后才被用来合成淀粉。氮素是限制小麦生长和产量形成的主要因素,关于小麦叶片中蔗糖合成和子粒淀粉积累动态的研究已较多,而有关氮素营养水平对该过程影响尚需进一步系统研究。

为此,在土壤肥力为0～20 cm土层土壤有机质含量12.6 g/kg,全氮1.0 g/kg,速效氮73.6 mg/kg,速效磷28.1 mg/kg,速效钾74.2 mg/kg,pH 7.6的轻壤质潮土条件下,选用河南省生产中的两个主栽小麦品种豫麦49和太空6号,研究了施氮量对小麦生育后期旗叶蔗糖磷酸合成酶、子粒蔗糖合成酶活性、子粒淀粉含量动态变化的影响。氮肥用量水平(N)分别是90(N1)、180(N2)、270(N3)kg/hm^2。小区面积为36 m^2。除氮外,还另施入磷肥(P_2O_5)120 kg/hm^2 和钾肥(K_2O)75 kg/hm^2。肥料的施用方法是氮肥以基追比6∶4的比例施用,追肥于拔节期追施,磷、钾肥作基肥一次施用。

1. 施氮水平对旗叶蔗糖合成的影响

(1)施氮对旗叶蔗糖磷酸合成酶(SPS)的影响　图1.1显示,灌浆期旗叶SPS活性随时间的推移均呈单峰曲线变化,各处理均于花后15 d达最大值,随后下降。花后30 d降为最低。不同施氮水平之间该酶活性变化较小,但施氮对酶活性的影响趋势明显。豫麦49的旗叶SPS整体表现为随施氮量的增加而呈上升趋势,且尤以灌浆10～15 d差异最显著,说明在一定的施肥量范围内,增施氮肥有利于提高该品种旗叶SPS的活性水平。太空6号旗叶SPS活性对施氮水平的响应与前者不完全相同,灌浆初期以N1最高,15 d前后呈N2＞N1＞N3的趋势,后期呈N2＞N3＞N1的趋势,说明施氮不足时酶活性下降早,不利于后期的光合产物向蔗糖的转化,而施氮过多亦对该酶活性有抑制作用。

(2)施氮对旗叶蔗糖含量的影响　从图1.2可以看出,与SPS的变化动态趋势相似,两品种旗叶蔗糖含量亦均呈单峰曲线变化,花后15 d达峰值,之后开始下降,花后30 d降为最低。豫麦49旗叶蔗糖含量表现为随施氮量增加而呈上升趋势,且尤以灌浆后10～15 d差异最显著;太空6号旗叶SPS活性对施氮水平的响应与前者不完全相同,灌浆初期以N1最高,10～15 d呈N2＞N1＞N3的趋势,之后呈N2＞N3＞N1的趋势,说明施氮不足时蔗糖含量下降早,而施氮过多亦不利于蔗糖的合成。

2. 施氮水平对子粒淀粉积累的影响

(1)施氮对子粒蔗糖含量的影响　由图1.3可知,两品种子粒蔗糖含量均呈单峰曲线变化。其中豫麦49各处理的子粒蔗糖含量峰值均出现在花后15 d;而太空6号的各

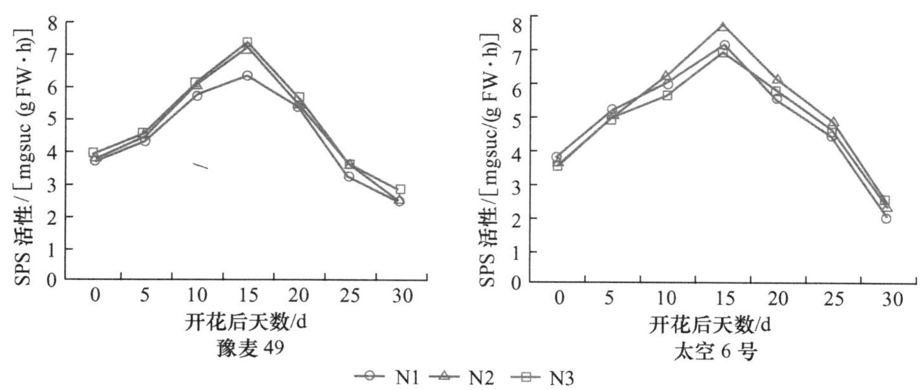

图 1.1 施氮水平对豫麦 49 和太空 6 号旗叶 SPS 活性的影响

（河南农业大学，2007）

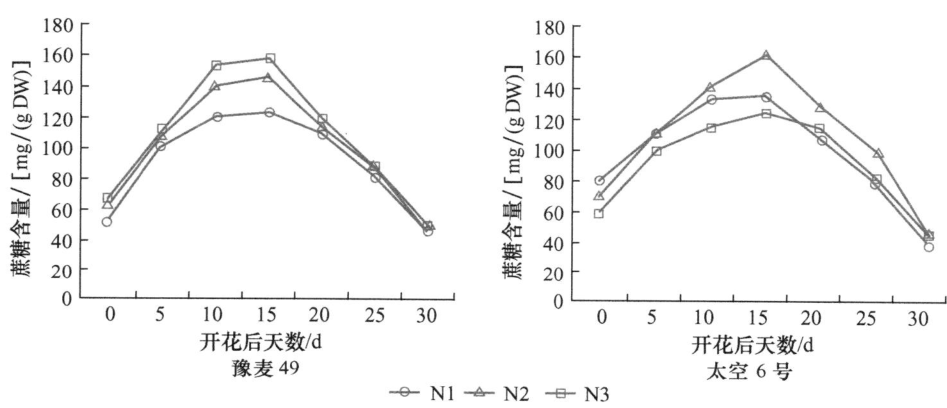

图 1.2 施氮水平对豫麦 49 和太空 6 号旗叶蔗糖含量的影响

（河南农业大学，2007）

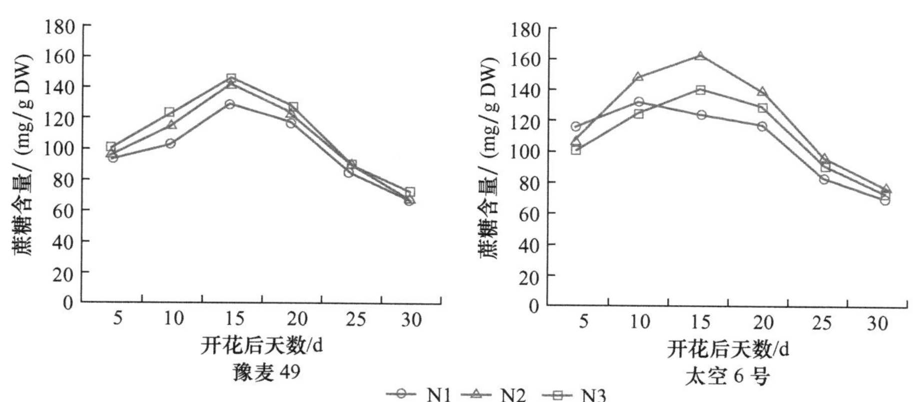

图 1.3 施氮水平对豫麦 49 和太空 6 号子粒蔗糖含量的影响

（河南农业大学，2007）

处理达峰值时间不尽一致,其中 N1 处理在花后 10 d,其他处理均在花后 15 d,这可能与 N1 处理蔗糖运转至子粒中的数量不足,而此阶段子粒淀粉积累速度快引起的蔗糖过度消耗有关。氮水平也影响子粒蔗糖含量水平。豫麦 49 子粒蔗糖含量对施氮水平的响应特点是 N3>N2>N1,且随着灌浆过程的推移差异缩小;太空 6 号与前者有所不同,初始阶段 N1>N2>N3,但 15 d 后则是 N2>N3>N1,施氮不足不利于中后期子粒蔗糖的供应,施氮过多亦不利于提高子粒的蔗糖含量。

(2)施氮对子粒蔗糖合成酶(SS)活性的影响　由图 1.4 可知,两品种子粒 SS 活性变化为单峰曲线,其中豫麦 49 达到峰值的时间为花后 15 d,而太空 6 号达到最高值的时间为花后 20 d,峰值出现早晚可能与品种特性不同有关。在整个灌浆期内,豫麦 49 的 SS 活性均表现为随施氮量的增加而上升的趋势,而太空 6 号则表现为 N2>N1>N3 的趋势。两品种相比,豫麦 49 不同处理之间子粒 SS 酶活性变异较小,而太空 6 号则变异较大,说明施氮水平对豫麦 49 子粒 SS 酶活性的影响小于太空 6 号。

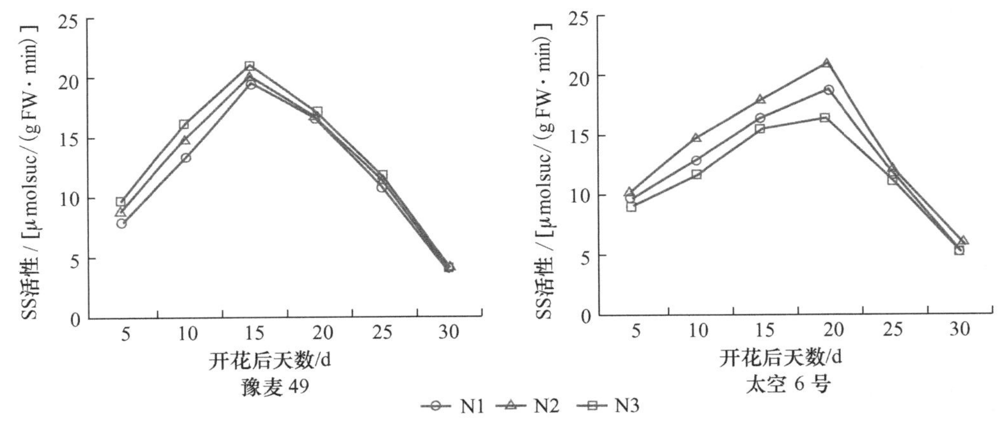

图 1.4　施氮水平对豫麦 49 和太空 6 号子粒蔗糖合成酶(SS)活性的影响

(河南农业大学,2007)

(3)施氮对淀粉积累速率的影响　从图 1.5 可以看出,两品种子粒淀粉积累速率均先升后降,于花后 20 d 达最大值。豫麦 49 在整个灌浆期,淀粉积累速率均表现为 N3>N2>N1 的趋势。而太空 6 号灌浆初期淀粉积累速率 N1>N2>N3;花后 10 d 后占灌浆期约 2/3 的时间内,则表现为 N2>N1>N3。两品种相比,豫麦 49 不同处理之间淀粉积累速率变异较小,而太空 6 号则变异较大,说明施氮水平对豫麦 49 的淀粉积累的影响小于太空 6 号。

3. 施氮水平对产量及其构成因素的影响

由表 1.5 可知,两品种达最高产量的施氮量有所不同,豫麦 49 以 N3 处理产量最高,而太空 6 号以 N2 处理产量最佳。从施氮对产量因子的影响看,在 90~270 kg/hm^2 施氮量范围内,豫麦 49 穗数、穗粒数和千粒重随施氮量的增加均呈增加趋势,且处理之间差异达显著水平,说明增施氮肥是通过对产量三因子的共同增加而提高产量。太空 6 号在 90~180 kg/hm^2 施氮量范围内,穗粒数和千粒重均呈增加趋势,且差异达显著水平;穗数

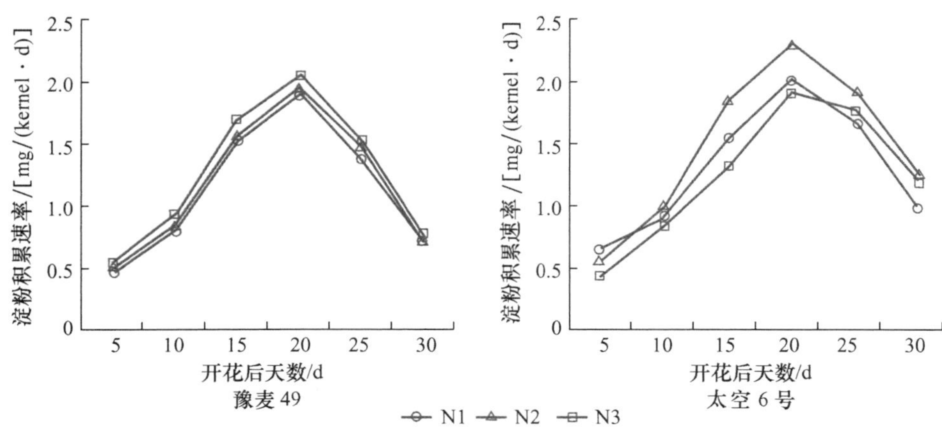

图 1.5 施氮水平对豫麦 49 和太空 6 号子粒淀粉积累速率的影响

（河南农业大学，2007）

虽呈增加趋势，但差异未达显著水平，因而在上述试验施氮范围内，产量的增加主要是通过穗粒数与千粒重的协同增加作用而实现的；而在 180～270 kg/hm² 施氮范围内，随施氮量的增加，穗数虽呈增加趋势，但处理间差异未达显著水平，加之穗粒数变化不大，千粒重显著下降，以致产量呈下降趋势。由此可见，对于小麦品种太空 6 号来说，适量施氮对增产有重要的意义。在上述试验条件下，豫麦 49 以施氮 270 kg/hm² 左右，太空 6 号以施氮 180 kg/hm² 左右为宜。

表 1.5 氮素水平对冬小麦子粒产量及构成因素的影响

（河南农业大学，2007）

品种	处理	穗数/(10^4/hm²)	穗粒数/个	千粒重/g	产量/(kg/hm²)
豫麦 49	N1	631.0bA	27.4bB	40.7bA	7 091.5bB
	N2	650.0abA	28.0bAB	41.8abA	7 784.2abAB
	N3	679.5aA	29.4aA	42.1aA	8 347.1aA
太空 6 号	N1	642.8aA	24.0bB	44.1bB	6 848.7bB
	N2	676.3aA	26.1aA	46.4aA	8 216.3aA
	N3	683.9aA	25.8aA	43.9bB	7 690.6abAB

注：表中数据后不同小写字母表示差异显著（$P<0.05$），不同大写字母表示差异极显著（$P<0.01$），下同。

综上所述，施氮对两品种旗叶蔗糖含量及 SPS 酶活性、子粒蔗糖含量及 SS 酶活性、子粒淀粉积累速率及产量均有显著影响，但影响特点因品种而异。豫麦 49 在施氮量 90～270 kg/hm² 范围内，随施氮量的增加，旗叶和子粒的蔗糖含量、SPS 和 SS 活性以及子粒淀粉积累速率均呈增加趋势。太空 6 号在施氮 90～180 kg/hm² 范围内，上述指标在灌浆中后期与施氮量呈正相关；当氮肥用量增加至 270 kg/hm² 时，各项指标均下降。相关分析表明，两供试冬小麦品种子粒蔗糖含量与旗叶蔗糖含量分别呈极显著和显著正相关(豫麦 49$r=0.703^{**}$,太空 6 号 $r=0.530^{*}$);豫麦 49 子粒淀粉积累速率与其子粒蔗糖含量和 SS 活性之间呈显著和极显著正相关($r=0.578^{*}$,$r=0.701^{**}$),太空 6 号子粒淀粉积累速率仅与子粒 SS 之间呈显著的正相关($r=0.625^{*}$),而与子粒蔗糖含量之间相关性不显著($r=0.121$)。施氮量 270 kg/hm² 时,豫麦 49 产量最高;太空 6 号需氮量相对较低,产量达最大值时的施氮量为 180 kg/hm²。

1.1.3.2 施氮量对豫北潮土区不同肥力麦田氮肥去向及小麦产量的影响

氮肥是提高作物产量的主要技术措施,近年来,随着高产综合生产技术的应用,小麦产量的提高很快,然而,与此同时,生产中对化肥,尤其是氮肥的投入明显增加,据统计,2004 年全国小麦平均氮肥用量为 153.5 kg/hm²,总用量达到 331.85 万 t,占全国氮肥用量的 14.93%。另据农业部对全国 1 万多农户小麦施肥状况的调查表明,施氮量超过 250 kg/hm² 的农户达 26.4%。过量施氮不仅引起肥料利用率下降、施肥的经济效益降低,而且增加肥料氮的气态损失或淋溶损失,带来环境风险。因此,研究施氮量对高产麦田氮素去向及小麦产量的影响,对实现高产、高效、环境安全的小麦生产和优化氮肥管理具有重要意义。关于小麦施用氮肥的去向已有较多研究,但这些研究多是在某一肥力条件下进行的,而围绕不同肥力高产麦田开展的系统研究则较少。

为了探讨这一问题,选择我国小麦主产区河南省生产水平较高的豫北麦区,在当地主要土类潮土土壤肥力为 0~20 cm 土层土壤有机质含量 10.1 g/kg,全氮 0.98 g/kg,碱解氮 70.4 mg/kg,有效磷 20.4 mg/kg,速效钾 92.0 mg/kg 的典型中肥力和 0~20 cm 土层土壤有机质含量 13.6 g/kg,全氮 1.18 g/kg,碱解氮 88.6 mg/kg,有效磷 20.2 mg/kg,速效钾 122 mg/kg 的典型高肥力地块条件下,应用^{15}N 示踪微区试验与田间小区试验相结合的方法,选用豫麦 49,研究了不同施氮量对不同肥力麦田氮肥去向及小麦产量的影响。两试验地点小区试验采用相同的试验设计。氮肥施用量分别为 0、90、180、270、360 kg/hm²,分别以 N0、N90、N180、N270、N360 表示。小区面积为 6 m×10 m。小区施肥方法是氮肥 1/2 作基肥于播前撒施后耕翻入土中,1/2 在拔节期撒施后灌水。除氮肥外,每处理还施用磷肥(P_2O_5)150 kg/hm²,全部作基肥施入。在施氮水平为 0、90、180、270 kg/hm² 的小区中央设置微区试验,在小麦生长季施入^{15}N-尿素,以研究肥料氮在冬小麦生长期的去向。施肥量、施肥时期与播种密度与相应小区相同。^{15}N-尿素由上海化工研究院生产,丰度为 9.588%。

1. 施氮量对小麦植株吸收不同来源氮素的影响

应用^{15}N 示踪技术,可将作物吸收的肥料氮与吸收的土壤氮区别开来。表 1.6 表明,在设计施氮量范围内,随着氮肥用量的增加,两种肥力地块植株吸氮总量、吸收肥料氮量均显著增加,植株吸氮中来自肥料氮的比例亦升高,但来自土壤氮的数量先上升后下降,以施氮 180 kg/hm² 最高,同时来自土壤氮的比例下降,说明增施氮肥将降低小麦对土壤氮的依存率,施氮量如超出一定程度还将抑制植株对土壤氮的吸收。

不同土壤肥力条件下,植株吸氮中来自肥料氮与来自土壤氮数量及比例均存在差异。表 1.6 表明,高肥力地块植株吸氮量中来自肥料氮的数量及比例均低于中肥力地块，但来自土壤氮的数量及比例则高于中肥力地块，其中高肥力地块植株吸收肥料氮与土壤氮的比例分别为 17.43%～31.93%和 68.07%～82.72%，而中肥力地块分别为 20.64%～38.75%和 61.25%～79.36%，说明在较高的土壤肥力下，由于土壤供氮充足，植株趋于吸收更多的土壤氮素。

表 1.6　冬小麦吸收土壤氮和化肥氮的比例(微区试验)

(河南农业大学，2007)

肥力水平	施肥处理	总吸氮量/(g/微区)	来自肥料氮		来自土壤氮	
			数量/(g/微区)	占总吸氮的比例/%	数量/(g/微区)	占总吸氮的比例/%
高肥力	N90	3.558cB	0.620cC	17.43	2.968abAB	82.72
	N180	4.036bAB	0.867bB	21.53	3.169aA	78.50
	N270	4.225aA	1.349aA	31.93	2.876bB	68.07
中肥力	N90	3.488cB	0.720cC	20.64	2.768bB	79.36
	N180	3.984bAB	1.020bB	25.60	2.964aA	74.40
	N270	4.232aA	1.640aA	38.75	2.592cC	61.25

2. 施氮量对小麦植株氮肥吸收、残留和损失的影响

氮肥施入土壤后的去向：被作物吸收、残留于土壤中，或由于氨挥发、反硝化和淋失而损失。表 1.7 数据说明，随施氮量的增加，肥料氮的作物吸收量、土壤残留量(0～100 cm)和损失量均增加，肥料吸收率和土壤残留率降低，而损失率上升。施氮量 90 kg/hm^2 时，肥料氮主要去向为土壤残留，其次为植株吸收，而损失率较低，两地块均为 20%左右，但施氮量升至 270 kg/hm^2 时，肥料氮的主要去向为损失，损失率近 50%，说明施氮量增加是造成氮肥损失增加的主要原因。不同土壤肥力地块相比，无论是肥料氮的作物吸收，还是肥料氮的土壤残留与损失方面均存在差异。由表 1.7 可知，高肥力地块植株对肥料氮的吸收率、土壤残留率和损失率分别为 25.51%～35.11%、28.61%～47.14%和 17.75%～45.88%，而中肥力地块三者依次为 31.01%～40.77%、20.30%～36.32%和 22.91%～48.69%，可见，相同施氮量条件下高肥力地块肥料氮的作物吸收率、损失率均低于中肥力地块，而残留率则高于中肥力地块。

按照 Cookson 的方法，把"标记肥料氮素损失量/植物氮素回收量"定义为氮素标记肥料的"风险/收益比"，由此可以看出，随施肥量的增加，风险/收益比增大，特别是施氮量高于 270 kg/hm^2 时此比值高于 1，施肥引起的风险大于收益，因此，从环境安全角度考虑，超过该施肥量是不合理的。

3. 施氮量对小麦收获后剖面残留氮分布的影响

表 1.8 表明，两种肥力地块收获期肥料氮主要集中分布于表层，占 0～100 cm 土层残留总量的 61.41%～87.27%，说明残留肥料氮在小麦收获后大部分仍集中分布于原来的施肥位置。随施氮量的增加，肥料氮残留于表层比例下降，意味着肥料氮下移趋势增加。两试验点残留肥料氮在剖面中的分布不完全相同，高肥力地块残留肥料氮在 20 cm

以下土壤中的分布主要集中在 20～40 cm 土层，随土层加深而迅速降低，而中肥力地块当施氮量高于 180 kg/hm² 时肥料氮主要分布于 60～80 cm 土层，说明在中肥力地块肥料氮下移明显，更易淋失。此外，尽管肥料氮在 80～100 cm 土层含量很低，但仍能被检测到，说明肥料氮在小麦生育期内已移动至该层，并存在移出 100 cm 土层的可能。

表 1.7 冬小麦当季化肥氮的去向(微区试验)

(河南农业大学,2007)

肥力水平	施肥处理	小麦吸收		土壤残留		损失		风险收益
		吸收量/(g/微区)	吸收率/%	残留量/(g/微区)	残留率/%	损失量/(g/微区)	损失率/%	
高肥力	N90	0.620cC	35.11	0.832cC	47.14	0.314cC	17.75	0.51
	N180	0.867bB	32.73	1.138bB	42.99	0.644bB	24.28	0.74
	N270	1.349aA	25.51	1.513aA	28.61	2.427aA	45.88	1.80
中肥力	N90	0.720cC	40.77	0.641cC	36.32	0.405cC	22.91	0.56
	N180	1.020bB	38.51	0.878bB	33.17	0.751bB	28.32	0.74
	N270	1.640aA	31.01	1.073aA	20.30	2.576aA	48.69	1.57

表 1.8 冬小麦当季残留肥料氮在 0～100 cm 土层中的分布(微区试验)

(河南农业大学,2007)

肥力水平	层次/cm	N90		N180		N270	
		残留量/(mg/kg)	占总量/%	残留量/(mg/kg)	占总量/%	残留量/(mg/kg)	占总量/%
高肥力	0～20	16.22	86.00	18.26	70.58	21.05	61.41
	20～40	1.31	6.95	3.96	15.31	5.62	16.39
	40～60	0.77	4.08	1.06	4.10	3.67	10.71
	60～80	0.29	1.54	1.27	4.91	2.31	6.74
	80～100	0.27	1.43	1.25	4.83	1.63	4.75
中肥力	0～20	12.48	87.27	14.43	72.48	16.94	69.14
	20～40	0.99	6.92	1.27	6.38	1.67	6.82
	40～60	0.63	4.41	1.06	5.32	1.52	6.20
	60～80	0.27	1.89	2.02	10.15	2.52	10.29
	80～100	0.16	1.12	1.13	5.68	1.85	7.55

4. 施氮量对冬小麦干物质积累的影响

从表 1.9 可以看出，在两种肥力地块进行小区试验均表明，小麦地上各部分干物质积累因施氮量不同有显著的差异，且均随施氮量的增加呈抛物线形变化，两地块植株营养体与总干物质积累量随施氮量增加变化趋势相似，在施氮量低于 270 kg/hm² 呈升高趋势，施氮量高于 270 kg/hm² 呈下降趋势。子粒产量与变化趋势与前者有所不同，高肥力地块以施氮 180 kg/hm² 产量最高，中肥力地块以施氮 270 kg/hm² 产量最高。微区试验中设计的最高施氮量虽低于田间试验，但在相同施氮范围内小麦地上各部位干物质积累特点与小区试验中表现的趋势相同。

表 1.9 不同处理对冬小麦干物质积累的影响

（河南农业大学，2007）

肥力水平	施肥处理	微区试验地上部干物质积累量/(g/微区)			田间试验地上部干物质积累量/(kg/hm²)		
		子粒	营养体	总干物质重	子粒	营养体	总干物质重
高肥力	N0	113.5cC	159.6	273.2cB	5 516.0dD	6 746.0	12 262.0dD
	N90	123.9bcBC	173.6	297.6bB	7 063.0cC	7 866.0	14 929.0cC
	N180	139.5aA	197.3	336.8aA	8 250.0aA	9 486.0	17 736.0bB
	N270	131.6bAB	218.6	350.1aA	7 620.0bB	11 350.0	18 970.0aA
	N360				7 125.0cBC	10 904.0	18 029.0abAB
中肥力	N0	102.4dC	133.3	235.8dC	4 500.0dD	7 252.0	11 752.0dC
	N90	113.3cB	168.5	282.0cB	6 294.0cC	7 802.0	14 096.0cBC
	N180	122.5bAB	178.0	300.5bB	7 128.0bAB	8 031.0	15 159.0bB
	N270	130.6aA	206.0	336.5aA	7 484.0aA	9 502.0	16 986.0aA
	N360				7 056.0bB	9 022.0	16 078.0abAB

由以上研究结果可以看出，收获期小麦植株吸收氮素的 17.43%～38.75%来自肥料，61.25%～82.72%来自土壤，其中高肥力地块植株吸氮量中，来自肥料氮的比例低于中肥力地块，来自土壤氮的比例则高于中肥力地块，进一步说明在较高的土壤肥力下，由于土壤供氮充足，肥料氮的作用相对减小，土壤氮的作用相对增加，高肥力地块上如何发挥土壤的供氮能力对提高产量具有重要意义。

目前，豫北潮土区中高肥力地块氮肥利用率在施氮量 90～270 kg/hm² 的施氮范围内介于 25.51%～40.77%，说明目前该区小麦生产中氮肥利用率仍较低，如何提高肥料利用率仍是一项艰巨的任务。试验还表明，不同田块相比，相同施氮量时高肥力田块氮肥利用率低于中肥力田块，说明更应重视高肥力田块氮肥利用率的提高问题。

关于施氮量对氮肥的残留、损失的影响报道较多，本试验亦取得一致的结果，研究表明，高肥力地块肥料的残留量与残留率高于中肥力地块，而损失量与损失率则低于中肥力地块；特别是收获时中肥力地块残留氮下移较深，说明中肥力地块不仅当季的施肥环境风险较高，残留肥料氮因易于移出 1 m 土层，因此在后季对地下水造成污染的风险亦较高。

试验结果表明，达到最高产量时中肥力地块的施肥量高于高肥力地块，但由于中肥力地块施肥的环境风险亦较大，亦应控制氮肥用量，根据风险/收益比值，两种肥力地块氮肥施用量均应控制在 180 kg/hm² 左右。

1.1.3.3 轻壤质潮土氮肥基追比对冬小麦产量与品质的影响

氮肥是对小麦品质和产量均有较大影响的一个因子，而氮肥施用的适宜基追比例又是小麦施肥的一个关键问题。尤其是在河南省平原麦区，多数麦田土壤的质地偏轻，研究小麦适宜的基追比例更显得重要。为此，选用河南省小麦生产中具有超高产潜力的小麦品种豫麦 49，在河南省潮土(潮湿雏形土)区土壤肥力为 0～20 cm 土层土壤有机质含量 12.5 g/kg，全氮 0.99 g/kg，碱解氮 73.3 mg/kg，有效磷 29.5 mg/kg，速效钾 68.9 mg/kg 的典型轻壤质麦田，安排了氮肥基追比例试验，探讨了不同氮素基追比例对小麦产量、面粉品质的影响。根据氮肥基追比的不同设置 6 个处理，分别用 1、2、3、4、5、6 表示，其对应的基追比依次为 0：100、20：80、40：60、60：40、80：20、100：0。每个处理的小区面积为 23.2 m^2。肥料用量为：纯氮 240 kg/hm^2、P_2O_5 150 kg/hm^2、K_2O 150 kg/hm^2。其中氮肥基施部分为耕前结合磷钾肥施入，追施部分于拔节期施入。磷钾肥在耕前作基肥一次施入。

1. 氮肥基追比对冬小麦产量的影响

表 1.10 结果表明，氮素基追比不同对产量影响很大，处理之间差异达 5%的显著水平，全作基肥处理与全作追肥处理的小麦产量最低，其他各处理相比以基肥占 40%最好，其次是 20%的，两者之间差异不显著，而基肥所占比例较大的两个处理(基肥比例60%～80%)产量不如前者，这一结果进一步印证了实现小麦超高产应重施追肥的理论。

表 1.10 氮肥不同基追比的产量结果

(河南农业大学，2003)

处理/(基肥：追肥)	重复/(kg/hm^2)			平均/(kg/hm^2)	差异显著水平	
	Ⅰ	Ⅱ	Ⅲ		0.05	0.01
0：100	8 288.5	8 359.5	7 927.5	8 158.5	C	d
20：80	8 940.0	9 006.0	8 581.5	8 842.5	A	ab
40：60	9 127.5	8 818.5	8 919.0	8 955.0	A	a
60：40	8 877.0	8 811.0	8 331.0	8 673.0	AB	b
80：20	8 649.0	8 290.0	8 368.0	8 436.0	BC	c
100：0	8 112.0	8 301.0	7 804.5	8 072.5	C	d

应用上述试验结果进行基肥比例(x)与产量(y)之间数学关系模拟，得出以下方程：

$$y=8\,199.464\,6+47.311\,1x-0.875\,4x^2+0.003\,9x^3\ (F_{1,16}=13.32^{**},R^2=0.86^{**})$$

该回归方程达 1%显著水平，说明基肥比例与产量的关系符合一元三次曲线模型。通过方程分析可以得出基肥比例与产量的关系是，从基肥比例为 0%开始，随着比例的增加开始产量呈报酬递增型增加，至转向点后呈报酬递减型增加，并达一最高产量点，后随着基肥比例的进一步增加，产量反而下降。最高产量对应的基肥比例为 37.4%，该比例接近于 40%。

2. 氮肥基追比对冬小麦产量构成因素的影响

冬小麦产量构成因子主要包括有效穗数、穗粒数和千粒重，三者共同决定小麦子粒产量的高低。试验结果表明，不同氮素基肥比例处理的小麦有效穗数、穗粒数、千粒重显著不同，从而造成不同处理间小麦产量的差异。

有效穗：随氮肥基肥比例增加，小麦有效穗数开始呈较快的增加趋势，到基追比 60∶40 时增至最多，此后随基肥比例增加而逐渐减少，出现这一趋势的原因可能有几个原因：本试验的供试品种豫麦 49 为一个分蘖能力较强的品种，供氮状况对分蘖发生影响很大，在基肥比例较少的情况下，分蘖少，虽然成穗率高，但由于群体小，有效穗少；本试验土壤自然供氮能力中上等，又为轻壤质土壤，后期供氮相对不足，如果基肥比例过大，追肥氮素不能维持分蘖成穗的要求，成穗率下降而在一定程度上影响有效穗的形成(表 1.11)。

穗粒数：穗粒数与有效穗的变化规律不同，穗粒数随基肥比例的增加呈下降趋势，基肥从 0 增加到 100%，穗粒数从 42.0 下降到 37.3，差异比较明显(表 1.11)，这是由于基肥比例较低时，有效穗较少，同时由于追肥比例较大，有利于小穗的分化及减少小花败育，故促使穗大。

千粒重：基追比也明显地影响到千粒重，千粒重的变化与穗粒数相似，随基肥比例由 0 增加到 100%，千粒重由 39.6 g 降至 34.9 g(表 1.11)，说明后期追肥用量直接影响子粒的发育。

表 1.11　氮肥基追比对小麦产量构成的影响

(河南农业大学，2003)

处理	最高茎蘖数/($10^4/hm^2$)	有效穗数/($10^4/hm^2$)	穗粒数/个	千粒重/g	成穗率/%
0∶100	1 066.5±89.0	586.5±36.5	42.0	39.6±1.4	54.9
20∶80	1 281.5±74.0	684.0±29.0	40.3	37.9±0.9	53.4
40∶60	1 472.0±76.5	745.5±40.5	39.2	36.1±1.6	50.6
60∶40	1 524.5±95.0	751.5±25.5	38.3	35.7±0.5	49.3
80∶20	1 576.5±62.0	727.5±27.5	37.6	36.0±0.7	46.1
100∶0	1 617.0±93.5	715.5±33.0	37.3	34.9±1.3	44.2

三因子间有一定的消长作用，当基肥比例过低，由于形成的有效穗数较少，虽穗数多、千粒重高也不能高产；反之当基肥比例过大，对有效穗、穗粒数、千粒重均有副作用，合理的基追比应保持其基肥部分能满足建成合适的最高群体的要求，追肥部分有助于较高的有效穗数、穗粒数和千粒重，在本试验的中等肥力条件下，其平衡点为基追比 40∶60。

3. 氮肥基追比对冬小麦氮素吸收的影响

为明确供氮与小麦吸氮的关系，揭示基追比对小麦产量及质量影响的内在机制，我们分阶段测定了各处理小麦的氮素吸收积累量。从前期(拔节前)来看(图 1.6)，各处理小麦氮的积累量随基肥比例的增大而逐渐增加，说明在此土壤和小麦品种条件下，苗期氮肥施入量多至 240 kg/hm^2，仍有利于植物对氮的吸收，这与植物的生长情况是一致的。在后期(拔节至成熟)，不同处理相比，以处理 3 即基肥比例为 40%的氮的积累最高，其次为处理 2 与处理 4，以处理 1 和处理 6 为最低。可见在小麦生育后期，植株体内氮素的积累既受前一阶段小麦生长的影响，又受该时期供氮水平的影响。全生育期综合来看，各处理氮素总积累量以处理 4 即基肥比例 60%最高，总量为325.0 kg/hm^2，其次是处理 3，基肥比例较大的处理 5 和处理 6 也积累了较多的氮素，基肥比例较小的处理 1 和处理 2 氮素积累量较少，特别是处理 1 为最少，仅为处理 4 的 80%。可见，不同基追比对吸氮总量与阶段吸收量影响很大，这将改变植物内在生长发育特点，影响到小麦产量和质量。

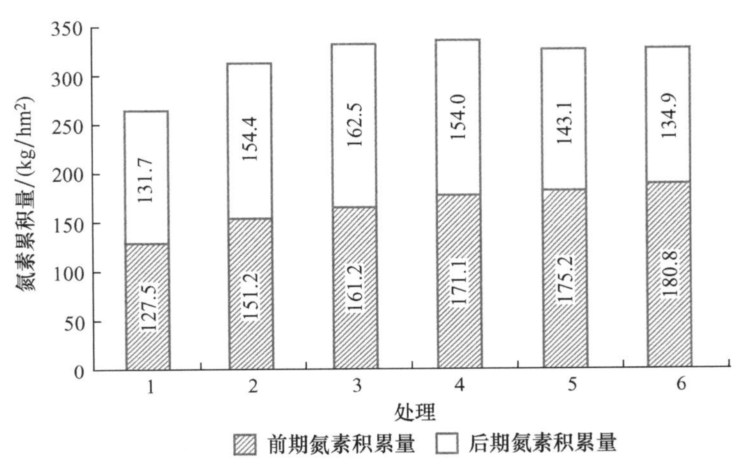

图 1.6 氮素基追比对小麦氮素积累的影响

（河南农业大学，2003）

4. 氮肥基追比对小麦子粒品质的影响

小麦子粒品质包括营养品质和加工品质，营养品质主要包括蛋白质含量及各种氨基酸的平衡，加工品质包括沉淀值、面筋含量等，烘烤品质的优劣主要取决于面筋含量和质量，沉淀值则是评价面筋品质的一个重要指标。

从表 1.12 可以看出，小麦子粒中蛋白质含量(y_1)、蛋白质产量(y_2)、湿面筋(y_3)、面粉沉淀值(y_4)随基肥比例的增加均呈现抛物线形变化，与基肥比例之间的关系符合以下方程式：

$$y_1 = 13.5107 + 0.0608x - 0.0005x^2 \qquad (R^2 = 0.98^{**})$$

$$y_2 = 1120.3571 + 8.8889x - 0.0854x^2 \qquad (R^2 = 0.99^{**})$$

$$y_3 = 53.0821 + 0.1131x - 0.0010x^2 \qquad (R^2 = 0.76^{*})$$

$$y_4 = 28.6893 + 0.1387x - 0.0014x^2 \qquad (R^2 = 0.93^{**})$$

利用方程式预测，上述指标最佳时的基肥所占比例分别是 60.80%、52.00%、56.55%与 49.35%，即达到较好的品质指标，基肥比例要达到 50%～60%，基肥比例小于此比例，品质随基肥用量的增加而增加，超出此比例，品质随基肥用量的增加而下降。

麦谷蛋白/醇溶蛋白值一般认为影响沉淀值和面筋含量，本试验结果指示基追比对该指标的影响不显著。

表 1.12　氮素不同基追比的小麦子粒品质

（河南农业大学，2003）

处理	蛋白质含量/%	蛋白质产量/(kg/hm^2)	湿面筋/%	沉淀值/mL	麦谷蛋白/醇溶蛋白
0∶100	13.6b	1 114.0b	29.2bc	53.8b	0.84
20∶80	14.4ab	1 273.0ab	30.1bc	54.0b	0.84
40∶60	15.0ab	1 343.0a	31.8ab	55.0ab	0.85
60∶40	15.5a	1 344.0a	32.1a	58.0a	0.90
80∶20	15.1a	1 271.0ab	31.5ab	55.9ab	0.87
100∶0	14.4ab	1 162.0b	27.9c	54.2b	0.86

5. 冬小麦产量、品质与氮素积累量的相关性分析

相关分析表明，小麦产量与后期氮素吸收量分别呈显著正相关（$r=0.89^*$），而与全生育期及前期氮素的积累量无明显的相关关系，说明在小麦生长后期改善氮素营养有利于提高小麦产量，这可能是前氮后移提高产量的原因之一。不同的品质性状生成的内在机制不同，小麦子粒蛋白质含量与全生育期积累氮素总量呈显著正相关（$r=0.89^*$），蛋白质产量则与后期氮素积累量之间呈极显著正相关（$r=0.92^*$），而湿面筋、沉淀值、麦谷蛋白/醇溶蛋白与全生育期氮素积累量及各阶段积累量之间的关系不显著。

以上研究结果说明，在供试轻壤质麦田土壤上氮肥施用以基追比 40∶60 为宜；氮肥基追比不同对小麦品质也有较大影响，在基追比（50～60）∶（50～40）的范围内，子粒蛋白质含量、产量、湿面筋、沉淀值均相对较高。一般认为，加强后期追肥有利于提高小麦的品质，而本试验中的结果指示基肥比例 50%～60%小麦品质最好，表面上看来本试验结果有悖于常理。事实上，单纯增加追肥量引起的结果与基追比例互相消长影响下的品质变化规律是两种不同的情况，前者是基于基肥一致、追肥不同用量的比较，而后者是不同基追比间的比较，涉及小麦养分和小麦生长在不同生育阶段协调问题，因此认为两种结果并不矛盾。

生育期内小麦氮素积累与小麦产量、蛋白质产量与含量的形成有显著的相关关系，而与湿面筋、沉淀值相关关系不显著，可能与后者形成机制的复杂性有关。

1.1.3.4　不同肥力和土壤质地条件下麦田氮肥利用率的研究

小麦是我国第二大粮食作物，黄淮海平原潮土区是我国冬小麦主产区，该区土壤的肥力、质地多变，多数农田中的水肥管理还比较粗放，氮肥利用率比较低。为此，多年来有关麦田氮肥利用率研究甚多，但多集中在不同施氮方法和时期对氮肥利用率的影响，或者是在低肥力麦田以及盆栽、微区条件下进行的。而在高产栽培条件下，高肥力、中高肥力麦田的氮肥利用率，以及不同质地麦田氮肥利用率差异尚需进一步研究探讨。因此，结合目前小麦大面积高产研究与开发的生产实践，在黄淮海潮土区典型的高肥力、中

高肥力麦田以及不同质地土壤上分别安排了氮肥用量与平衡施肥等试验，研究了麦田氮肥利用率及其提高技术。

试验分别设在河南省偃师市、济源市和中牟县三地，土壤均为河流冲积母质上发育的黄潮土，田面平整，地力均匀。在小麦种植前，取基础土样分析化验，其理化性状见表1.13。偃师试区土壤肥力基础高，而济源和中牟两试点土壤肥力基础为中高水平。不同肥力麦田氮肥利用率研究试验分设在偃师高肥力和济源中高肥力土壤上，不同土壤质地麦田氮肥利用率研究试验设在中牟，采用防雨无底水泥池栽培，供试土壤质地分别为重壤土、中壤土和轻壤土。以上各试验均设置5个施氮量处理，施氮水平分别为0、180、240、300、360 kg/hm^2。供试小麦品种均为温麦6号。三试点各施磷（P）、钾（K）肥66 kg/hm^{2}和124 kg/hm^2，作基肥施入；氮肥的70%作基肥，30%作追肥于拔节期施入。

表1.13 供试土壤理化性质

（河南农业大学，1998）

地点	层次/cm	有机质/(g/kg)	pH	全氮/(g/kg)	碱解氮/(mg/kg)	速效磷/(mg/kg)	速效钾/(mg/kg)	物理性黏粒/(mg/kg)	质地
偃师	0～20	17.30	7.76	1.150	71.4	15.2	238	468	重壤土
	20～40	9.72	7.91	0.635	60.2	4.6	143	499	重壤土
济源	0～20	12.70	7.86	0.960	57.4	16.8	147	333	中壤土
	20～40	8.23	8.03	0.558	44.1	9.6	123	323	中壤土
中牟	0～20	16.00	7.72	0.777	60.3	31.0	110	433	重壤土
	0～20	13.80	7.77	0.743	64.4	24.4	116	356	中壤土
	0～20	11.20	8.04	0.714	54.0	19.1	90	215	轻壤土

1. 不同肥力麦田氮肥的利用率

由表1.14可知，随着施氮量的增加，两试点小麦产量均呈一元二次抛物线形变化，其产量效应方程分别为：

高肥力麦田　$y=8\,280.61+3.503x-0.009\,7x^2$　$(r=0.941\,0^{*})$

中高肥力麦田　$y=4\,817.13+17.260x-0.029\,9x^2$　$(r=0.999\,5^{**})$

由此可见，高肥力麦田的基础产量明显大于中高肥力麦田，而其施氮增产效应则明显低于中高肥力麦田，二者分别在施氮180.6和288.6 kg/hm^{2}时产量达到最高，其最高产量分别为8 596.9和7 309.7 kg/hm^2。

小麦对土壤氮素的依存率(%)是指土壤基础供氮量占施氮处理小麦吸氮总量的百分数。由表1.14可以看出，供氮量相同时，两种肥力麦田小麦对土壤氮的依存率有着明显差异。在中高肥力麦田，小麦对土壤氮的依存率相对较低，仅为49.7%～43.9%，即小麦对肥料氮的依赖性明显增强；而在高肥力麦田，小麦对土壤氮的依存率高达88.6%～90.6%，即高产小麦吸收的氮素主要来自土壤。在适宜的施氮量范围内，两种肥力麦田小麦对土壤氮素的依存率均表现为随着施氮量的增加而降低。

表 1.14 不同肥力土壤上小麦产量与氮肥利用率(差减法)

(河南农业大学,1998)

肥力水平	施氮量/(kg/hm²)	子粒产量/(kg/hm²)	吸收氮总量/(kg/hm²)	土壤氮依存率/%	氮肥利用率/%
高肥力	0	8 272.5	265.95	—	—
	180	8 632.5	300.15	88.6	19.0
	240	8 578.5	305.55	87.0	16.5
	300	8 370.0	309.90	85.8	14.6
	360	8 331.0	293.40	90.6	7.4
中高肥力	0	4 819.5	104.10	—	—
	180	6 925.5	209.25	49.7	58.8
	240	7 291.5	223.05	46.7	49.6
	300	7 272.0	233.55	44.6	43.1
	360	7 162.5	237.00	43.9	36.9

两种肥力麦田中,氮肥利用率均随施氮量的提高而下降;同一施氮水平下,中高肥力麦田(58.8%～36.9%)的氮肥利用率远高于高肥力麦田(19.0%～7.4%)。

由此可见,中高肥力麦田土壤供氮较差,小麦对土壤氮依存率相对较低,对肥料氮的依赖性相应增强,利用率高,肥料氮的作用明显增强,为了充分发挥氮肥的增产效应,应提倡稳氮,施氮量以 240～288 kg/hm² 为宜,以在提高小麦产量的同时提高氮肥利用率。相反,高肥力麦田土壤自身供氮能力强,小麦产量高,对土壤氮的依存率高,而施用肥料氮肥的利用率低,主要靠土壤供氮就可实现小麦高产,生产中兼顾土壤肥力的持续性的同时,应注意控氮,以施氮量 180 kg/hm² 为宜。以上分析表明,麦田产量和施氮效果与土壤肥力的关系密切,麦田肥力基础高,则地力贡献产量大,消耗土壤养分就多,对化肥的依赖性则低,氮肥效应差。因此,培肥地力,维持较高的地力贡献是获得小麦高产高效的重要基础。

2. 不同土壤质地麦田氮肥的利用率

由表 1.15 可以看出,三种质地土壤上施用氮肥的效应均呈一元二次抛物线形变化,其肥料效应方程分别为:

重壤土 $y=5\,331.42+14.239\,5x-0.026\,8x^2$ $(r=0.971\,5^{**})$

中壤土 $y=5\,764.82+12.278\,2x-0.029\,8x^2$ $(r=0.950\,8^{*})$

轻壤土 $y=5\,883.45+10.159\,6x-0.029\,2x^2$ $(r=0.926\,6^{*})$

三种质地土壤的基础肥力产量高低为轻壤土最高,中壤土次之,重壤土最低,施用氮肥的增产效应大小则相反,即重壤土＞中壤土＞轻壤土,通过施氮获得的最高产量依次为 7 222.9、7 029.0 和 6 767.1 kg/hm²,最高产量施氮量分别为 265.7、206.5 和 174.0 kg/hm²。

尽管三种质地土壤含氮量相近,而小麦吸氮对土壤的依存率却明显不同。在同一施氮量条件下，其依存率大小顺序为重壤土＜中壤土＜轻壤土。从氮肥利用率的变化来看，低氮水平(180 kg/hm^2)上，三种质地土壤小麦对氮肥的利用率相差不大，变化幅度为38.3%～39.3%；随着施氮量的增加，氮肥利用率均呈下降趋势，下降幅度依次为重壤土＜中壤土＜轻壤土；在相同施氮水平上，三者氮肥利用率的大小顺序为重壤土最高，中壤土次之，轻壤土最低；三者氮肥利用率最高时的施氮量与达到最高产量时的施氮量基本吻合，这说明生产中掌握适量施用氮肥可以发挥氮肥的最大增产效应。

表 1.15 不同质地土壤上小麦对氮肥的利用率(差减法)

(河南农业大学，1998)

土壤质地	施氮量/(kg/hm^2)	子粒产量/(kg/hm^2)	吸收氮总量/(kg/hm^2)	土壤氮依存率/%	氮肥利用率/%
重壤土	0	5 370.0	118.65	—	—
	180	6 802.5	189.45	62.6	39.3
	240	7 296.0	215.10	55.2	40.1
	300	7 446.0	228.45	51.9	36.6
	360	6 820.5	232.20	51.1	31.5
中壤土	0	5 757.0	126.45	—	—
	180	6 984.0	196.95	64.2	39.2
	240	7 189.5	213.30	59.3	36.2
	300	6 502.5	211.05	59.9	28.2
	360	6 427.5	222.15	56.9	26.6
轻壤土	0	5 847.0	125.85	—	—
	180	6 981.0	194.85	64.5	38.3
	240	6 535.5	198.75	63.3	30.4
	300	6 073.5	197.55	63.7	23.9
	360	5 899.5	205.20	61.3	22.0

以上结果表明，在供氮水平相近的不同质地土壤中，质地较轻土壤中氮素转化较快，供应较强，且肥力协调性较差，施氮的增产潜力较小，小麦产量及氮肥利用率较低；而重壤土质地较黏，氮素转化较慢，肥力比较协调，施氮的增产潜力相对大，利用率较高。

上述研究结果表明，不同肥力及不同质地土壤中，小麦对氮肥的利用情况有所不同。中高肥力麦田供氮较差，小麦对土壤氮素的依存率低，氮肥的利用率则较高，达58.8%～36.9%；高肥力麦田土壤供氮能力强，小麦对土壤氮素的依存率高，消耗土壤氮素多，而对化肥氮的依存率低，氮肥效应差，利用率很低，在设计施氮量范围内仅为19.0%～7.4%；但在两种肥力土壤中，氮肥利用率均随施氮量的增加而降低。可见，培育和维持较高的土壤肥力是获得小麦高产高效的基础，高肥力和中高肥力麦田的氮肥施用，应分别注意控氮和稳氮，以在培肥土壤的基础上提高小麦产量和氮肥利用率。在供氮水平相近、具不同质地的中高产麦田中，小麦对土壤氮的依存率大小为重壤土＜中壤土＜轻壤土；麦田氮肥效应大小则为重壤土最高，中壤土次之，轻壤土最低；在施氮 180 kg/hm^2 时三者的氮肥利用率比较相近(38.3%～39.3%)，随着施氮量的进一步增加，氮肥利用率下降，下降幅度依次为重壤土＜中壤土＜轻壤土；但在同一施氮水平下，氮肥利用率的大小顺序则是重壤土＞中壤土＞轻壤土。因此，在质地较轻土壤中，应注意控氮，相反，在质地较重土壤上则应注意稳氮；有限氮肥应优先分配在质地较重的土壤上。

1.1.3.5 控释尿素与普通尿素掺混比例对小麦产量及氮肥利用率的影响

控释肥料为解决化肥利用率低这一问题提供了新的思路和途径，成为肥料生产和施肥技术的一次革命。20 世纪 80 年代以来，控释肥料已成为化肥革新和研究的热点。它的优点在于使用安全，能避免高浓度盐分对作物根系的危害，节约劳动量，降低农业生产成本；减少肥料养分与土壤接触，增大土壤局部的盐基饱和度，减少因土壤化学、物理或生物作用对养分的固定或分解，从而提高肥料利用率，节约能源和资源；并且可使养分的淋溶和挥发减到最低程度，防止多余养分对环境的污染，有利于环境保护。中国对控释肥的研究虽然起步不久，但成果显著。不仅在包膜质量和氮肥利用率方面与国外控释肥品种基本相当或优于某些国外产品，而且在价格方面有绝对优势，使养分的释放速度基本符合作物各生育时期对氮肥的需要，生产成本较低，有广阔的应用前景。

为此，在河南省 0～20 cm 土层土壤有机质含量 9.1 g/kg，碱解氮 81.9 mg/kg，速效磷 10.8 mg/kg，速效钾 62.5 mg/kg 的驻马店市驿城区水屯镇新坡村和 0～20 cm 土层土壤有机质含量 8.8 g/kg，碱解氮 80.5 mg/kg，速效磷 15.8 mg/kg，速效钾 75.3 mg/kg 的驻马店市遂平县和兴乡和兴农场的典型砂姜黑土区麦田，选用小麦郑麦 366，安排了控释尿素与普通尿素掺混比例试验，设 6 个处理：T1，100%控释尿素(N 150 kg/hm^2)；T2，70%控释尿素(N 105 kg/hm^2)，30%普通尿素(N 45 kg/hm^2)；T3，50%控释尿素(N 75 kg/hm^2)，50%普通尿素(N 75 kg/hm^2)；T4，30%控释尿素(N 45 kg/hm^2)，70%普通尿素(N 105 kg/hm^2)；T5，100%普通尿素(N 150 kg/hm^2)；T6，对照(无氮处理)。T1～T5 均为一次性底施。同时，试验按当地农民习惯作为基肥施入普通过磷酸钙和加拿大产氯化钾各 75 kg/hm^2，研究了控释尿素与普通尿素掺混对小麦生长发育的影响。

1. 控释尿素与普通尿素掺混比例对小麦产量的影响

从表 1.16 可以看出，新坡村与和兴农场小麦均以控释尿素中掺混 30%普通尿素(T2)产量最高，分别为 8 000 和 8 150 kg/hm^2；比控释尿素单施(T1)分别增产 6.2%和 7.2%；比普通尿素单施(T5)分别增产 17.0%和 16.7%；比 T6(CK)分别增产 39.9%和 34.5%；T1 比 T5 分别增产 9.8%和 8.9%；控释尿素中掺混 50%(T3)和掺混 70%普通尿素(T4)的产量比 T1 分别下降 6.4%、5.5%和 9.9%、8.6%。说明控释尿素单施增产效果好于普通尿素单施，控释尿素中掺混一定比例普通尿素能进一步提高作物产量，但要注意掺混比例，掺混不当时反而减产。两试验地的小麦产量除 T4 和 T5 之间未达到 1%显著性差异外，其他各处理之间均达到 1%和 5%显著水平。

表 1.16 不同掺混比例对小麦产量的影响

(河南省农业科学院,2008)

处理	新坡村		和兴农场	
	产量/(kg/hm^2)	增产/%	产量/(kg/hm^2)	增产/%
T1	7 535bB	31.7	7 605bB	25.5
T2	8 000aA	39.9	8 150aA	34.5
T3	7 165cC	25.3	7 270cC	20.0
T4	6 965dD	21.8	7 085dD	16.9
T5	6 835eD	19.5	6 985eD	15.3
T6(CK)	5 720fE	—	6 060fE	—

2. 控释尿素与普通尿素掺混比例对小麦吸收氮素利用率的影响

表 1.17 表明,在相同氮肥用量条件下,新坡村与和兴农场结果基本一致,均以控释尿素中掺混 30%普通尿素(T2)氮肥利用率最高,分别为 53.92%和 51.53%;普通尿素单施(T5)最低,分别为 30.17%和 29.27%。T2 比控释尿素单施(T1)分别提高 9.05%和 9.30%;比 T5 分别提高 23.75%和 22.26%;T1 比 T5 分别提高 14.70%和 12.96%;控释尿素中掺混 50%(T3)和掺混 70%普通尿素(T4)比 T1 分别下降 8.23%、9.61%和 7.62%、10.06%。说明普通尿素中掺混适量的控释尿素有利提高氮肥利用率。子粒含氮量和秸秆含氮量处理间变化不大,不同处理的全株总氮量和氮肥利用率的结果一致。

表 1.17 不同掺混比例对小麦氮肥利用率的影响

(河南省农业科学院,2008)

处理	新坡村				和兴农场			
	子粒含氮量/%	秸秆含氮量/%	全株含氮量/(kg/hm^2)	氮肥利用率/%	子粒含氮量/%	秸秆含氮量/%	全株含氮量/(kg/hm^2)	氮肥利用率/%
T1	2.03	0.54	198.46	44.87	2.04	0.52	199.89	42.23
T2	2.04	0.55	212.40	53.92	2.05	0.51	214.28	51.53
T3	2.01	0.53	186.60	36.64	2.02	0.51	188.73	34.61
T4	2.02	0.56	184.46	35.26	2.04	0.51	185.10	32.17
T5	2.04	0.49	176.99	30.17	2.05	0.48	180.99	29.27
T6(CK)	1.85	0.40	131.68	—	1.75	0.44	136.48	—

两地的试验结果表明,在等氮量施用条件下,小麦上施用控释尿素比普通尿素增产,表明在小麦上施用控释尿素实施一次性施肥是可行的。从掺混比例处理之间看,控释尿素掺混普通尿素 30%(T2)、50%(T3)、70%(T4)时,以控释尿素 70%+普通尿素 30%(T2)的施用效果最好,但 T3,T4 比单施控释尿素产量降低 6.4%~9.9%。氮肥利用率

试验结果和产量表现一致。因普通尿素利用率低，掺混比例要适当，掺混太多氮肥利用率下降。

常规肥料的养分通过空气蒸发，地下渗透，以及地表水冲蚀，真正被作物利用的不到30%。而包膜尿素控释肥则通过外层包膜材料的控制，避免了以上的损失，使肥料利用率提高。

1.2 小麦磷素营养与施肥

1.2.1 小麦体内磷的含量与分布

小麦含磷量一般为其干重的0.2%～0.8%，但因生育期、器官及生长环境的不同差异较大。一般小麦生长后期含磷较高；植株中各器官的含磷量顺序为子粒＞叶片＞茎秆；小麦含磷量随土壤有效磷含量的增加而上升。磷主要分布在小麦生长旺盛的幼嫩叶片和根尖等部位，并随着生长中心而转移，至成熟期大部分磷转移到子粒中。

1.2.2 磷对小麦器官形成的影响

1.2.2.1 磷对小麦根系的影响

磷对小麦根系和次生根生长发育有重要作用。在低磷地块施用磷肥，能显著促进根系生长，提高单株次生根数，如冬前阶段施磷量与单株次生根条数之间的相关系数为0.983 9**；而在含磷量高的地块施用磷肥，对单株次生根数的影响甚微。徐强(1987)研究了不同地力条件下底施磷肥与追施磷肥对小麦植株及根系的影响。结果表明，富磷土壤(全磷含量0.16%，速效磷含量31.9 mg/kg)上，底施或追施150 kg/hm^{2}的P_2O_5，单株次生根数平均为47.3～55.4条，与对照的46.5条相比差异不大；在贫磷土壤(全磷含量0.12%，速效磷含量5.7 mg/kg)上，底施或分别于冬前、返青期、拔节期追施150 kg/hm^{2}的P_2O_5均能明显促进次生根的发生，至成熟期对照的单株平均次生根数为24.1条，而不同的施磷处理则依次比对照增加75.5%、39.0%、48.1%、31.1%。水培试验结果表明(表1.18)，前期缺磷条件下，在分蘖期和穗分化期供磷对单株次生根数和根干重均有较大的补偿作用，如再延迟供磷时间根系生长却明显受抑制；小花分化前缺磷条件下，以后持续供磷或阶段供磷，对根干重则没有明显的促进作用；前期供磷条件下，停止供磷根系在维持一定量的生长后而受抑制，停止供磷时间越早，对根系的抑制作用就越强。从表1.18还可以看出，磷素的供应数量还影响根系干物质的积累量，在整个生育期供应1/4～1/2的供磷量，根干重接近最大值；供应2倍供磷量，根干重为最大；如再继续提高供磷水平，根干重反而下降。

表 1.18 不同时期供磷对小麦单株根干重的影响(水培试验)

处 理	不同时期根干重/g					
	分蘖期 11/13	穗分化开始 12/7	小花分化期 1/17	四分体期 1/27	开花期 2/5	成熟期 4/2
正常培养液(CK)	0.02	0.10	0.34	0.46	0.49	0.62
缺磷培养液	0.02	0.07**	0.12**	0.11**	0.11**	0.11**
分蘖期前缺磷、后期供磷	0.02	0.10	0.31	0.40	0.45	0.56
穗分化开始前缺磷、后期供磷	0.02	0.07**	0.10**	0.16**	0.27**	0.83**
小花分化前缺磷、后期供磷	0.02	0.07**	0.12**	0.10**	0.09**	0.11**
出苗至分蘖期供磷	0.02	0.12	0.24**	0.27**	0.36**	0.38**
分蘖至穗分化开始供磷	0.02	0.07**	0.31	0.34**	0.41**	0.50**
穗分化开始至小花分化期供磷	0.02	0.07**	0.12**	0.17**	0.23**	0.44**
穗分化开始前供磷、后期缺磷	0.02	0.10	0.37	0.39**	0.45	0.44**
小花分化前供磷、后期缺磷	0.02	0.10	0.34	0.48	0.56	0.60
全生育期 1/16 供磷量				0.30**	0.36**	
全生育期 1/4 供磷量				0.39**	0.66	
全生育期 1/2 供磷量				0.46	0.65	
全生育期 2 倍供磷量				0.72**	0.87**	
全生育期 4 倍供磷量				0.61	0.67	

1.2.2.2 磷对小麦穗器官的影响

磷对小麦穗器官的影响也集中在结实小穗数和退化小穗上，与氮素有相同的趋势。磷对小麦子粒形成有重要作用，充足的磷素可促进子粒饱满。河南省多年多点试验证明，在缺磷土壤上，增施磷肥小麦千粒重可提高 1～3 g，如果土壤含磷较丰富，再施磷肥往往对粒重没有明显作用。磷还能使小麦抽穗期、成熟期提前，据观察，施磷肥的小麦比不施磷的抽穗期提前 4 d，成熟期提前 3 d 左右，且落黄正常，子粒饱满，色泽好。

1.2.3 小麦磷肥施用技术研究

1.2.3.1 高产麦田磷酸二铵种肥与基肥配合施用效果与方法研究

在黄淮冬麦区，小麦播前底施磷肥早已经成为习惯，高产麦田每年施用大量的磷肥，一般可达 P_2O_5 150 kg/hm^2 左右。但磷肥在该区石灰性潮土中很容易发生化学固定作用，有效性差，尤其是在越冬期由于土壤温度低，容易导致小麦缺磷，影响幼穗发育和形成壮苗，因此，改变现行磷肥的施用方式，即采用在基施磷肥总量中分出一部分作种肥的方式，研究其在小麦上的应用效果是非常必要的。

磷酸二铵是深受农民欢迎的速效、高浓度、酸碱适度的氮磷二元复合肥，在生产中可广泛用作基肥、种肥和追肥。但在高产小麦施肥上，磷酸二铵不同施用方式配合施用的效果与方法却少有研究。

为了探讨这一问题，选用豫麦 49，研究了高产麦田常规磷肥用量条件下，磷酸二铵种肥与基肥配合施用的效果与方法。试验设在河南省偃师市圪当头村高产小麦攻关田中，土壤为伊洛河冲积物上发育的重壤质潮土，试验地 0～20 cm 土层土壤 pH 7.76，有机质 17.7 g/kg，全氮 1.15 g/kg，碱解氮 71.4 mg/kg，有效磷（P）15.2 mg/kg，有效钾（K）238 mg/kg。试验采用单因子随机区组设计，设五个处理：处理 1（CK1），磷酸二铵（325.5 kg/hm^2）作基肥耕前一次施（全层施用）；处理 2（CK2），磷酸二铵（325.5 kg/hm^2）作基肥耕前 70％，耙前 30％（分层施用）；处理 3，磷酸二铵 11.5％（37.5 kg/hm^2）作种肥，88.5％（288.0 kg/hm^2）作基肥，耕前一次施；处理 4，磷酸二铵 23％（75.0 kg/hm^2）作种肥，77％（250.5 kg/hm^2）作基肥，耕前一次施；处理 5，磷酸二铵 34.5％（112.5 kg/hm^2）作种肥，65.5％（213.0 kg/hm^2）作基肥，耕前一次施。各处理施用磷肥（磷酸二铵）量合 P_2O_5 150 kg/hm^2。除磷肥外，试验地氮、钾（K_2O）肥用量分别为 240 和 150 kg/hm^2，其中 70％氮肥和全部钾肥作基肥，其余 30％氮肥于拔节期追施。

1. 磷酸二铵种肥与基肥不同配施方法对小麦产量的影响

通过对不同处理小麦产量结果的方差分析（表 1.19）可知，同一用量磷酸二铵的不同施肥方法中，以处理 4 小麦产量最高，达 8 883 kg/hm^2，与其他处理之间差异均达显著水平，且与 CK1 差异达极显著水平；CK1、CK2 及处理 3、处理 5 之间差异不显著。这说明磷酸二铵种肥与基肥配施有一定的增产效果，但应掌握合适的配合方法。在磷肥总量内，分出 75 kg/hm^2 磷酸二铵作种肥、其余部分作基肥的配合方法最适于小麦产量的提高，种肥量过多、过少均达不到理想结果。

表 1.19 磷酸二铵种肥与基肥不同配施方法对小麦产量的影响

（河南农业大学，2001） kg/hm^2

处理	重复			平均	差异显著性	
	1	2	3			
1(CK1)	8 265	8 085	8 241	8 468	b	B
2(CK2)	8 490	8 216	8 490	8 382	b	AB
3	8 367	7 929	8 490	8 262	b	AB
4	9 291	8 516	8 841	8 883	a	A
5	8 580	8 099	8 516	8 394	b	AB

2. 磷酸二铵种肥与基肥不同配施方法对产量结构的影响

由表 1.20 可以看出，在磷肥作种肥与基肥配施的处理（处理 3、处理 4、处理 5）中，以处理 4 小麦成穗数最多，达 605 万头/hm^2，明显高于处理 3 和处理 5，且比处理 1、处理 2（CK1 和 CK2）分别增加 15.14％和 9.18％；处理 3 成穗数比两个对照有所增加，但增加幅度较小；处理5的成穗数反而低于对照。各处理的穗粒数则以处理5最高，稍高于两对照，而处理3、处理4的穗粒数却少于对照，这可能是由于产量构成因子的自身调节。磷酸二铵种肥与基肥配施处理小麦千粒重均较两对照稍高，其中处理3、处理4最高，且比较接近，达42 g以上，处理5小麦千粒重为41.72 g，与处理1(CK1)接近，处理2(CK2)小麦千粒重最低，仅40.91 g。

表1.20 磷酸二铵种肥与基肥不同配施方法下小麦的产量结构因素

(河南农业大学，2001)

处理	穗 数			穗粒数			千粒重		
	万头/hm²	比对照增加/%		个	比对照增加/%		g	比对照增加/%	
1(CK1)	605	—	−5.18	38.0	—	1.60	41.69	—	1.91
2(CK2)	638	5.46	—	37.4	−1.58	—	40.91	−1.87	—
3	644	6.45	0.94	35.3	−7.11	−5.61	42.18	1.18	3.10
4	696	15.14	9.18	35.5	−6.58	−5.08	42.14	1.08	3.01
5	602	−0.49	−5.56	38.3	0.77	2.41	41.72	0.12	1.98

注：表中数据为三个重复的平均值。

通过以上分析不难看出，磷酸二铵种肥与基肥以适宜比例配施与全部作基施相比，通过提高小麦的成穗数，并在一定程度上增加小麦千粒重，可以明显地提高小麦产量。

3. 磷酸二铵种肥与基肥不同配施方法对小麦出苗及生长发育的影响

从小麦苗期调查结果可以看出(表1.21)，磷酸二铵的各配施处理中以处理3、处理4出苗率高，基本苗数较多，分别为149和151万株/hm²，但与两对照处理之间差异不显著；处理5基本苗数低于对照，仅108万株/hm²，且与其他处理间存在显著差异。可见用磷酸二铵进行种肥与基肥配施时，当种肥用量过大，达到112.5 kg/hm²时，会抑制小麦萌发出苗。

表1.21 不同用量的磷酸二铵作种肥对小麦出苗及生长发育的影响

(河南农业大学，2001)

处理	出苗数/(万株/hm²)	单株分蘖/个		次生根/条		群体/(万株/hm²)	
		越冬前	起身期	越冬前	起身期	越冬前	起身期
1(CK1)	141AB	4.6	8.8	5.1	20.1	648	1 239
2(CK2)	149A	5.0	9.6	5.4	20.2	752	1 425
3	149A	5.8	8.1	6.3	17.9	846	1 209
4	151A	5.5	10.2	6.3	21.7	830	1 539
5	108B	4.7	9.3	6.1	19.7	534	1 056

从小麦生长情况看，以处理4小麦冬前及春季单株分蘖及次生根发育最优；处理3小麦虽然在冬前有较多分蘖和次生根，但春季分蘖发育不及对照，春季群体不高；处理5分蘖和次生根发育较差，与对照相近或略优于处理1(CK1)，因基本苗少，决定了最高群体较小，影响最终成穗数。

综上所述，磷酸二铵采用适宜配比进行种肥与基肥配施，较之全层施用或分层施用的方法能进一步提高小麦产量。磷酸二铵种肥与基肥配施时种肥的用量以 75 kg/hm^{2}为宜，过多过少均不能表现出良好的增产作用。在上述试验条件下，种肥与基肥配施提高产量的原因在于提高了冬前及春季单株分蘖、促进了次生根发育和增加了冬前群体和春季最高群体。

1.3 小麦钾素营养与施肥

1.3.1 小麦体内钾的含量与分布

小麦体内的含钾量占其干物重的 0.8%～1.7%，其含钾量的高低因器官和供钾水平的不同而有很大差异。小麦是需钾较多的作物，钾在高产小麦体内的含量仅次于氮，而在超高产小麦体内钾的含量则高于氮。就小麦不同器官而言，子粒中钾的含量略低于茎秆；供钾充足时，植株的含钾量高，供钾不足时，含钾量低。钾不仅能增加小麦产量，改善小麦品质，而且还具有提高小麦适应外界不良环境的能力，因而钾有品质元素和抗逆元素之称，钾在植株体内流动性很强，再利用率较高，集中分布在幼叶和根尖等幼嫩组织中。

1.3.2 钾对小麦茎伸长的影响

钾具有促进物质运转与合成、提高抗逆性的作用，其微观基础就是对茎叶鞘组织结构的影响。谭金芳等(2001)在小麦拔节初期(1998 年 3 月 2 日)对茎秆的解剖观察表明，施钾处理小麦茎秆比不施钾处理小麦发育好(图 1.7、图 1.8)，表皮有两层细胞排列整齐紧密，细胞壁加厚，皮下有 83.7～90.9 μm 的薄壁细胞，厚壁组织形成。4 月 14 日采样分析表明，钾肥的供应影响茎的厚度、厚壁组织及维管束木质化程度。以施钾 75～150 kg/hm^{2}时茎厚度最大，表皮下为发达的厚壁组织，维管束内鞘排列紧密，细胞壁加厚。钾对叶鞘的影响与茎相似，施钾叶鞘厚度增加，维管束发达。

1.3.3 小麦钾肥施用技术研究

1.3.3.1 不同施钾量对旱作冬小麦产量、品质和生理特性的影响

近年来，随着我国小麦生产中有机肥施用的减少，氮、磷肥投入增多，加之高产小麦新品种的推广，北方麦区小麦缺钾面积不断扩大；另一方面，生产中又存在着钾肥施用不平衡，肥料利用率较低的现象，引起钾肥资源的浪费。因此，进行钾肥适宜用量研究，对实现小麦优质高效生产具有重要意义。

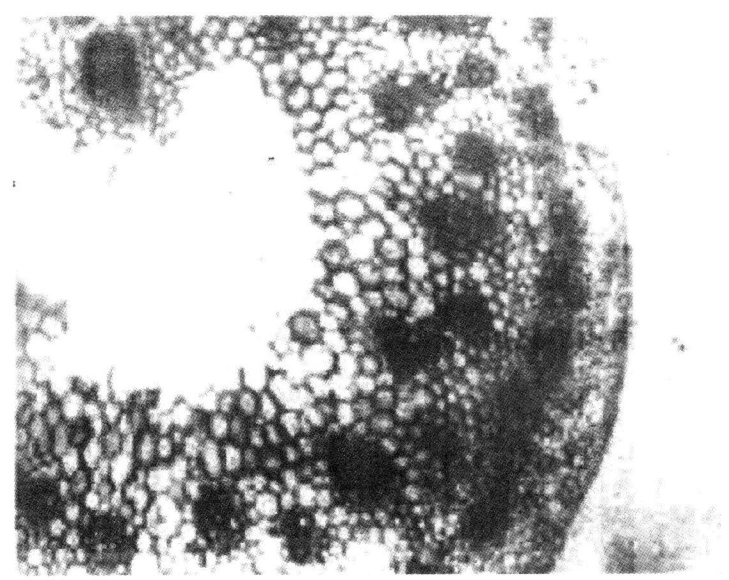

图 1.7 不施钾小麦茎秆解剖构造

（河南农业大学，2001）

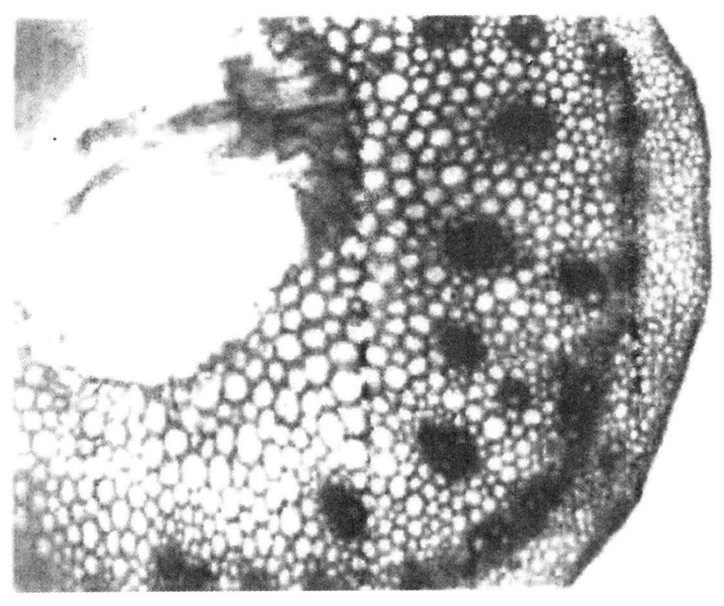

图 1.8 施钾（75 kg/hm²）小麦茎秆解剖构造

（河南农业大学，2001）

河南省冬小麦旱地面积占冬小麦总播种面积的1/3以上，由于自然降水量偏少，且时空分布不均衡，常造成冬小麦生育期内水分亏缺，影响子粒发育和品质形成，致使小麦产量三因素同步降低，营养与加工品质下降。钾素既是作物营养三要素，又是抗旱元素和品质元素，尽管有关钾肥用量对小麦产量、品质及其生理特性的影响已有较多的研究，但在旱作条件下尚需进一步研究探讨。为此，在河南省洛阳市孟津县旱作试验区，在土壤肥力为0～20 cm土层土壤pH 8.05，有机质9.45 g/kg，全氮0.83 g/kg，碱解氮69.2 mg/kg，有效磷(P)9.86 mg/kg，有效钾(K)98.2 mg/kg的条件下，选用豫麦49-986，通过田间试验，研究了不同施钾量对旱作冬小麦产量、品质、生理特性和钾肥回收率的影响。钾肥施用量(K_2O)分别为0、75、150、225、300 kg/hm^2，分别以K0、K1、K2、K3、K4表示。除钾肥外，各处理均施氮肥(N)180 kg/hm^{2}和磷肥(P_2O_5)150 kg/hm^2。氮肥基追比为6∶4，磷、钾肥的基追比为8∶2。基肥的施用方法为70%在耕前施入，30%在耙前施入。追肥在拔节期前开沟施入。

1. 小麦施钾量的产量效应

从表1.22可以看出，在充足氮、磷肥供应条件下，钾肥用量对小麦的株高、穗数、穗粒数、穗重、千粒重和子粒产量都有显著的影响。总体趋势是施钾量在225 kg/hm^{2}以下，株高、穗数、穗粒重、穗重、千粒重、子粒产量均随施钾量的增加而增加，进一步增加钾肥用量，以上各指标均趋于稳定。说明适量的钾素营养能促进小麦生长，有利于增加株高、穗数、穗粒数和千粒重，从而提高其产量。

表1.22　施钾量对小麦农艺性状及产量的影响

(河南农业大学，2008)

处理	株高/cm	穗数/(万头/hm^2)	穗粒数/个	穗重/g	千粒重/g	产量/(kg/hm^2)	增产率/%
K0	62.9b	530c	59.4b	2.58c	43.94b	4 166.9d	—
K1	63.3ab	564bc	61.2ab	2.79bc	44.66b	4 494.7cd	7.8
K2	64.9ab	573b	62.0ab	2.84b	45.68ab	4 963.0bc	19.1
K3	66.6a	600ab	64.0a	3.23a	48.15a	5 476.4ab	31.4
K4	66.8a	624a	63.9a	3.23a	48.43a	5 638.6a	35.3

注：表中数据后不同小写字母表示差异达0.05显著水平，下同。

2. 施钾量对冬小麦品质的影响

(1)对冬小麦子粒品质的影响　施钾量对冬小麦子粒品质具有一定的调控效应，但因品质指标而异(表1.23)。粗蛋白含量、容重受施钾量的影响较小，而赖氨酸含量、出粉率受施钾影响较大。施钾处理的赖氨酸含量均显著高于不施钾处理，与K0处理相比，施钾处理增加10.8%～13.5%；出粉率在施钾量为225 kg/hm^{2}时，达到最高，与其他处理差异显著。从趋势上看，与不施钾处理相比，施钾处理的出粉率增加幅度为2.7%～11.8%。

表 1.23 施钾量对冬小麦子粒品质性状的影响

（河南农业大学，2008）

处理	水分含量/%	粗蛋白含量/%	容重/(g/L)	赖氨酸含量/%	出粉率/%
K0	10.2a	12.9a	774a	0.37b	55.0b
K1	10.3a	13.2a	788a	0.42a	56.5b
K2	9.9a	13.1a	799a	0.42a	57.5b
K3	9.8a	13.3a	801a	0.41a	61.5a
K4	10.0a	13.1a	803a	0.41a	60.5ab

（2）对冬小麦面粉品质性状的影响　表 1.24 表明，除湿面筋和吸水量外，施钾对冬小麦面粉的其他品质指标均有显著的影响，使沉淀值、面团形成时间、稳定时间增加分别提高了 4.3%～13.3%、23.5%～41.2%、26%～34%，弱化度降低 28.6%～31.6%。从钾肥用量对面粉不同品质指标的影响趋势看，施钾量并非越多越好，一般在 75～150 kg/hm^2，最佳施钾量因品质指标不同而异。

表 1.24 施钾量对冬小麦面粉品质性状的影响

（河南农业大学，2008）

处理	沉淀值/mL	湿面筋/%	吸水量/(mL/kg)	形成时间/min	稳定时间/min	弱化度/FU
K0	33.40c	24.20a	536a	4.25c	7.50c	136a
K1	34.85bc	25.45a	545a	6.00a	10.02a	93b
K2	37.85a	25.75a	549a	5.75ab	10.05a	93b
K3	37.70ab	25.50a	549a	5.50ab	9.90ab	95b
K4	35.95ab	25.90a	542a	5.25b	9.45b	97b

3. 不同施钾量对冬小麦生理特性的影响

（1）对冬小麦旗叶中硝酸还原酶(NR)活性的影响　硝酸还原酶(NR)是将硝酸盐还原成亚硝酸盐，进而还原成氨的关键酶。从表 1.25 可以看出，施钾量对冬小麦旗叶 NR 活性具有明显的影响，钾施用量由 0 增加到 150 kg/hm^2，可明显提高旗叶从开花期到灌浆期 NR 活性，但进一步提高施钾量则导致 NR 活性降低，表明钾素供应过量会引起植物体内钾与氮以及其他营养元素失调，从而影响 NR 活性。

（2）对旗叶和子粒谷丙转氨酶(GPT)活性的影响　GPT 催化转氨过程，在氨基酸合成中具有重要作用，其活性高低直接调控着作物体内的蛋白质代谢。从表 1.26 可以看出，在供试施钾量范围内，增加钾肥用量明显提高了冬小麦开花期到灌浆后期旗叶和子粒中的 GPT 活性；旗叶和子粒中谷丙转氨酶均随生育期的延续而降低；在施钾量为 150～300 kg/hm^2，同一时期子粒 GPT 活性高于旗叶 GPT 活性。

表 1.25 施钾量对冬小麦不同生育期旗叶硝酸还原酶(NR)活性的影响

(河南农业大学,2008) NO_2 μg/(g·h)FW

处理	开花期	子粒形成期	灌浆初期	灌浆中期	灌浆后期
K0	197.3c	100.5c	91.1c	77.4c	23.8c
K1	238.5b	146.0b	112.7b	90.7b	38.7bc
K2	261.2a	165.2a	128.4a	98.8a	44.4a
K3	235.2b	148.1b	120.1ab	96.6ab	41.0b
K4	226.1b	136.2bc	118.4ab	96.7ab	42.2ab

表 1.26 施钾量对冬小麦旗叶和子粒谷丙转氨酶(GPT)活性的影响

(河南农业大学,2008) U/gFW

处理	旗叶					子粒	
	开花期	子粒形成期	灌浆初期	灌浆中期	灌浆后期	灌浆初期	灌浆中期
K0	296c	227c	186b	139c	27c	204c	115c
K1	338bc	256b	202b	151bc	41b	251b	132b
K2	360b	263ab	214ab	164b	45ab	264b	195a
K3	385ab	279ab	219ab	179ab	46ab	279ab	197a
K4	396a	283a	223a	183a	48a	281a	201a

(3)对叶绿素含量和PSⅡ量子效率的影响　从表1.27可以看出,开花期到灌浆后期叶绿素含量均随施钾量而增加,该现象持续至灌浆后期,说明增施钾肥不仅提高叶片叶绿素含量,还具有一定的延迟叶片衰老的效应。表1.28结果显示,施钾显著提高PSⅡ量子效率,且以施钾150 kg/hm^2 的增加最明显,如进一步提高施钾量,PSⅡ量子效率的增加则不显著。

表 1.27 施钾量对冬小麦叶片叶绿素含量的影响

(河南农业大学,2008) mg/gFW

处理	开花期	子粒形成期	灌浆初期	灌浆中期	灌浆后期
K0	3.24c	2.21c	1.75b	0.98d	0.34c
K1	3.33bc	2.45bc	1.81ab	1.25c	0.65b
K2	3.57b	2.67ab	1.92a	1.38b	0.85a
K3	3.69ab	2.81ab	1.97a	1.47ab	0.88a
K4	3.87a	3.01a	2.02a	1.59a	0.91a

表 1.28　施钾量对冬小麦 PSⅡ量子效率的影响

(河南农业大学,2008)

处理	开花期	子粒形成期	灌浆中期
K0	0.285c	0.294b	0.193c
K1	0.323b	0.311b	0.258b
K2	0.363a	0.369a	0.363a
K3	0.364a	0.372a	0.374a
K4	0.365a	0.374a	0.376a

4. 不同施钾量对冬小麦钾素积累和钾素当季回收率的影响

由表 1.29 可知,各施钾处理冬小麦吸钾量均显著高于不施钾处理,且随施钾量的增加而增加,并以 K4 处理植株吸钾量最高。冬小麦钾素当季回收率随着施钾量的增加而减少,以施钾 75 kg/hm^2 的钾素当季回收率最高,为 43.3%,施钾 150 kg/hm^2、225 kg/hm^2 次之,接近于 40%,施钾 300 kg/hm^2 的钾素当季回收率最低,仅为 30.4%,可见旱地冬小麦钾素当季回收率不高,土壤中积累的钾素的后效和累计回收率有待进一步研究。

表 1.29　不同施钾量对植株钾素积累和钾肥当季回收率的影响

(河南农业大学,2008)

处理	子粒钾浓度/%	植株钾浓度/%	植株钾素积累量/(kg/hm^2)	钾素当季回收率/%
K0	0.48	1.18	93.07d	—
K1	0.50	1.65	121.88c	43.3
K2	0.52	1.71	133.98c	40.1
K3	0.53	2.03	171.50b	39.0
K4	0.52	2.05	194.22a	30.4

通过研究表明,适宜的钾肥用量能明显提高旱作区冬小麦产量,改善其品质和提高光合性能。钾肥用量在 225 kg/hm^2 以下,随钾肥用量的增加冬小麦株高、穗数、穗粒数、千粒重和产量均明显增加。施钾量在 75~150 kg/hm^2 能明显地增加冬小麦子粒赖氨酸含量、出粉率、面粉沉淀值、面团形成时间和稳定时间。与不施钾处理相比,不同施钾处理的上述五项指标分别增加了 10.8%~13.5%、2.7%~11.8%、4.3%~13.3%、23.5%~41.2%、26%~34%,且弱化度降低 28.6%~31.6%。施钾为 150 kg/hm^2 时能明显促进旱作冬小麦旗叶硝酸还原酶的活性,进一步提高钾肥用量则导致 NR 活性降低。在供试施钾量范围内,同一生育期旗叶和子粒中的谷丙转氨酶活性、叶绿素和PSⅡ随施钾量的增加而提高,而同一处理随生育期的延长而降低。冬小麦植株钾素积累量随施钾量的增加而增加,钾素当季回收率则随着施钾量的增加而减少,施钾 75 kg/hm^2 的钾素当季回收率最高,为 43.3%。

1.3.3.2 不同施钾量对砂质潮土冬小麦产量、钾效率及土壤钾素平衡的影响

施用钾肥对提高冬小麦产量，改善品质以及提高冬小麦抗逆性具有显著的作用。长期以来生产中重施氮肥磷肥、少施或不施钾肥，特别是随作物高产品种的应用、产量水平的提高和复种指数的增加，农田钾素平衡失调加剧，缺钾现象日益严重，面积不断扩大，影响到农业生产的进一步发展。黄淮海平原约有 203.1×10^{4} hm^2 砂质潮土，该土壤速效钾含量低，保水保肥性能差，作物施钾效果显著，农民盲目施肥，肥料资源的浪费也十分严重。因此，进行钾肥适宜用量研究，对实现冬小麦优质高效生产具有重要意义。

有关钾肥对冬小麦产量、品质的研究报道较多，但这些多偏重于冬小麦产量和品质的研究，而在砂质潮土上钾肥用量对冬小麦产量、植株钾素累积、钾效率及土壤钾素肥力影响尚需进一步系统研究。

因此，在河南省新郑市土壤为黄河故道风积物上发育的砂质潮土上，在 0～20 cm 土层土壤有机质 6.45 g/kg，碱解氮 69.2 mg/kg，有效磷 9.86 mg/kg，速效钾 72 mg/kg 条件下，选用豫麦 49，研究了不同施钾量对砂质潮土冬小麦产量、钾效率及土壤钾素平衡的影响。钾肥施用量（K_2O）分别为 0、75、150、225、300 kg/hm^2，分别以 K0、K1、K2、K3、K4 表示，除钾肥外，各处理均施氮肥（N）210 kg/hm^2 和磷肥（P_2O_5）120 kg/hm^2。氮肥基追比为 5∶5，追肥在拔节期前开沟施入，磷、钾肥全部作为基肥。

计算方法：

增产率＝施钾增产量（kg）×100%/不施钾处理产量（kg）

植株钾累积量（kg/hm^2）＝植株干重（kg/hm^2）×植株钾含量（kg/kg）×1 000

钾肥当季回收率（KFR，%）＝［施钾处理成熟期植株钾积累量（kg/hm^2）－不施钾处理成熟期植株钾积累量（kg/hm^2）］×100%/施钾量（kg/hm^2）

产投比＝施钾增产量收益（元/hm^2）/钾肥投入（元/hm^2）

钾生理效率（KPE，kg/kg）＝生物量（kg/hm^2）/植株地上部分钾素累积量（kg/hm^2）

钾素吸收效率（KUPE，kg/kg）＝植株地上部分钾素累积量（kg/hm^2）/施钾量（kg/hm^2）

钾素利用效率（KUE，kg/kg）＝经济产量（kg/hm^2）/植株地上部分钾素累积量（kg/hm^2）

钾收获指数（KHI，%）＝子粒中钾积累量（kg/hm^2）/植株地上部分钾素累积量（kg/hm^2）

钾肥效率（KFE，kg/kg）＝经济产量（kg/hm^2）/施钾量（kg/hm^2）

1. 不同施钾量对冬小麦产量及其成产因素的影响

表 1.30 表明，施钾显著增加了产量，增产率达到 7.9%～27.7%。施钾量 225 kg/hm^2 以下冬小麦产量随着施钾量增加而增加，K3 处理产量最高，施钾量 300 kg/hm^2 时产量趋于降低，但 K2、K3 和 K4 之间产量差异并不显著。从产量构成因素看，施钾量 150 kg/hm^2 以下，施钾主要影响穗粒数，穗数和千粒重略有增加。施钾量 150 kg/hm^2 以上显著提高了冬小麦的穗数、穗粒数和千粒重，但施钾处理之间没有显著差异，这与产量一致。

2. 不同施钾量对冬小麦产量的经济效益分析

由表 1.31 可知，随施肥量的增加，钾肥产投比每千克 K_2O 增产量、利润增量均呈先

增后减趋势，其中以 K2 处理钾肥产投比和每千克 K_2O 增产量最大，以 K3 处理利润增量最佳，但与 K2 处理利润增量相近，进一步增加施肥量，施肥利润增量减少。综合考虑，以 K2 处理的增收效果最显著，产投比最高达到 2.98，每千克 K_2O 的增产量为 8.25 kg，利润增量为 1 069 元/hm^2。

表 1.30 不同施钾量对冬小麦产量及成产因素的影响

（河南农业大学，2010）

处理	穗数/（万头/hm^2）	穗粒数/个	千粒重/g	产量/（kg/hm^2）	增产率/%
K0	392.55c	30.6c	43.94b	5 278.1c	—
K1	398.40c	32.0ab	44.66b	5 693.6b	7.9
K2	437.55a	32.6a	45.68ab	6 515.9a	23.5
K3	424.20ab	33.0a	48.15a	6 740.3a	27.7
K4	420.60ab	33.1a	48.13a	6 700.6a	27.0

表 1.31 冬小麦施钾经济效益分析

（河南农业大学，2010）

处理	钾肥投入/（元/hm^2）	冬小麦增收/（元/hm^2）	利润增量/（元/hm^2）	产投比	每千克 K_2O 增产量/kg
K0	—	—	—	—	—
K1	270	415.5	270	2.00	5.54
K2	540	1 237.8	1 069	2.98	8.25
K3	810	1 462.2	1 091	2.35	6.50
K4	1 080	1 566.1	769	1.71	4.70

注：冬小麦子粒 1.3 元/kg，K_2O 3.6 元/kg。

3. 不同施钾量对植株钾积累量的影响

从表 1.32 可以看出，冬小麦各生育期植株钾积累量随着施钾量的增加而增加，以 K4 处理各生育期植株钾积累量最高，可见，施钾提高植株钾积累量，保证了冬小麦充足的钾素营养。从苗期到灌浆期，各处理植株钾积累量一直呈增加趋势，到成熟期植株钾积累量明显降低。表 1.32 还表明，拔节到灌浆期植株钾积累量增加较多，说明小麦在返青期到灌浆期对钾的吸收量大，在这一时期应该满足植株对钾的需求。与抽穗期和灌浆期比较，冬小麦成熟期植株含钾量均低于前两个时期，说明冬小麦植株体内钾素有外泌作用，外泌钾 50%～60%。

4. 不同施钾量条件下的钾素利用效率

钾素利用效率可用钾生理效率（反映作物吸收钾量对生物量的贡献）、钾素利用效率（反映作物吸收钾量对子粒产量的贡献）和钾收获指数（反映钾素在植株营养器官与生殖器官间的分配）表征。从表 1.33 可以看出，随施钾量的增加钾生理效率呈降低趋势，钾素利用效率和钾收获指数先增后减趋势，以 K2 处理最佳。钾素吸收效率、钾肥效率和钾肥当季回收率均随施钾量的增加而减少，以K1处理钾肥当季回收率最高为49.8%，而K4仅为27.83%。从提高钾效率来看，冬小麦施钾肥量以150 kg/hm^{2}左右为宜。

表1.32 不同施钾量对小麦植株钾积累量的影响

（河南农业大学，2001） kg/hm^2

处理	苗期	拔节期	抽穗期	灌浆期	成熟期
K0	17.82ab	100.70c	205.11c	217.80c	122.25d
K1	18.71a	120.44b	247.05b	255.15b	153.25c
K2	19.21a	128.63a	281.88a	310.77a	174.05ab
K3	18.12ab	130.31a	278.10a	315.54a	185.65a
K4	20.10a	138.50a	302.76a	322.11a	191.53a

表1.33 不同施钾量对冬小麦钾素利用效率的影响

（河南农业大学，2010）

处理	钾生理效率/(kg/kg)	钾素利用效率/(kg/kg)	钾收获指数/%	钾素吸收效率/(kg/kg)	钾肥效率/(kg/kg)	钾肥当季回收率/%
K0	96.36	43.18	18.40	—	—	—
K1	83.80	37.15	16.45	2.04	75.91	49.80
K2	82.26	37.44	17.07	1.16	43.44	41.61
K3	80.31	36.31	16.44	0.83	29.96	33.95
K4	78.42	35.74	16.05	0.64	22.81	27.83

5. 不同施钾量对土壤速效钾含量的影响

从图1.9可以看出，耕层土壤速效钾含量随着施钾量的增加而增加，施钾提高了土壤速效钾含量，以K4处理的土壤速效钾含量最高。在成熟期，K3、K4处理的土壤速效钾含量保持在较高水平，处于盈余状态，而K0、K1中的土壤速效钾含量则偏低，处于亏缺状态，而K2处理土壤速效钾含量则与播种前基本一致。因而为了维持土壤钾素肥力，钾肥施用量应达到150 kg/hm^{2}以上。

由上述分析表明，砂质潮土施用钾肥能明显提高冬小麦产量，增产率为7.9%～27.7%；冬小麦植株钾素积累量随施钾量的增加而增加，拔节到灌浆期植株钾积累量增加较多；钾生理效率、钾素吸收效率、钾肥效率和钾肥当季回收率均随施钾量的增加而减少，钾效率和钾收获指数则呈先增后减趋势，以施K_2O 150 kg/hm^{2}最佳；钾肥用量应达到K_2O 150 kg/hm^{2}以上才能维持土壤钾素肥力；从钾肥增产增收效应、钾效率、土壤钾素平衡等多方面综合考虑，以施钾量150 kg/hm^{2}效果最好，与不施钾处理相比可增产1 462.2 kg/hm^2，K_2O每千克增产8.25 kg，增收1 069元/hm^2，钾肥当季回收率为41.6%，并实现土壤速效钾的平衡。

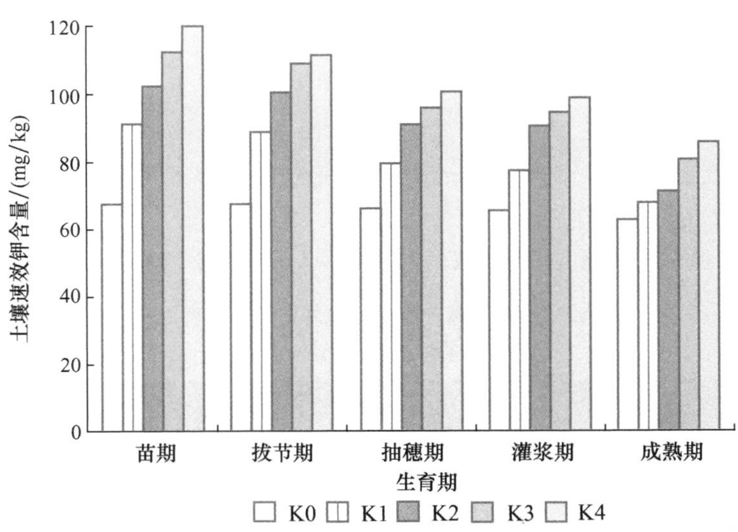

图 1.9 不同施钾量对冬小麦生育期内土壤速效钾含量的影响

(河南农业大学,2010)

1.3.3.3 两个高产小麦品种施钾效应的差异

随着产量水平的不断提高,氮、磷、钾肥配施成为小麦高产稳产的重要措施。而我国钾矿资源贫乏,这极大地限制了钾肥的供应。发挥作物自身高效利用钾的效率,适应可持续农业发展的需要,具有更重要的现实意义。

为此,选用目前大面积应用的两个高产小麦品种温麦 6 号(用 V1 表示)和兰考 906 - 4(用 V2 表示),在河南农业大学科教园区黄河冲积母质上发育而成的轻壤质潮土上,研究其对钾素的吸收利用效率,为进一步开展钾素营养遗传研究,培养钾高效基因型小麦品种提供基础方法和依据。

供试土壤基本理化性状见表 1.34。本试验田间试验采用裂区设计,主区为 5 个施钾水平(K_2O):0、75、150、225、300 kg/hm^2,副区为 2 个小麦品种:温麦 6 号和兰考 906 - 4,10 月 9 日播种,按超高产麦田栽培技术要求管理。全生育期每公顷施纯 N 240 kg(按7∶3 的基追比施入,追肥于拔节期施入,其他各种肥料均作基肥施入),P_2O_5 150 kg,$MnSO_4$ 15 kg,$ZnSO_4$ 15 kg。

表 1.34 供试土壤基本理化性状

(河南农业大学,2003)

层次/cm	pH	有机质/(g/kg)	全氮/(g/kg)	全钾/(g/kg)	碱解氮/(mg/kg)	有效磷/(mg/kg)	缓效钾/(mg/kg)	速效钾/(mg/kg)
0～20	7.94	12.5	0.99	19.2	73.3	29.1	691.3	68.9
20～40	8.08	8.4	0.47	19.1	40.8	15.7	645.7	43.2

1. 两个高产小麦品种施钾效应差异

施钾效应是指增施单位钾肥时所能产生的干物质或经济产量，这里我们分别分析施钾对干物质和产量的影响。

(1)干物质效应　从表 1.35 可以看出，在施钾量 0～300 kg/hm² 范围内，温麦 6 号(V1)的变化幅度为 066～11.94 kg/kg，而兰考 906-4(V2)则为 8.52～19.41 kg/kg，说明兰考 906-4 的施钾效应均明显高于温麦 6 号。这说明，在同等供钾水平下，兰考 906-4 能充分利用肥料中的钾素，生产出较多的干物质，其对钾素反应高于温麦 6 号。

表 1.35　两个高产小麦品种施钾的干物质效应

(河南农业大学，2003)

钾水平/(K_2O kg/hm²)	干物质/(kg/hm²)		施钾效应/(kg/kg)	
	V1	V2	V1	V2
0	24 076.95	23 305.28	—	—
75	24 772.43	24 760.88	9.27	19.41
150	25 753.46	25 506.00	11.18	14.67
225	26 764.20	26 488.58	11.94	14.15
300	24 273.83	25 860.60	0.66	8.52

(2)产量效应　表 1.36 表明，两个高产小麦品种的经济产量都随施钾量的增加而增加，达到 225 kg/hm² 时是最高点，再继续增加钾肥，出现产量下降趋势。施钾都表现出正效应，但随施钾量的增加而呈下降趋势。同一供钾水平下，温麦 6 号(V1)均高于兰考 906-4(V2)，尤其在低钾条件下，差异更明显，说明温麦 6 号的钾效应高于兰考 906-4。

表 1.36　两个高产小麦品种施钾的经济产量效应

(河南农业大学，2003)

钾水平/(K_2O kg/hm²)	经济产量/(kg/hm²)		施钾效应/(kg/kg)	
	V1	V2	V1	V2
0	7 963.26	6 619.91	—	—
75	8 768.51	7 233.92	10.74	8.19
150	8 987.91	7 615.91	6.83	6.64
225	9 421.95	8 074.58	6.53	6.47
300	9 046.95	7 692.18	3.61	3.57

由上可知，两个小麦品种的干物质效应和产量效应之间呈相反趋势。在衡量钾效应时，应多以经济产量效应为好，因为，收获对象是经济产量。

2. 两个高产小麦品种钾素利用率的差异

(1)钾肥利用率　表 1.37 表明，两个小麦品种的钾肥利用率差异显著，而且，随钾素水平的提高，其钾肥利用率持续下降。可见，过量施钾将导致钾肥资源的浪费。

从钾肥利用率高低可以看出，在施钾 75～300 kg/hm² 范围内温麦 6 号(V1)变幅为 54.68%～19.30%，而兰考 906-4(V2)变幅达 82.10%～39.37%，明显高于温麦 6 号，特别是在施钾 75 kg/hm² 水平下其差异更明显，兰考 906-4 高出温麦 6 号 27.42 个百分点，这意味着，兰考 906-4 利用肥料钾的能力相对较强。

(2)钾素依存率　衡量一个小麦品种对土壤钾的吸收情况，一般用依存率来表示，两个高产小麦品种对土壤钾素依存率存在一定差别(表 1.37)。随施钾水平的提高，两个小麦品种对土壤钾素依存率均呈下降趋势。在施钾 75～300 kg/hm² 水平下，温麦 6 号(V1)变幅达 76.51%～88.23%，兰考 906-4(V2)变幅为 71.92%～83.09%，温麦 6 号比兰考 906-4 相对高出 1.39～12.23 个百分点。同一供钾条件下温麦 6 号对土壤钾的依赖程度都高于兰考 906-4，说明温麦 6 号吸收土壤钾的能力高于兰考 906-4。

表 1.37　两个高产小麦品种的钾素利用率

(河南农业大学，2003)

钾水平/(K_2O kg/hm²)	吸钾量/(kg/hm²)		钾肥利用率/%		钾素依存率/%	
	V1	V2	V1	V2	V1	V2
0	307.50	302.55	—	—	—	—
75	348.51	364.13	54.68	82.10	88.23	83.09
150	373.95	380.90	44.30	52.23	82.23	79.43
225	401.91	402.74	41.96	44.53	76.51	75.12
300	365.40	420.66	19.30	39.37	84.15	71.92

3. 两个高产小麦品种钾效率的差异

钾效率是指吸收单位钾素所能产生的干物质或经济产量。

(1)干物质钾效率　从表 1.38 可以看出，在施钾 0～300 kg/hm² 水平下，两个高产小麦品种的干物质钾效率均呈下降趋势。在相同钾素水平下，温麦 6 号(V1)干物质钾效率高于兰考 906-4(V2)，但差异不显著。这表明，温麦 6 号对钾利用能力相对较强，在吸钾量较低的情况下能产生较多的干物质，对低钾耐性较强，属营养高效基因型；而兰考 906-4 对钾的利用能力相对较弱，产生相同干物质需要吸收较多的钾，对低钾较敏感，属营养低效基因型。

表 1.38　两个高产小麦品种的钾效率

(河南农业大学，2007)

钾水平/(K_2O kg/hm²)	干物质钾效率/(kg/kg)			产量钾效率/(kg/kg)		
	V1	V2	增减数	V1	V2	增减数
0	78.30	77.03	1.27	25.90	21.88	4.02
75	71.08	68.00	3.08	25.16	19.87	5.29
150	68.87	66.96	1.91	24.04	20.00	4.04
225	66.59	65.77	0.83	23.11	20.05	3.06
300	66.43	61.48	4.95	24.76	18.29	6.47

(2)产量钾效率　产量钾效率则表现为(表 1.38)，相同钾素水平下，温麦 6 号(V1)钾效率明显高于兰考 906－4(V2)，配对法检验达 1%显著水平($t=7.728^{**}$)。这表明，温麦 6 号钾素利用能力强，在吸钾量较低的情况下能耐低钾，属钾素营养高效基因型；而兰考 906－4 对钾的利用能力较弱，产生相同产量需要吸收较多的钾，属钾素营养低效基因型。

综上所述，施钾与否对不同小麦品种品种钾效应有明显影响。温麦 6 号对土壤钾素有较好反应，主要表现在产量施钾效应、钾效率、钾素依存率等方面；而兰考 906－4 则主要体现在吸钾量(不施钾肥条件除外)和钾肥利用率上。从经济效益和生态效益的角度考虑，温麦 6 号具有低成本、高产出的双重特性，更具有现实意义。温麦 6 号耐低钾，属钾素营养高效基因型；兰考 906－4 对低钾敏感，但耐肥性强，属钾素营养低效基因型。

4．钾对两个高产小麦品种群体动态和产量构成的影响

从表 1.39 可知，施用钾肥对两个超高产小麦品种冬前群体的影响相似，随着钾素施用量的增加，冬前群体呈抛物线形变化，不同的是温麦 6 号群体最高时钾肥用量为 225 kg/hm²，而兰考 906－4 为 150 kg/hm²。

表 1.39　钾对两个高产小麦品种产量和群体动态及产量构成的影响

(河南农业大学，2007)

品种	钾水平/(K_2O kg/hm²)	冬前群体/(10^4/hm²)	春季分蘖/(10^4/hm²)	有效群体/(10^4/hm²)	穗粒数/个	千粒重/g	产量/(kg/hm²)	产量的相对增加/%
温麦6号	0	1 266.0	315.0	712.5	38.9	34.2	7 963.26c	—
	75	1 287.0	180.0	642.0	40.0	37.9	8 768.51b	10.1
	150	1 342.5	160.5	684.0	38.5	37.8	8 987.91ab	12.9
	225	1 443.0	136.5	774.0	37.0	37.9	9 421.95a	18.3
	300	1 329.0	220.5	771.0	36.1	37.8	9 046.95ab	13.6
兰考906－4	0	1 617.0	396.0	498.0	50.6	35.9	6 619.91c	—
	75	1 662.0	321.0	490.5	51.6	37.6	7 233.92b	9.3
	150	1 773.0	66.0	474.0	54.1	38.8	7 615.91ab	15.0
	225	1 680.0	255.0	478.5	56.8	39.1	8 074.58a	22.0
	300	1 599.0	184.5	471.0	52.3	38.6	7 692.18ab	16.2

春季分蘖的变化与冬前群体呈相反的趋势，即有利于冬前群体发育的最适钾肥用量下，春季群体是最低的，这可能与钾素有利于物质转化和茎秆的发育有关，而提前终止了分蘖的发育。

随钾素水平的增加，有效群体的变化两个品种表现的规律性不同，温麦 6 号呈倒抛物线形变化，不施钾肥时有效穗数并不低，而施钾量为 75～150 kg/hm² 时有效群体则下

降，当钾肥用量超过 150 kg/hm² 时，有效群体又明显增加；而兰考 906－4 的有效群体各处理间变化不大。

穗粒数随施钾水平的变化两个品种均呈抛物线形变化趋势，温麦 6 号以 75 kg/hm² 最高，兰考 906－4 以 225 kg/hm² 最高。

千粒重与施钾的关系是：温麦 6 号表现为施钾的高于不施钾的，但不同钾肥用量之间差异不大；而兰考 906－4 的千粒重随着供钾水平的提高呈抛物线变化，以 225 kg/hm² 的处理千粒重最高，说明适量供钾有利于提高千粒重。

上述分析可知，两个高产小麦品种施钾均能增产，但机理有所不同。温麦 6 号施钾增产主要是因为促进了冬前分蘖，降低了春季分蘖，提高了有效群体和千粒重；而兰考 906－4 施钾增产主要是在建立合适群体的基础上，增加了穗粒数和千粒重。

5. 钾对不同高产小麦品种产量的影响

表 1.39 表明，随施钾量的增加，两个高产小麦品种产量均呈抛物线形变化趋势，而且，均以钾素水平为 225 kg/hm² 时产量较佳。从产量高低来看，同等供钾水平下，温麦 6 号产量均明显高于兰考 906－4，配对法检验达极显著水平（$t=38.201^{**}$）。此外，从产量的相对增加可以看出，施钾后温麦 6 号增加变幅较小，为 10.1%～18.3%，而兰考 906－4 产量相对增加变幅较大，达 9.3%～22.0%。这表明，温麦 6 号耐低钾，产量相对稳定，在低钾条件下能获得较高的产量；而兰考 906－4 对低钾敏感，低钾对兰考 906－4 产量影响较大，产量较低，可见，施钾与否对兰考 906－4 产量的影响明显大于温麦 6 号，这可能与温麦 6 号耐低钾，兰考 906－4 耐高钾的特性有关。

6. 钾对两个高产小麦品种氮吸收的影响

从表 1.40 可以看出，施钾对两个高产小麦品种吸收氮都有明显的促进作用，均呈线性关系。其中温麦 6 号为抛物线，兰考 906－4 近似直线。但在 0～225 kg/hm² 施钾量范围内，表现出温麦 6 号吸氮量高于兰考 906－4，供钾水平大于 225 kg/hm²，则发生质的变化，兰考 906－4 因其干物质量大，呈继续上升，而温麦 6 号则急剧下降。可见，两个品种对氮吸收的变化趋势与其干物质变化较为一致。同时，相关分析也表明，吸氮量与干物质呈显著正相关（温麦 6 号 $R=0.955\,9^{*}$，兰考 906－4 $R=0.949\,4^{*}$）。

表 1.40 钾对两个高产小麦品种吸氮量、吸磷量的影响

（河南农业大学，2007）

钾水平/（K_2O kg/hm²）	吸氮量/（kg/hm²）		吸磷量/（kg/hm²）	
	V1	V2	V1	V2
0	349.32	343.89	53.85	52.92
75	369.71	358.62	54.15	57.81
125	395.84	385.04	54.45	66.92
225	398.45	393.75	59.78	61.29
300	354.83	396.60	56.72	59.39

上述分析表明，不同小麦品种的耐低钾能力及其干物质积累能力与植物在低钾水平下吸收氮素的能力关系密切。也就是说，耐低钾小麦品种温麦 6 号在不施钾肥条件下，吸钾力强，对氮素吸收能力也强。由此可知，不同小麦品种的耐低钾能力与该品种对氮的吸收能力关系密切，二者互促吸收。

7. 钾对两个高产小麦品种磷吸收的影响

表 1.40 表明，在不施钾条件下，温麦 6 号对磷的吸收高于兰考 906－4，随着施钾水平的提高，两个小麦品种对磷的吸收反应不一。

温麦 6 号基本不变，一直维持到 150 kg/hm^2 施钾量，再增加施钾量，吸磷能力则陡然上升，之后又下降；而兰考 906－4 高于温麦 6 号的吸磷量，说明高钾条件下，兰考 906－4 的磷钾交互效应高于温麦 6 号。由此看来，不同小麦品种吸磷量与植株吸钾量的多少关系密切。

通过研究表明，温麦 6 号施钾增产主要是因为促进了冬前分蘖，降低了春季分蘖，提高了有效群体和千粒重；而兰考 906－4 施钾增产主要是在建立合适群体的基础上，增加了穗粒数和千粒重。不同小麦品种对氮、磷吸收有着一定差异。耐低钾小麦品种温麦 6 号在低钾情况下（0～225 kg/hm^2），吸氮量大于耐高钾小麦品种兰考 906－4；在高钾情况下，温麦 6 号吸氮量低于兰考 906－4。温麦 6 号在低钾情况下吸磷量稍大于耐肥性品种兰考 906－4，继续施钾，温麦 6 号吸磷量明显低于兰考 906－4。在相同供钾水平下，不同小麦品种成熟期干物重与植株氮养分吸收量呈显著正相关，即对氮吸收能力强的小麦品种在同等供钾水平下生产能力也强。不同小麦品种植株体内吸氮量的差异影响了植株耐低钾的能力及其钾利用效率，因此，进一步深入研究耐低钾、高效利用钾能力不同的小麦品种在吸收、运转和同化氮素上的差异对阐明不同小麦品种钾营养基因型差异的机制有着重要的意义。

1.3.3.4 不同小麦品种钾素营养特性的差异

近年来，我国农田土壤钾素，尤其是可供作物吸收的耕层土壤的速效钾严重亏缺，引起人们的广泛关注。考虑到我国钾肥资源短缺，为缓解土壤钾素肥力的下降，人们除主张适量地增加钾肥进口、增施有机肥外，还将筛选、利用钾高效基因型以挖掘土壤钾素潜力视作解决这一问题的有效途径。

在我国小麦的主产区黄淮海平原，分布着约 170 万 hm^2 的砂质潮土，据研究，该类土壤速效钾含量低，小麦施钾效应非常显著。为此，选用河南省新郑市的砂质潮土进行盆栽试验。土壤的基本理化性状为：有机质 10.7 g/kg，全氮 0.8 g/kg，碱解氮（N）55.34 mg/kg，速效磷（P_2O_5）3.58 mg/kg，速效钾（K_2O）51.2 mg/kg，pH 值 6.98。盆栽试验设置 K1 和 K2 两个钾素营养水平，其中 K1 为不施钾肥，K2 为每千克风干土补充钾肥（K_2O）0.2 g；此外，所有处理每千克土另外供给氮肥（N）0.3 g、磷肥（P_2O_5）0.2 g 及 Arnon 微量元素营养液 0.2 mL。2/3 的氮肥、3/4 的钾肥及全部磷肥和微量元素肥料在装盆时与土壤混合后施入，其余的氮肥与钾肥在拔节前后分次施入。试验采用聚乙烯盆，装土 8 kg。每盆定苗 7 株，所有试验盆钵均放入活动防雨棚中。研究了不同小麦品种的钾效率及其对施钾的反应，以期为不同小麦品种栽培中的科学施肥技术以及农业生产推广耐低钾的小麦品种提供依据，进而为砂质潮土区小麦节本增效生产开辟新的技术途径。供试小麦品种编号及名称见表 1.41。

表 1.41 供试小麦品种编号及名称

（河南农业大学，2006）

编号	品种名称	编号	品种名称	编号	品种名称
1	豫麦 18	10	郑州 9023	19	豫展 1 号
2	豫麦 25 号	11	郑州 9689	20	新麦 9 号
3	温麦 8 号	12	济麦 2 号	21	兰考 3 号
4	豫麦 69	13	郑麦 9405	22	兰考 6 号
5	豫麦 60	14	周麦 16	23	豫麦 49
6	新矮早 958	15	新麦 11	24	兰考 4 号
7	豫麦 41 号	16	郑农 16	25	豫麦 34
8	太空 6 号	17	豫麦 9 号	26	豫麦 68
9	丰优 7 号	18	高优 503	27	偃师 4110

计算方法：

钾效率＝K1 的子粒产量

施钾响应度＝（K2 产量－K1 产量）/K1 产量×100％

钾素利用效率＝经济产量/植株钾素积累量

1. 不同小麦品种的钾效率及施钾响应度

本研究中以 K1 时的子粒产量来表示钾效率。从农艺角度来看，缺钾时子粒产量越高，表明该品种在缺钾时的生产效率越高。试验结果（表 1.42）表明，不同品种钾效率差异较大，最高的是 27 号，每盆子粒产量为 29.4 g，最低是 13 号品种，每盆子粒产量为 12.4 g，前者为后者的 2.37 倍。

从试验结果看，品种之间施钾的响应度变异也很大，其中 7、8、9、12、13、15、16、26 八个品种施钾响应度高于 30％，施钾效应十分显著，而 18、21、22、23、25 五个品种施钾响应度低于 10％，施钾效应较差，3、11、20、27 四个品种施钾不仅不增产，产量还有所降低，因此施钾效应也较差。

考虑到品种钾效率及其施钾响应度在生产实践上具有不同的应用价值，结合这两项指标对不同小麦品种进行钾营养性状分组。计算得到，不同品种钾效率的平均值为 19.96 g/pot，施钾响应度的平均值为 31.63％。将 K1 时子粒产量高于品种间钾效率平均值的品种定义为高效品种，反之为低效品种；将施钾响应度高于品种间平均值的品种定义为高响应型品种，反之为低响应型品种。因此将供试小麦品种分为四类：低效低响应型，包括 2、10、17、25 号；低效高响应型，包括 7、9、12、13、15、16、26 号；高效低响应型，包括 1、3、4、5、6、11、14、18、19、20、21、22、23、24、27 号；高效高响应型，包括 8 号。

相关分析表明，施钾的增产效应与 K1 水平下产量呈极显著的负相关关系（$r=-0.5886^{**}$），说明钾胁迫下子粒产量越低的品种，即钾效率越低的品种，施钾的增产效应越高。

表 1.42　施钾对不同小麦品种子粒产量的影响

（河南农业大学，2006）

品种编号	子粒产量/(g/盆) K1	子粒产量/(g/盆) K2	K2 比 K1 增加/%	品种编号	子粒产量/(g/盆) K1	子粒产量/(g/盆) K2	K2 比 K1 增加/%
1	20.1±1.0aA	23.3±1.9aA	15.6	15	17.7±1.8aA	24.9±0.7bB	40.7
2	19.4±3.5aA	24.1±1.9aA	23.9	16	17.6±1.9aA	32.0±5.6bB	83.2
3	21.8±1.3aA	21.3±0.1aA	−2.7	17	15.1±3.1aA	17.4±5.2aA	15.2
4	23.1±1.7aA	26.4±4.9aA	14.2	18	21.4±4.2aA	22.6±6.7aA	5.5
5	25.8±3.0aA	30.4±3.0aA	17.7	19	23.1±3.6aA	29.9±1.0bB	29.6
6	20.5±1.7aA	26.3±3.1bA	27.9	20	22.2±0.3aA	20.5±2.0aA	−7.5
7	19.2±0.2aA	25.8±4.5bA	34.3	21	24.8±2.7aA	25.0±0.6aA	0.6
8	22.0±2.6aA	37.4±7.6bB	69.6	22	24.5±4.1aA	24.8±0.1aA	1.3
9	17.9±0.6aA	30.9±7.0bB	73.0	23	21.0±2.9aA	21.0±1.2aA	0.2
10	12.0±4.0aA	14.0±2.5aA	16.4	24	23.0±0.5aA	25.8±6.8aA	11.9
11	29.0±3.3aA	27.2±1.9aA	−6.3	25	17.7±0.6aA	18.1±0.1aA	2.7
12	14.5±3.5aA	27.3±0.2bB	88.1	26	16.9±0.8aA	23.7±1.0bB	40.5
13	12.4±2.0aA	25.1±6.9bB	102.8	27	29.4±1.5aA	28.9±1.3aA	−1.6
14	24.5±1.3aA	27.6±6.4aA	12.6				

注：小写字母表示同一个品种不同钾水平之间差异显著（$P<0.05$），大写字母表示同一个品种不同钾水平之间差异极显著（$P<0.01$），下同。

2. 施钾对不同小麦品种生物学产量的影响

由表 1.43 可以看出，不同品种之间干物重的变异也较大，其中 K1 处理下不同品种干物重变化于 31.99～49.59 g/盆，平均为 41.18 g/盆，变异系数 11.5%，K2 处理不同品种的干物重在 42.70～64.69 g/盆，平均为 51.04 g/盆，品种间变异系数为 11.0%。施钾对不同品种小麦干物质生产增加效应大小因品种不同而异，效应最高的 12 号与最低 25 号之间相差 90.6%。相关分析表明，不同小麦品种干物质施钾响应度与 K1 水平下的干物重呈极显著的负相关关系（$r=-0.6867^{**}$），说明不施钾时的生物学产量可在一定程度上反映该品种的施钾效应，干物重越低的品种施钾响应度越高。两种钾素水平下不同小麦品种干物重及其施钾响应度与子粒产量及其施钾响应度之间亦均呈极显著的正相关关系，相关系数分别为0.782 8**（K1）、0.780 5**（K2）和0.842 3**，说明小麦子粒产量的形成很大程度上是以干物质积累为基础的，干物质积累量越高的品种，越可能形成较高的子粒产量。

3. 施钾对不同小麦品种钾素积累的影响

除个别品种（2 号）外，施钾可以显著提高植株体内钾的累积量（表 1.44）。K1 处理下，供试品种钾累积量为 0.22～0.38 g/盆，平均为 0.28 g/盆；K2 处理下，供试品种钾累积量为 0.3～0.7 g/盆，平均为 0.54 g/盆，与 K1 条件相比，不同品种提高了15.3%～204.3%。相关分析表明，施钾引起的钾素积累量的增加效应与子粒产量施钾响应度之间存在显著的相关性(r=0.398 5*),这正是施钾增产的机制所在。但同一施钾水平下,不同小麦品种子粒产量与其钾素积累量之间并无显著相关性,这说明本试验条件下品种间钾吸收积累能力高低不是决定其子粒产量高低的主要因素。

表 1.43 施钾对不同小麦品种干物质积累的影响

(河南农业大学,2006)

品种编号	干物质产量/(g/盆)		K2比K1增加/%	品种编号	干物质产量/(g/盆)		K2比K1增加/%
	K1	K2			K1	K2	
1	38.8±3.6aA	44.7±1.1aA	15.4	15	33.8±1.7aA	55.6±0.8bB	64.6
2	36.1±2.8aA	57.0±4.8bB	57.7	16	35.5±0.6aA	59.4±4.4bB	67.3
3	47.2±0.1aA	52.5±1.4aA	11.1	17	41.8±0.8aA	48.2±0.5aA	15.2
4	47.8±4.9aA	52.3±3.3aA	9.5	18	44.2±0.3aA	54.9±4.2bA	24.1
5	46.0±0.9aA	60.7±1.5bB	31.9	19	44.8±0.4aA	60.6±1.7bB	35.4
6	39.9±1.0aA	53.2±7.6bA	33.3	20	36.9±0.3aA	42.7±2.1aA	15.8
7	38.7±0.7aA	55.0±3.4bB	41.8	21	41.2±0.9aA	49.7±1.5bA	20.7
8	42.5±2.0aA	63.1±3.1bB	48.3	22	45.8±5.8aA	57.4±0.3bB	25.3
9	40.3±1.0aA	64.7±7.3bB	60.6	23	44.7±2.5aA	54.4±1.6bA	21.8
10	35.2±2.9aA	45.0±9.5aA	27.9	24	42.8±0.1aA	53.7±4.0bA	25.4
11	47.8±5.7aA	51.5±1.6bA	7.8	25	43.0±0.7aA	44.8±5.4aA	4.1
12	31.6±5.2aA	61.4±1.6bB	94.7	26	38.7±2.0aA	49.0±0.1bA	26.6
13	34.5±0.6aA	52.3±3.0bB	51.6	27	49.6±2.6aA	54.2±0.4aA	9.3
14	42.8±0.9aA	61.3±5.9bB	43.2				

表 1.44 施钾对不同小麦品种钾素积累的影响

(河南农业大学,2006)

品种编号	钾素积累量/(g/盆)		K2比K1增加/%	品种编号	钾素积累量/(g/盆)		K2比K1增加/%
	K1	K2			K1	K2	
1	0.27aA	0.39bB	44.4	15	0.27aA	0.62bB	129.6
2	0.26aA	0.30aA	15.4	16	0.22aA	0.54bB	145.4
3	0.32aA	0.48bB	50.0	17	0.24aA	0.45bB	87.5
4	0.41aA	0.54bB	31.7	18	0.33aA	0.70bB	112.1
5	0.32aA	0.52bB	62.5	19	0.34aA	0.62bB	82.3
6	0.31aA	0.60bB	93.5	20	0.25aA	0.40bB	60.0
7	0.30aA	0.54bB	80.0	21	0.29aA	0.51bB	75.9
8	0.29aA	0.49bB	69.0	22	0.30aA	0.61bB	103.3
9	0.28aA	0.70bB	150.0	23	0.24aA	0.57bB	137.5
10	0.38aA	0.52bB	36.8	24	0.27aA	0.47bB	74.1
11	0.24aA	0.39bB	62.5	25	0.26aA	0.46bB	76.9
12	0.25aA	0.52bB	108.0	26	0.27aA	0.54bB	100.0
13	0.24aA	0.56bB	133.3	27	0.30aA	0.45bB	50.0
14	0.23aA	0.70bB	204.3				

4. 施钾对不同小麦品种钾利用效率的影响

除个别品种(2 号、8 号)外，施钾时大部分品种钾的利用效率均明显下降(表 1.45)。K1 条件下，不同品种钾素利用效率为 31.97～121.83 g/g，平均为 74.29 g/g，而 K2 时，供试品种钾利用效率为 22.56～80.67 g/g，平均为 28.43 g/g，不同品种降低幅度为 10.8%～67.3%，说明缺钾时植株对钾的利用更加经济有效，这也是植物对胁迫条件的一种适应性反应。如将同一施钾水平不同小麦品种产量与钾素利用效率进行相关分析，则相关系数在 K1 和 K2 水平下分别达0.807 5** 和0.674 1** 的极显著水平，说明小麦对钾的利用效率高低可能是制约小麦产量高低的一个重要因素，特别是在低钾条件下。

表 1.45　施钾对不同小麦品种钾利用效率的影响

(河南农业大学，2006)　　g/g

品种编号	钾素利用效率		品种编号	钾素利用效率		品种编号	钾素利用效率	
	K1	K2		K1	K2		K1	K2
1	74.47aA	60.01bA	10	31.97aA	26.91aA	19	67.83aA	48.01bB
2	74.37bA	80.67aA	11	121.83aA	69.00bB	20	89.31aA	51.37bB
3	86.86aA	44.23bB	12	58.29aA	51.99bA	21	85.82aA	49.27bB
4	56.27aA	49.22aA	13	51.51aA	45.17aA	22	81.12aA	40.65bB
5	79.47aA	58.97bB	14	105.44aA	39.37bB	23	86.80aA	32.48bB
6	66.58aA	43.54bB	15	64.46aA	39.87bB	24	85.56aA	54.42bB
7	64.94aA	48.03bB	16	77.97aA	59.60bB	25	68.93aA	22.56bB
8	74.80aA	77.00aA	17	63.04aA	38.91bB	26	61.84aA	44.01bB
9	62.90aA	44.38bB	18	65.57aA	32.48bB	27	97.98aA	64.49bB

通过研究表明，供试小麦品种钾效率及其对施钾响应度存在显著的基因型差异，27 个品种可分为低效低响应型、低效高响应型、高效低响应型、高效高响应型四种类型。其中，豫麦 25 号、郑州 9023、豫麦 9 号和豫麦 34 为第一种类型；豫麦 41 号、丰优 7 号、济麦 2 号、郑麦 9405、新麦 11、郑农 16 和豫麦 68 为第二种类型；豫麦 18、温麦 8 号、豫麦 69、豫麦 60、新矮早 958、郑州 9689、周麦 16、高优 503、豫展 1 号、新麦 9 号、兰考 3 号、兰考 6 号、豫麦 49、兰考 4 号、偃师 4110 为第三种类型；太空 6 号为第四种类型。在钾胁迫条件下小麦成熟期生物学产量及其施钾响应度与小麦子粒产量及其施钾响应度之间均呈极显著的正相关关系，可作为评价不同小麦品种钾效率高低和对施钾效应大小的参考指标。在上述试验条件下，不同小麦品种钾效率与其钾利用效率呈显著的正相关。

1.3.3.5　潮土区高产麦田钾肥适宜基追比研究

黄淮海平原潮土区是我国重要小麦生产基地。近年来，由于种植指数和产量的提高，氮磷肥用量的增加，该区土壤缺钾面积和程度均呈持续增加趋势，在砂质土壤和高产田块最为突出，尤其是在高产麦田钾肥肥效显著，施用钾肥已经成为提高小麦产量的一个重要栽培措施。然而，对于钾肥施用方法，生产上习惯于将钾肥作基肥一次性施用。

由于钾施入土壤后易被土壤胶体吸附，尤其是在土壤钾素不足时，一部分钾会逐渐向非交换态钾转化，降低其有效性，同时高产小麦钾素吸收规律的研究也表明，小麦吸钾强度在拔节至扬花期有一个持续的高坪，另外在小麦生育后期，土壤充分供钾，可显著提高植株钾素营养，提高小麦千粒重，小麦中后期的钾素营养对小麦生长发育至关重要。但是，在小麦高产实践中，还缺乏钾肥不同施用时期的研究。

为此，选用豫麦 49，选择河南省典型潮土高产麦田开展了钾肥不同基追比例的试验研究，以期为今后高产小麦钾肥的合理施用提供依据。

大田试验设河南农业大学科教示范园区，土壤为黄河冲积物上发育的潮土，质地轻壤。在 0～20 cm 土层土壤有机质 15.4 g/kg，全氮 1.10 g/kg，碱解氮(N)78.2 mg/kg，速效磷(P)8.1 mg/kg，速效钾(K)102.8 mg/kg，缓效钾(K)523 mg/kg，pH 值 7.8。钾肥基追比共设五个处理，分别为 0：0、10：0、7：3、5：5、3：7，分别用 K0、K1、K2、K3、K4 表示，试验地施氮肥(N)180 kg/hm^2，P_2O_5 120 kg/hm^2，K_2O 150 kg/hm^2。其中氮肥(尿素)50%作基肥，另外 50%与追施的钾肥(氯化钾)一起在小麦拔节期施用；磷肥(过磷酸钙)全部作基肥。

盆栽试验设在河南农业大学试验网室。供试土壤取自大田试验地块，供试小麦品种与大田相同。试验采用米氏盆，每盆装干土 15 kg，分别施化肥含纯量 N 3.0 g，P_2O_5 2.1 g，K_2O 3.15 g。处理同大田试验。

计算方法：

钾肥利用率=(施钾处理小麦吸钾量－不施钾小麦吸钾量)/施钾量

1. 钾肥不同基追比对小麦产量的影响

由表 1.46 可知，各处理小麦产量顺序为 K2＞K1＞K3＞K4＞K0，施钾各处理小麦产量均高于不施钾处理小麦产量，说明施用钾肥对小麦产量都有一定的提高。钾肥基追比例不同，各处理小麦产量也有一定差异，K2 产量与其他处理间均达显著差异，说明基追比例以 7：3 为宜。钾肥全作基肥(K1)或追肥比例过高(K4 和 K3)，都不利于提高小麦产量，说明小麦生长前期要保证有充足的钾素供应，钾肥施用要前重后轻，以基肥为主。

表 1.46 钾肥不同基追比处理的小麦产量

(河南农业大学，2001)　　kg/hm^2

处理	重复			平均产量	增产率/%
	Ⅰ	Ⅱ	Ⅲ		
K0	6 345	6 264	6 187	6 265.3d	—
K1	7 398	7 347	7 225	7 323.3b	16.9
K2	7 483	7 565	7 684	7 577.3a	20.9
K3	7 113	7 282	7 393	7 262.7b	15.9
K4	7 135	7 152	6 870	7 052.0c	12.6

2. 钾肥不同基追比对小麦产量构成因素的影响

从小麦产量的构成因素看(表 1.47)，与不施钾处理(K0)相比，施钾对小麦成穗数、单穗粒数和千粒重均有一定促进作用。钾肥基追比 7∶3(K2)处理，小麦不仅成穗多，而且千粒重和单穗粒数均高于其他处理，说明钾肥以 7∶3 的基追比施用时既能保证小麦生长前期对钾素的需求，促进小麦生长发育，形成较多有效分蘖，又能保障小麦生育后期对钾素的需求，促进光合物质从源向库的运转，提高小麦的千粒重和穗粒数，“开源，拓库，畅流”，从而提高小麦产量。钾肥不同基追比相比较，前期供钾越充分，成穗数越多，单穗粒数也较多。中后期充分供钾，千粒重提高，钾肥一次作基肥施用时，虽然小麦成穗数和穗粒数较高，但由于千粒重相对较低，因而最终产量并不高，说明小麦后期钾素供应是重要的。处理 K4 的小麦成穗数和单穗粒数较低，说明钾肥基施过少影响小麦前期的生长发育。

表 1.47 钾肥不同基追比对小麦产量构成因素的影响

(河南农业大学，2001)

处理	穗数/(万头/hm^2)	单穗粒数/个	千粒重/g	理论产量/(kg/hm^2)
K0	644.5c	27.7b	35.8c	6 071.7
K1	678.4a	31.6ab	37.1bc	7 555.6
K2	675.7ab	32.4a	39.2a	8 150.4
K3	667.4b	30.7ab	38.8a	7 552.3
K4	651.1bc	29.6ab	38.0ab	6 957.4

3. 钾肥不同基追比小麦钾积累量及钾肥利用率的差异

小麦体内的钾对促进光合物质的形成和运转起重要作用。研究表明，小麦在扬花期吸钾量达最高峰。这一时期小麦吸收的钾量能反映小麦对土壤中钾的吸收利用水平。由表 1.48 可以看出，盆栽各处理间小麦生物量大小序列表现出与小麦产量相似的趋势。施钾各处理小麦钾积累量均显著高于不施钾处理。施钾处理间小麦吸钾量也有一定差异。K2 吸钾量最多，吸钾量增加率达 38.8%。其次是 K1，吸钾增量为 32.3%。K4 最少，只有 10.4%。说明钾肥按 7∶3 的基追比施用效果比较好，比一次性作基肥施用小麦吸钾量增加 4.9%。同时还可看出，随着钾肥基施比例的减少，小麦吸钾量呈下降趋势，钾肥利用率降低，说明钾肥施用要以作基肥为主，并且追肥时期不宜过晚，否则会造成追施的钾肥利用率降低，起不到很好的效果。

综上所述，供试潮土速效钾含量属中等偏上水平，难以满足小麦高产对土壤钾素的需求，因此，施钾有增产效果。钾肥不同的基追比例，对小麦的增产效应有不同。在供试轻壤质潮土中，70%钾肥做基肥，30%在拔节期追施的效果，明显优于传统的全部做底肥的施用方法。7∶3 基追比例不仅可满足小麦前期用钾，而且还能保证中后期对钾的需求，使小麦在一定成穗数的基础上，获得更高的穗粒数和千粒重，从而提高产量。由于小麦产量提高，对钾的吸收利用增强，也显著地提高钾肥利用率。7∶3 基追比例小麦对钾肥的利用率达到47.3%。因为影响小麦钾肥肥效和利用率的因素很多，所以在不同质地、不同肥力、不同钾素水平的土壤上，钾肥的肥效以及适宜的基追比例可能不同，尚需进一步的研究。

表1.48 扬花期钾肥不同基追比处理小麦生物量及钾积累量

（河南农业大学，2001）

处理	小麦生物量/(g/盆)	吸钾量/(mg/盆)	吸钾增量/(mg/盆)	吸钾增加率/%	钾肥利用率/%
K0	33.2c	384d	—	—	—
K1	45.3a	508ab	124	32.3	39.4
K2	46.5a	533a	149	38.8	47.3
K3	42.1ab	487b	103	26.8	32.7
K4	40.5b	424c	40	10.4	12.7

1.4 小麦中、微量元素的营养特性

1.4.1 小麦体内中、微量营养元素的含量与分布

1.4.1.1 中量营养元素

1. 钙

小麦含钙量一般为0.5%～0.8%，比镁多而比钾少。在不同生育时期内，分蘖期含钙量最高，之后随着生育时期的推进其含量呈连续性下降。不同部位和器官的钙含量变幅也较大。小麦地上部钙含量较多，根部较少；茎叶（尤其是老叶）较多，子粒较少。在同一叶片中，老叶的边缘钙含量高于中部，而嫩叶则是边缘低于中部。

2. 镁

小麦体内镁的含量一般为0.12%～0.14%。在整个生育期内镁含量随生育时期的变化趋势为“凹”形曲线，分蘖期含量最高，之后随生育时期的推进逐渐下降，乳熟期降至最低点，成熟期又略有回升。小麦不同部位镁的含量也不同，子粒含镁较多，茎叶次之，根系较少。生长初期，镁主要存在于叶片中，至成熟期则多以植素的形态贮存在子粒中。

3. 硫

小麦含硫量一般为0.15%左右。硫含量在整个生育期呈双峰曲线变化趋势，返青期为第一峰值，硫含量最高，孕穗期是硫素含量的低谷，孕穗期至开花期逐渐回升，开花期为其第二个峰值，开花后又继续下降。通常小麦茎叶硫含量比子粒高。

1.4.1.2 微量营养元素

1. 铁

小麦含铁量占其干重的 65 mg/kg 左右，但其含铁量因生育时期和器官而异。小麦铁含量随生育时期呈单峰曲线变化，其峰顶出现在返青期。其中，三叶期至越冬期，铁含量迅速上升，返青期最高，拔节以后至开花期铁含量呈“瀑布”形下降，开花至乳熟期下降幅度趋缓，而乳熟期以后继续下降，直到成熟期铁含量达到最低值。小麦各器官中，叶片铁含量最高，茎秆次之，子粒最少。

2. 硼

小麦含硼量一般为 3.3 mg/kg 左右，其含量的多少与生育时期和器官有关。在整个生育期内硼含量呈“双峰式”变化曲线，分蘖期硼含量最高，为第一峰值，分蘖至返青期缓慢下降，至起身期又有所回升，达生育期内的第二个峰值，该峰值仅次于生长初期的硼含量，起身后随生长量的增加，受稀释效应的影响，硼含量再次下降，直至成熟期。硼集中分布在子房、柱头等花器官中。

3. 锰

小麦含锰量为 30～60 mg/kg。就不同器官而言，叶片最高，茎秆次之，穗部较少；不同生育期锰含量的变化趋势为一单峰曲线，其峰顶出现在拔节期。其中，三叶期至越冬期，锰含量较低而平稳，拔节期最高，拔节以后至开花期锰含量急剧下降，开花至乳熟期下降幅度趋缓，而乳熟期以后迅速下降，直到成熟期锰含量降至最低点。乳熟期以前锰主要集中在叶片中，成熟时大部分锰累积在穗部。

4. 铜

小麦含铜量为 10 mg/kg 左右，而含量的多少与器官、发育阶段有关。麦株内铜含量随生育进程呈“N”形变化，即出苗至拔节期呈上升趋势，拔节至乳熟期略有下降，乳熟至成熟期又反弹至拔节期的含铜水平上。生育前期铜主要集中在小麦叶片中，生育后期大部分铜转移到子粒中。

5. 锌

小麦含锌量占其干重的 15 mg/kg 左右，因生育期和器官不同而有较大差异。锌含量以三叶期最高，而后随生长发育进程而递减。多分布于小麦茎尖和幼嫩叶片中。

6. 钼

钼是小麦 16 种必需营养元素中最少的一种，小麦含钼量一般为 0.2～1 mg/kg。钼主要分布在幼嫩器官中，小麦叶片中含钼量高于茎和根，在叶片中钼主要存在于叶绿体中。

7. 氯

在必需的微量元素中，小麦对氯的需要量最多。氯在植株体内以离子态存在，流动性很强。氯离子的移动与蒸腾作用有关，蒸腾量小的器官氯含量极低，主要分布在小麦茎叶中，而子粒中少。

1.4.2 高产小麦吸收微量元素的阶段性变化

小麦在不同生育期对不同种类微量元素锌、锰、铜、硼的吸收动态存在一定差异。杨建堂(1997)分析了8 295 kg/hm^2 小麦各生育期吸收锌、锰、铜的结果表明,每公顷小麦吸收锌 0.366 kg,锰 0.604 kg,铜 0.245 kg,每生产 100 kg 子粒需吸收锌 4.59 g,锰7.52 g,铜 3.07 g。

1. 锌

小麦在返青前植株虽小,但对锌的吸收总量却占总量的 16.5%(表 1.49),说明苗期对锌有特别要求;返青 - 拔节,小麦干物质增加很快但积累锌并不多,此阶段主要是锌在体内的再分配过程;对锌的大量吸收在拔节后,至成熟一直维持较高而平稳的吸收水平,拔节后吸收的锌占全生育期吸收锌总量的 79.3%,因此,保证小麦中后期对锌的需要有重要意义。

2. 锰

小麦对锰的吸收可概括为一条双峰曲线(表 1.49):越冬前对锰的吸收较少;越冬后开始大量的积累,以返青 - 拔节吸收量最多,占全生育期的 37.63%,阶段吸收速率每天达 6.9 g/hm^2;拔节 - 开花期干物质增加很快,但对锰的吸收总量却下降,阶段吸收速率每天也只有 1.8 g/hm^2,此阶段主要是植株内锰向茎秆的再分配;开花 - 乳熟期是小麦阶段吸锰的第二个高峰,吸收速率每天为 7.2 g/hm^2,为全生育期最高;乳熟后吸收量增加很少。

3. 铜

小麦对铜的吸收在越冬前极少(表 1.49),在占全生育期 1/4 的时期吸收的铜仅占总量的 2.44%,铜的大量吸收发生在拔节以后,吸收铜最多和吸收速率最高的时期均在乳熟 - 成熟期,此阶段吸收率为 44.52%,吸收速率每天达 7.275 g/hm^2,保证拔节后的铜素营养供应对小麦产量形成有重要作用。

表 1.49 小麦不同生育阶段对锌、锰、铜的吸收量

(河南农业大学,1997)

生育时期	干物质积累量/(kg/hm^2)	锌		锰		铜	
		阶段吸收量/(g/hm^2)	阶段吸收率/%	阶段吸收量/(g/hm^2)	阶段吸收率/%	阶段吸收量/(g/hm^2)	阶段吸收率/%
出苗 - 越冬	31.30	31.95	8.7	49.50	8.20	5.98	2.44
越冬 - 返青	1 569.45	28.80	7.8	101.55	16.82	10.02	4.02
返青 - 拔节	3 042.30	15.30	4.2	227.10	37.63	18.22	7.43
拔节 - 开花	9 197.55	93.15	25.4	64.20	10.64	50.53	20.60
开化 - 乳熟	14 957.10	92.55	25.2	159.00	26.34	51.49	20.99
乳熟 - 成熟	21 712.05	105.15	28.7	2.25	0.37	109.23	44.52

1.5 9 000 kg/hm^2 小麦的营养特性

1.5.1 小麦子粒吸收氮、磷、钾的数量和比例

每生产 100 kg 小麦子粒需肥量因小麦品种、施肥水平、土壤与气候条件不同存在着一定的差异，根据不同省份的测定结果，其中需氮（N）2.5～3.7 kg，磷（P_2O_5）0.8～1.5 kg，钾（K_2O）2.9～4.5 kg。不同产量的需肥量变化具有一定的规律，从低产到高产，随着小麦产量水平的提高，需氮肥量增加；高产以后，随着产量的进一步增加，小麦对氮的需要量下降。磷、钾的需要量随产量的提高总体上均是增加的，特别是钾，高产条件下呈明显的增加趋势（表 1.50）。

表 1.50 不同产量水平小麦氮、磷、钾需要量

产量水平/(kg/hm^2)	100 kg 小麦子粒需养分量/kg			
	N	P_2O_5	K_2O	N : P_2O_5 : K_2O
4 500	2.76	0.88	2.93	3.13 : 1 : 3.32
6 000	3.23	1.06	2.70	3.05 : 1 : 2.55
7 500	3.73	1.00	3.88	3.73 : 1 : 3.88
9 000	3.65	1.04	4.65	3.52 : 1 : 4.49
10 500	3.25	1.14	4.96	2.85 : 1 : 4.35

引自：谭金芳主编，作物施肥原理与技术，2003。

1.5.2 9 000 kg/hm^2 产量水平冬小麦氮磷钾的吸收、分配与运转规律

长期以来，作物需肥规律一直是国内外植物营养学研究的热点。为指导小麦合理施肥，河南省的小麦研究所在小麦生产的不同发展阶段，紧紧围绕着小麦高产，都对小麦的需肥规律作了系统的研究。20 世纪 60 年代主要围绕6 000 kg/hm^2 产量水平进行研究；70～80 年代又重点开展了 7 500 kg/hm^2 左右产量水平需肥规律的研究；90 年代以来，小麦超高产品种投入应用，生产技术水平提高，河南和山东各地相继出现了小麦产量突破 9 000 kg/hm^{2}的地块，然而，有关超高产小麦的需肥规律却很少研究。

因此，从 1994 年开始，我们围绕 9 000 kg/hm^2 左右小麦产量水平进行了需肥规律研究，三年研究取得了较为一致的结果，下面介绍 1996—1997 年度的研究结果。试验设在河南省堰师市讫当头村国家小麦工程中心小麦超高产攻关试验田中。供试土壤为黄潮土，质地为重壤，在 0～20 cm 土层土壤有机质 17.7 g/kg，全氮 1.20 g/kg，碱解氮（N）74.6 mg/kg，速效磷（P）17.3 mg/kg，速效钾（K）266 mg/kg 的高产条件下，选用温麦 6 号，研究了超高产冬小麦氮磷钾吸收、分配与运转规律。试验地施氮（N）

240 kg/hm^2，磷(P)66.0 kg/hm^2，钾(K)124.5 kg/hm^2，其中磷、钾肥全部作基肥，氮肥50%作基肥，50%于拔节期作追肥施用。1997 年 6 月 5 日经专家组实地验收，实产达9 405 kg/hm^2。

1.5.2.1 9 000 kg/hm^2 产量水平小麦植株体内氮、磷、钾养分含量的动态变化

1. 小麦地上部氮、磷、钾养分含量动态变化

地上部整株体内氮、磷、钾养分平均含量在不同生育期变化较大，从表 1.51 可以看出，其总体趋势是生育前期高于生育后期，养分含量的总体变化虽呈下降趋势，但并非连续下降，而是随生育进程呈双峰曲线形变化，氮、磷和钾三种养分的第一高峰均出现在分蘖初期，其峰值分别为 50.7、5.1 和 59.9 g/kg，这也是全生育期养分含量的最高值；第二个高峰三种养分情况不一，氮、磷出现在起身期，而钾在拔节期，其峰值分别为 38.2、3.94 和 51.7 g/kg。两次高峰均出现在植株生长速率(单位时间内干物质的增加数量)逐渐增加的阶段。可见，养分浓度的升高，并非植株生长速率下降导致的浓缩效应，而是该阶段植株对养分的吸收速率高于生长速率的结果，这也说明了此时小麦对养分的需求比较迫切。

2. 小麦地上部各器官中氮、磷、钾养分含量变化

拔节后，分器官测定了其养分含量(表 1.51)，可以看出，拔节后植株各营养器官氮、磷含量变化总趋势相同，均随着生育期的推移而下降，而子粒中氮素含量在灌浆期变化不大，但磷素含量随灌浆进行而稍有下降；不同器官同一生育期其氮、磷养分含量不一，除幼茎(拔节期 - 孕穗初期)及幼穗(孕穗初期 - 扬花期)中养分含量较高外，氮素含量一般是子粒≫叶片＞叶鞘＞茎、颖壳＋穗轴，磷是子粒≫叶片＞颖壳＋穗轴＞叶鞘＞茎秆。各器官中钾的含量变化稍复杂，从拔节期至成熟期，茎呈“高—低—高”的变化趋势，叶、叶鞘呈双峰曲线式变化，穗(颖壳＋穗轴)中钾的含量一直下降，而子粒钾从灌浆中期到成熟是增加的。同一时期不同器官钾素含量，以叶鞘和茎较高，叶片次之，穗(颖壳＋穗轴)较低，子粒中最低。

1.5.2.2 9 000 kg/hm^2 产量水平小麦吸收氮、磷、钾营养元素的阶段性变化

小麦对氮、磷、钾营养元素的吸收量，随着植株营养体的生长和根系的建成，由苗期、分蘖期至拔节期逐渐增多，至孕穗期达到高峰。开花期营养体基本上全部建成，生长趋势减缓，根系的吸收能力减弱，使吸收量迅速下降，表现出不同生育时期养分吸收的不均衡性。自然条件下，植株对氮、磷的吸收持续整个生育期，而对钾的吸收集中于抽穗开花以前。

不同产量水平的小麦对氮、磷、钾的吸收动态有一定的差异。从表 1.52 可以看出，9 000 kg/hm^2 小麦对氮、磷、钾的吸收在返青前均较少，其中吸收氮、钾约占总量的 1/4，磷占总量的比例不足 1/5；返青后，小麦对氮、磷、钾的吸收增加很快，至扬花期，吸收的氮、磷、钾分别占总量的 60.3%、72.8% 和 83.6%；扬花后植株对养分的吸收减少，吸收氮、磷分别占总量的 13.8% 和 9.0%，对钾已没有净的吸收。因此，9 000 kg/hm^2 小麦对

表 1.51 超高产小麦各生育时期植株地上部氮、磷、钾养分含量

（河南农业大学，1998）

g/kg

生育时期	采样日期（年-月-日）	N						P						K					
		茎	叶	鞘	穗或颖壳＋穗轴	子粒	整株	茎	叶	鞘	穗或颖壳＋穗轴	子粒	整株	茎	叶	鞘	穗或颖壳＋穗轴	子粒	整株
三叶期	1996-10-27						42.5						3.74						51.3
分蘖初期	1996-11-09						50.7						5.10						59.9
分蘖中期	1996-11-23						42.8						4.63						51.6
越冬前	1996-12-14						34.1						3.90						39.6
越冬期	1997-01-04						34.8						3.49						32.2
返青期	1997-02-17						36.2						3.24						35.7
起身期	1997-03-07						38.2						3.94						47.6
拔节期	1997-03-23	32.7	37.6	22.6			32.7	4.17	3.66	2.36			3.39	54.7	49.9	53.8			51.7
孕穗初期	1997-04-05	23.3	36.0	20.2	62.5		27.3	2.80	3.21	2.83	12.10		3.05	47.1	46.2	49.9	39.8		47.6
孕穗末期	1997-04-17	17.4	26.9	19.7	24.9		21.9	2.49	2.66	2.27	4.39		2.71	42.4	38.9	40.6	22.7		40.5
扬花期	1997-05-03	12.1	22.3	17.4	20.5		17.0	1.62	2.54	1.58	3.69		2.29	29.3	42.0	43.4	13.8		30.8
灌浆中期	1997-05-23	10.2	16.9	12.5	8.7	25.3	16.3	0.85	1.69	1.12	1.20	3.84	2.04	35.6	33.4	40.4	12.3	5.74	22.9
收获期	1997-06-05	6.7	11.8	9.1	10.2	25.3	16.5	0.45	1.00	0.72	1.51	3.55	2.09	35.2	20.5	32.9	10.7	6.14	17.4

表 1.52 超高产小麦植株在各生育时期吸收氮、磷、钾的数量

（河南农业大学，1998）

生育时期	采样日期（年-月-日）	氮(N)				磷(P_2O_5)				钾(K_2O)			
		累积吸收量/(kg/hm²)	阶段吸收量/(kg/hm²)	占总量/%	阶段每天吸收速率/(kg/hm²)	累积吸收量/(kg/hm²)	阶段吸收量/(kg/hm²)	占总量/%	阶段每天吸收速率/(kg/hm²)	累积吸收量/(kg/hm²)	阶段吸收量/(kg/hm²)	占总量/%	阶段每天吸收速率/(kg/hm²)
三叶期	1996-10-27	4.65	4.65	1.40	0.39	0.96	0.96	0.99	0.080	6.87	6.87	1.09	0.58
分蘖初期	1996-11-09	12.96	8.25	2.48	0.63	2.95	1.99	2.06	0.153	18.25	11.38	1.82	0.88
分蘖中期	1996-11-23	26.70	13.80	4.14	0.99	6.64	3.69	3.80	0.263	38.86	20.61	3.30	1.47
越冬前	1996-12-14	53.55	26.85	8.07	1.28	14.06	7.42	7.66	0.353	75.01	36.15	5.78	1.72
越冬期	1997-01-04	76.35	22.80	6.85	1.09	17.56	3.50	3.62	0.167	85.13	10.12	1.62	0.48
返青期	1997-02-17	85.95	9.60	2.88	0.22	17.63	0.07	0.07	0.002	102.06	16.93	2.72	0.38
起身期	1997-03-07	136.65	50.70	15.24	2.82	32.29	14.66	15.15	0.815	205.09	103.03	16.49	5.72
拔节期	1997-03-23	190.50	53.85	16.18	3.37	45.20	12.91	13.34	0.808	362.95	157.85	25.25	9.86
孕穗初期	1997-04-05	231.30	40.80	12.26	3.14	58.23	13.03	13.46	1.000	477.54	114.59	18.34	8.82
孕穗末期	1997-04-17	271.50	40.20	12.08	3.35	76.57	18.34	18.95	1.530	602.62	125.08	20.02	10.42
扬花期	1997-05-03	286.65	15.15	4.55	0.95	88.05	11.48	11.85	0.716	624.85	22.23	3.56	1.38
灌浆中期	1997-05-23	317.10	30.45	9.15	1.69	91.07	3.02	3.12	0.167	537.91	−86.94	−13.90	−4.83
收获期	1997-06-05	332.70	15.60	4.69	1.04	96.79	5.72	5.93	0.382	424.04	−113.87	−32.14	−7.59

氮、磷、钾的吸收主要集中于返青－扬花期，此阶段是养分供应的关键时期。而 7 500 kg/hm^2 小麦对氮、磷、钾的吸收动态与高产田有所不同(表 1.53)，前期吸收比例相对较高，而中后期吸收比例较低，例如，7 500 kg/hm^2 小麦返青前吸收的氮、磷、钾分别占总量的 40.7%、42.3%和 35.3%。不同产量水平小麦的吸肥动态差异是因地制宜地进行肥料运筹的重要依据。

与阶段吸收量相比，养分的吸收速率变化更能准确地反映各生育期对养分的需求。大体来看(表 1.52)，9 000 kg/hm^2 小麦吸收氮、磷的速率呈明显的三峰曲线，而吸收钾的速率呈双峰曲线，其中小麦对氮、钾养分吸收最快的时期均出现在返青－孕穗末，阶段平均吸收速率每天分别达 3.14 kg/hm^2、8.48 kg/hm^2，对磷吸收最快的时期为返青－扬花期，阶段平均吸收速率每天达 0.94 kg/hm^2，9 000 kg/hm^2 小麦在返青后就很快地进入养分的快速吸收期，而且需肥强度大，因此及早地满足该期高强度的养分供给是实现小麦 9 000 kg/hm^2 的基础。此外，9 000 kg/hm^2 小麦对氮、磷的吸收在前、中、后期都存在吸收高峰，因此全生育期的供肥对实现小麦超高产也很必要。

1.5.2.3 9 000 kg/hm^2 产量水平小麦不同生育时期各器官氮、磷、钾的积累、分配与运转规律

小麦孕穗以前从土壤中吸收的养分主要积累于营养器官，抽穗以后大部分累积于生殖器官，且营养器官中部分养分转运到穗部，氮、磷、钾在不同器官的累积、分配情况也不同。

小麦对氮素的吸收积累既与其生物学特性密切相关，又受其产量水平、土壤供肥强度和施肥技术的制约。从各地研究结果看，小麦一生中氮素吸收积累的总趋势是苗期少，中期多，后期又少，呈现两头小、中间大的特点。同时不同生育期吸收的氮素对各器官的分配，随着生长中心转移，向新生幼嫩组织、部位和器官运转。

小麦一生对磷素的绝对吸收量，小于氮、钾元素。从各地研究结果看，磷素吸收累积的总趋势与氮素一致。但磷素累积的情况也有其自身的特点，即苗期磷的累积量较少，缺磷植株反应敏感，开花灌浆期以后氮的吸收量显著减少，但仍有相当数量的磷素在这个时期被吸收。

小麦是需钾较多的作物，从研究结果看，钾在小麦体内积累有两个特点：一是生育后期已积累的钾有外排现象，至于外排的时期和数量各地研究结果不一致，有的在孕穗期，有的在开花或灌浆期。外排的数量差异更大，这方面应进一步研究。二是植株内积累的钾多滞留在茎、叶内，只有小部分转移到子粒中，这是与氮、磷元素最大的不同特点。

表 1.54 表明，9 000 kg/hm^2 小麦在拔节期，叶和叶鞘是氮、磷、钾的分配中心，该器官中氮、磷、钾的积累量分别为 83.5%、79.6%和 82.5%，但随后由于茎和穗的发育，向叶片及叶鞘分配的养分比例逐渐减少，这说明养分的分配中心发生了转移，从叶子转向茎和穗。在拔节－孕穗初期，由于穗还很小，三种养分分配的主要器官是茎，此后发生分异，表现为氮、磷主要集中于穗和穗轴；而钾在孕穗中期之前是穗与茎并重，在孕穗末期后分配重心是茎秆。扬花后由于子粒的快速发育，各养分的分配中心再次发生转移，子粒

表 1.53　7 500 kg/hm^2 产量水平小麦各生育期对氮、磷、钾的吸收

生育期	氮(N)			磷(P_2O_5)			钾(K_2O)		
	阶段吸收量/(kg/hm^2)	占总量吸收率/%	累积吸收率/%	阶段吸收量/(kg/hm^2)	占总量吸收率/%	累积吸收率/%	阶段吸收量/(kg/hm^2)	占总量吸收率/%	累积吸收率/%
出苗-越冬	18.15	14.87	—	3.67	9.07	—	9.30	6.95	—
越冬-返青	3.37	2.17	17.04	0.82	2.04	11.11	4.05	3.41	10.36
返青-拔节	29.85	23.64	40.68	7.20	17.78	28.89	40.65	29.75	40.11
拔节-孕穗	21.97	17.35	58.03	10.42	25.74	54.63	48.30	36.08	76.19
孕穗-开花	17.55	13.94	71.97	15.37	37.91	92.54	31.87	23.81	100.00
开花-乳熟	25.65	20.31	92.28	—	—	—	—	—	—
乳熟-成熟	9.75	7.72	100.00	3.00	7.46	100.00	—	—	—
总计	126.3	100	—	40.5	100	—	134.2	100	—

引自:谭金芳主编,作物施肥原理与技术,2003。

中的养分积累量大幅度增加，收获时子粒中积累的氮、磷、钾分别占积累总量的69.3%、76.6%和15.9%，而其他器官养分积累量均进一步减少。

随着小麦的生长发育，生长中心不断转移，导致养分分配中心发生分异，从而使各器官中积累分配的养分发生再转移。从表1.54可以看出，在孕穗初期，叶和叶鞘中的氮、磷、钾积累量达最高值，之后开始下降，这表明其中的部分养分向其他器官转移；到收获期，叶和叶鞘中的氮、磷、钾有74.4%、79.9%和60.2%向外输出。茎秆中的养分含量在扬花前一直增加，并在扬花时达最大值，而后总量下降，表明茎中养分已发生转移，收获时从茎秆转移出的氮、磷、钾分别占最大积累量的65.5%、82.7%和24.9%。但穗（颖壳和穗轴）中三种养分的转移时间不一致，氮、磷在扬花后，钾在孕穗末期开始转移。

1.5.2.4 **9 000 kg/hm^2 产量水平冬小麦对氮、磷、钾养分的需要量及比例**

从表1.52成熟期养分的积累数量及子粒产量得出的每生产100 kg子粒氮(N)、磷(P)、钾(K)需要量分别为3.65、0.46和3.86 kg，氮磷钾比例(N∶P∶K)为7.93∶1∶8.39。三要素需求量中钾＞氮＞磷。

通过研究表明，与7 500 kg/hm^2 产量水平小麦相比，9 000 kg/hm^2 产量水平小麦体内氮和钾的养分含量、最大吸收速率及生产100 kg子粒所需氮、钾养分量均较高，特别是钾高得多，而磷差别不大。因此，在小麦超高产实践中应在满足氮、磷和钾养分供应的基础上，着重加强钾素营养的足量供应。

在常规的小麦施肥中，基肥一般占较大比例，而从本试验结果看，9 000 kg/hm^2 产量水平与7 500 kg/hm^2 产量水平相比，小麦养分吸收的阶段性更为明显，其中氮、钾主要集中于返青-孕穗末，而磷的吸收主要集中于返青-扬花，此阶段养分吸收速率大且维持时间长，积累量高，是需要养分供应最多的时期。因此，9 000 kg/hm^2 产量水平的施肥应与7 500 kg/hm^2 有所不同，超高产麦田施肥中应在基、追比例上改“前重、后轻”为“前后并重”。

不少研究都发现小麦在生育后期钾素积累总量有下降趋势，本研究亦出现同一现象，这可能与钾在植株体内，与有机物质键合微弱而呈游离状态有关，加上小麦生育后期衰老，细胞膜功能衰退，钾容易外渗而被水淋失。但这并不说明小麦后期不需要钾，为探讨这一问题，我们进行了小麦扬花期追钾试验，结果表明（表1.55），小麦后期追钾可以提高小麦千粒重，这说明扬花后小麦仍能从土壤中吸收钾素，钾素积累量的下降在于小麦对钾的吸收小于外排，通过改善小麦后期钾素供应可以促进小麦光合作用及光合产物运转。因此，小麦后期加强钾素营养不容忽视。

表 1.54 超高产小麦地上部各器官氮(N)、磷(P)、钾(K)的积累、分配与运转

(河南农业大学,1998)

生育时期	茎			叶和叶鞘			穗(颖壳和穗轴)			子粒	
	积累量/(kg/hm^2)	占总量/%	转移率/%	积累量/(kg/hm^2)	占总量/%	转移率/%	积累量/(kg/hm^2)	占总量/%	转移率/%	积累量/(kg/hm^2)	占总量/%
N											
拔节期	31.50	16.5		159.00	83.5						
孕穗初期	51.30	22.2		175.80	76.0		4.20	1.8			
孕穗末期	70.20	25.8		167.40	61.7		33.90	12.5			
扬花期	82.95	28.9		127.35	44.4		76.35	26.6			
灌浆中期	50.10	15.8		83.10	26.3		23.40	7.4		160.50	50.6
成熟期	28.65	8.6	65.5	44.85	13.5	74.4	28.65	8.6	62.5	230.55	69.3
P											
拔节期	4.02	20.4		15.72	79.6						
孕穗初期	6.17	24.2		18.42	72.4		0.84	3.3			
孕穗末期	10.05	30.0		17.42	52.1		5.97	17.9			
扬花期	11.12	28.9		13.58	35.3		13.76	35.8			
灌浆中期	4.19	10.5		8.01	20.1		3.21	8.1		24.36	61.3
成熟期	1.92	4.5	82.7	3.69	8.7	79.9	4.26	10.1	69.0	32.40	76.6
K											
拔节期	52.80	17.5		248.40	82.5						
孕穗初期	103.80	26.2		289.80	73.1		2.70	0.1			
孕穗末期	171.00	34.2		274.95	54.9		54.10	10.8			
扬花期	201.00	38.8		266.25	51.3		51.30	9.9			
灌浆中期	175.05	39.2		201.40	45.2		33.00	7.4		36.45	8.2
成熟期	150.90	42.9	24.9	115.20	32.7	60.2	30.00	8.5	44.6	55.80	15.9

表 1.55　后期施钾对小麦子粒千粒重的影响

（河南农业大学，1998）

施钾量/(kg/hm²)	千粒重/g	比 K0 增加/%	比 K1 增加/%
K0(0)	40.403	—	—
K1(15)	42.190	4.42	—
K2(30)	42.966	6.34	1.84

1.5.3　9 000 kg/hm² 产量水平冬小麦对硼素的吸收和分配特点

硼是作物必需的微量元素之一，在植物体内参与碳水化合物的运输和代谢、调节植物的膜功能以及影响生殖器官建成。小麦缺硼会引起“不稔症”，影响小麦的产量。根据河南省土肥站对全省 3 021 个耕层土壤的分析结果，河南省土壤有效硼含量平均为 0.388 mg/kg，低于硼素临界值的土壤占全省土壤面积的 83.75%，生产中施用硼肥对小麦有较大的增产作用，增产效果可达 10%左右，因此，合理施用硼肥已成为小麦生产中一项重要的措施。20 世纪 90 年代以来，随着小麦超高产品种的应用及生产技术水平的提高，小麦产量已能实现小面积突破 9 000 kg/hm²，然而相应产量水平下小麦硼素需肥规律还鲜见报道。

为此，在河南省偃师市，土壤为河流冲积母质上发育的黄潮土，质地为重壤，土壤肥力为 0～20 cm 土层土壤有机质 17.7 g/kg、全氮 1.20 g/kg、碱解氮(N)74.6 mg/kg、速效磷(P)17.3 mg/kg、速效钾(K)266 mg/kg、有效硼 0.63 mg/kg 的高产条件下，选用豫麦 49，结合小麦高产攻关研究，通过对小麦产量达 9 000 kg/hm² 的典型地块植株样品取样分析，研究了小麦硼素吸收分配特点。试验地施氮(N) 240 kg/hm²，磷(P_2O_5) 66.0 kg/hm²，钾(K_2O)124.5 kg/hm²，其中磷、钾肥全部作基肥，氮肥 50%作基肥，50%于拔节时作追肥施用。收获后实产达 9 405 kg/hm²。

1.5.3.1　小麦植株地上部硼素含量动态变化

植株养分含量高低取决于一定时段内养分吸收速率与干物质积累速率的高低。在 9 000 kg/hm²产量水平下整株硼素含量随生育期进程总体趋势呈“双峰一坪”式曲线，不同时期变化幅度 4.71～10.32 mg/kg。分蘖期植株硼素含量达第一峰值，为 10.32 mg/kg，该含量也是全生育期最高的；后随着干物质积累的增加，由于稀释效应导致硼素含量(表 1.56)下降；越冬至起身期硼素含量与干物质积累量同步增加，至起身期达生育期内的第二个峰值，该峰值仅次于生育初期的硼含量，为 8.99 mg/kg；起身后随生长量的增加，受稀释效应的影响，硼素含量再次下降；拔节后，由于植株生殖生长的需要，硼素吸收快于生长量的增加，曲线又有所回升，并保持平稳的含量水平至抽穗期，呈现一坪；抽穗后由于硼素吸收能力的降低，植株硼素含量一直下降至收获。

表 1.56 不同生育时期小麦地上部硼素养分含量

（河南农业大学，2004） mg/kg

采样期	采样日期/（月-日）	部位					
		茎	叶	鞘	穗或颖壳＋穗轴	子粒	整株
分蘖期	11-09						10.32
越冬前	12-14						9.04
越冬期	01-04						6.90
返青期	02-27						7.49
起身期	03-07						8.99
拔节期	03-23	6.68	8.94	5.06			7.52
孕穗期	04-06	8.31	8.70	5.53	12.40		7.92
抽穗期	04-17	6.20	8.16	5.98	9.63		7.20
扬花期	05-03	3.74	9.08	5.84	5.21		5.59
灌浆中期	05-21	4.74	10.30	5.92	5.42	1.49	4.94
成熟期	06-05	4.93	13.69	5.99	6.39	1.62	4.71

通过对各个器官硼含量进行考察发现，不同器官硼素含量基本呈现叶＞茎、叶鞘、穗或颖壳＋穗轴＞繁殖器官的特点；同一器官不同发育阶段相比，叶、茎、叶鞘、穗或颖壳＋穗轴硼含量均表现为衰老器官＞功能器官的变化趋势，硼含量的上述特点与硼在韧皮部中移动性较差、分配受蒸腾流控制的特性相吻合。

1.5.3.2 小麦植株地上部对硼素的累积吸收特点

小麦对硼素的积累随生育进程呈“Logistic”式曲线变化（表 1.57），收获时达最高值，因此，植株对硼素的吸收持续整个生育期，总吸收量为 97.05 g/hm^2。在小麦不同的生育阶段，植株对硼的积累特点不同，其吸收速率（即每天每公顷吸收量）变化很大，呈现明显的阶段性。出苗到越冬前由于植物生长的增加，植株对硼的吸收速率呈增加的趋势，其中分蘖到越冬前吸收速率最高，达 331.41 mg/(hm^2·d)；越冬后到返青，由于气温较低，植株生长相对减慢，土壤硼素有效性相对较低，植物对硼的吸收速率降至全生育期的最低值。小麦返青标志着春季快速生长时期的到来，随着春季分蘖大量发生，营养体剧增，植株对硼的吸收速率亦迅速增加，其中返青-抽穗，植株硼吸收速率连续增加，并在孕穗期-抽穗期达到全生育期硼素吸收速率的最高峰，阶段吸收速率平均值达 2 082.29 mg/(hm^2·d)，这与植株生殖生长对硼的需求较高吻合。抽穗以后，植株干物质积累虽增加，甚至抽穗-扬花还保持较高的积累强度，但植株对硼的吸收速率却迅速下降，其原因固然与小麦生育后期根系活力下降有关，但更可能是与冬小麦后期对硼的需求下降有关。综合以上分析，9 000 kg/hm^2 产量水平冬小麦全生育期需硼的关键时期在返青-抽穗，其中以孕穗-抽穗最为重要；而返青前的关键时期为出苗-越冬前，其中以分蘖-越冬前最为重要。生产中应在上述需硼关键时期注意硼素营养调控。

表 1.57　小麦植株在各生育时期吸收硼的数量

（河南农业大学，2004）

采样期	采样时期/（月-日）	干物质重/（kg/hm²）	累积吸收量/（g/hm²）	阶段吸收速率/[mg/（hm²·d）]
分蘖期	11-09	253.5	2.61	104.46
越冬前	12-14	1 572.0	14.21	331.41
越冬期	01-04	2 194.5	15.14	44.34
返青期	02-27	2 374.5	17.78	60.06
起身期	03-07	3 577.5	32.15	797.91
拔节期	03-23	5 817.0	43.75	725.45
孕穗期	04-06	8 331.0	65.99	1 588.31
抽穗期	04-17	12 346.5	88.89	2 082.29
扬花期	05-03	16 821.0	94.02	320.44
灌浆中期	05-21	19 483.5	96.28	125.81
成熟期	06-05	20 599.5	97.05	51.01

1.5.3.3　硼在小麦植株不同器官中的分配

由于拔节后才按不同部位取样，本研究中考察的硼素分配特点不涉及拔节前硼在不同营养器官中的分配。图 1.10 表示，拔节-孕穗，植株中的硼向叶、茎、鞘中分配均增加，但以叶鞘、茎中硼的分配增加最为显著，说明此阶段的分配中心是鞘、茎；孕穗-抽穗期，叶、鞘、茎中硼的继续增加，穗部硼素积累显著增加，不同器官硼素增加顺序为穗＞茎、叶鞘＞叶，说明硼素的分配中心开始转向生殖器官；抽穗期叶鞘中硼的积累达到最大值，以后该器官中硼素含量开始下降，抽穗-扬花穗部叶、茎中硼素积累虽仍增加但变化量很小，而穗部硼增加显著；扬花期穗部（颖壳＋穗轴）硼素积累达最高，扬花后其他营养器官中硼素或保持相对稳定或继续下降，而只有子粒中硼的积累量是上升的，因此，子粒是扬花后硼的分配中心。

在上述实验条件下，通过研究得出的 9 000 kg/hm² 产量水平冬小麦全生育期硼的积累量为 97.05 g/hm²，明显高出中产水平下得到的 59.59 g/hm² 的结果。说明随着产量水平的提高，小麦对硼的需要呈显著增加的趋势。

在需肥规律研究中，一般以不同生育阶段积累的养分量大小来衡量该阶段的重要性，然而不同生育阶段持续长短不同，因此，阶段需肥量不能反映吸肥的强度。为此，在上述试验条件下，以硼素吸收速率来评价不同阶段植株硼素营养的相对重要性，得出返青-抽穗是植株对硼的吸收速率最快的时期，其中尤以孕穗-抽穗期吸收速率最高，是小麦对硼需求的最关键时期；分蘖-越冬前是苗期吸硼速率最快的时期，是苗期需硼的关键时期。

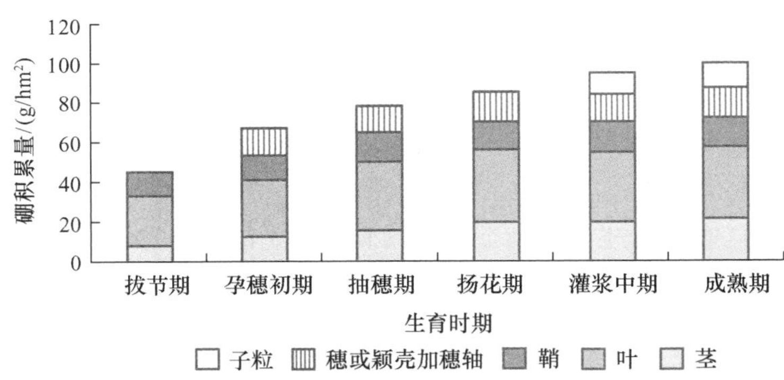

图 1.10　硼素在小麦植株不同器官中的分配

（河南农业大学，2004）

从硼在不同器官中的分配特点可以看出，与氮、磷、钾等养分相似，硼的分配中心也是随生长中心的转移而变化。此外还发现，不同营养器官中硼的积累量达最高值的时间并非出现在收获期，由于后期老叶、叶鞘很易脱落损失，因而叶、叶鞘后期硼积累量的减少很容易解释为因器官脱落损失采样时收集不全所致，然而对茎、穗或颖壳＋穗轴而言，采样时收集不全的可能性较小，因而这两个部位中硼的减少不能排除发生了再转移的可能性。

参考文献

[1] 韩燕来，葛东杰，谭金芳，等. 施氮量对豫北潮土区不同肥力麦田氮肥去向及小麦产量的影响. 土保持学报，2007，21(5)：151～154.

[2] 韩燕来，介晓磊，谭金芳，等. 超高产冬小麦对氮、磷、钾的吸收、分配与运转规律的研究. 作物学报，1998，24(6)：908～915.

[3] 韩燕来，介晓磊，谭金芳，等. 高产麦田磷酸二铵种肥与基肥配合施用效果与方法研究. 土壤通报，2001，32(3)：116～117.

[4] 韩燕来，刘新红，谭金芳，等. 不同小麦品种钾素营养特性的差异. 类作物学报，2006，26(1)：99～103.

[5] 韩燕来，谈啸，谭金芳，等. 9 000 kg/hm² 产量水平冬小麦对硼素的吸收和分配特点. 河南农业科学，2004(10)：8～10.

[6] 韩燕来，汪强，介晓磊，等. 潮土区高产麦田钾肥适宜基追比研究. 河南农业大学，2001，35(2)：115～117.

[7] 霍晓婷，杨建堂，王文亮，等. 高产冬小麦铁素吸收分配特点的研究. 土壤通报，2001，32(4)：170～172.

[8] 介晓磊，韩燕来，谭金芳，等. 不同肥力和土壤质地条件下麦田氮肥利用率的研究. 作物学报，1998，24(6)：884～888.

[9] 介晓磊.不同能态土壤水对冬小麦矿质养分积累运转和分配的影响.河南农业大学学报,1990,24(3):402～412.

[10] 马元喜,等.小麦的根.北京:中国农业出版社,1999.

[11] 苗玉红,韩燕来,谭金芳,等.钾对不同超高产小麦品种产量及氮磷吸收效应的影响.土壤通报,2007,38(5):1022～1024.

[12] 苗玉红,王宜伦,谭金芳,等.两个超高产小麦品种施钾效应的差异.土壤通报,2003,34(1):52～54.

[13] 彭永欣,严六零.小麦根系发生规律的研究.江苏农学院学报,1992,13(4):1～5.

[14] 史金,茹园园,韩燕来,等.氮对冬小麦旗叶蔗糖含量及子粒淀粉合成的影响.类作物学报,2007,27(3):497～502.

[15] 孙克刚,和爱玲,李丙奇,等.控释尿素与普通尿素掺混比例对小麦产量及氮肥利用率的影响.河南农业大学学报,2008,42(5):550～552.

[16] 谭金芳,韩燕来,介晓磊,等.壤质潮土氮肥基追比对小麦产量与品质的影响.土壤通报,2003,34(5):436～439.

[17] 谭金芳,洪坚平,赵会杰,等.不同施钾量对旱作冬小麦产量、品质和生理特性的影响.植物营养与肥料学报,2008,14(3):456～462.

[18] 谭金芳,介晓磊,韩燕来,等.土区超高产麦田供钾特点与小麦钾素营养研究.麦类作物学报,2001,21(1):45～50.

[19] 谭金芳.作物施肥原理与技术.北京:中国农业大学出版社,2003.

[20] 王宜伦,苗玉红,谭金芳,等.不同施钾量对砂质潮土冬小麦产量、钾效率及土壤钾素平衡的影响.土壤通报,2010,41(1):160～163.

[21] 王宜伦,杨素芬,韩燕来,等.钾肥运筹对砂质潮土冬小麦产量、品质及土壤钾素平衡的影响.麦类作物学报,2008,28(5):861～866.

[22] 吴建国,周汉香.冬小麦对硼的吸收累积分配特点与施用技术研究.河南农业大学学报,1988,22(1):17～21.

[23] 徐强.冬小麦追磷肥适宜时期的研究.山东农业科学,1987(5):6～9.

[24] 杨建堂,霍晓婷,王文亮,等.高产冬小麦铜素吸收分配特点的研究.土壤通报,1999,30(3):118～120.

[25] 杨建堂,王素芳,霍晓婷,等.高产冬小麦锰素吸收、分配特点的研究.土壤通报,1998,29(1):39～41.

[26] 杨建堂,王文亮,王岩,等.高产冬小麦锌素吸收分配特点的研究.土壤通报,1997,28(3):124～126.

[27] 张和平,刘晓楠.华北平原冬小麦根系生长规律及其与氮肥磷肥和水分的关系.华北农学报,1993,8(4):76～82.

第2章

高产玉米营养与施肥

2.1 玉米氮素营养与施肥

2.1.1 氮在各器官中的含量与分配

从不同生育时期叶片氮含量来看，生育前期(拔节至小喇叭口期)最高，而后下降，至抽雄吐丝期下降到一个低谷，开花受精后又上升，至灌浆期(吐丝后15～20 d)又达高峰，之后下降至成熟。玉米不同节位叶组叶片中氮平均百分含量高低顺序为：中部叶组(11～13)＞下部叶组(7～9)＞基部叶组(3～5)＞上部叶组(15～16)(胡昌浩，1982)。不同节位叶鞘和茎秆中氮的平均百分含量顺序为：基部＞下部＞中部＞上部。叶鞘和茎秆中氮的平均百分含量动态变化基本一致，拔节和小喇叭口期含量最高，而后逐渐下降直至成熟。叶、鞘、茎中氮平均百分含量表现为叶片＞茎秆＞叶鞘，而且在拔节和小喇叭口期，三者含氮量均最高，而后逐渐下降，至成熟达最低点。玉米植株各器官中氮素的分配为：子粒＞叶＞茎＞雌穗。抽雄前，玉米吸收的氮素主要分配到叶和茎中；授粉后，子粒进入灌浆阶段，氮的分配主要转向雌穗，叶片和茎中的氮素开始向外转移，流向子粒。

气候条件也影响玉米体内的养分转移。生长季节如遇到少雨、寡照的气候条件，叶片、叶鞘和雌穗的氮素转移比例上升，茎秆和子粒的转移比例下降，而且转入子粒中的氮素比例下降，说明在不利于玉米生长发育的年份，子粒氮素的积累对土壤氮素的依赖程度加大。施肥量不同，玉米氮素转移也存在差异。在施氮量较少的条件下，由其他器官转移到子粒中的氮素比例趋于增高(62.04%)，而施氮量较多的条件下则趋于减少

(49.62%)(张智猛,1994)。氮素不足或缺乏时,子粒动用光合器官氮素过多,引起叶片早衰而减产。后期保障供肥量是高产的重要条件。随玉米产量水平的提高,其他器官对子粒氮素的贡献率亦趋于提高,这可能与氮素累积量的升高有关。来自土壤吸收的氮素比例下降,表明高产田促进前期营养器官充分生长,打好丰产架子,储备更多的氮素,对子粒的生产有重要的意义。

2.1.2 氮对玉米生长发育的影响

氮素对玉米器官建成具有重要作用。早期施氮肥或氮素营养充足,可显著地促进叶面积的扩大,延长叶片功能时间,防止叶片早衰,提高植株净同化率和干物质增长速率。早期施氮可以促进根系迅速建成,提高根系重量和数量,促使根系向纵深发展。中后期(如大喇叭口期、抽雄吐丝期)施氮有利于根系在灌浆期保持较高水平的生理机能,延缓根系衰老,从而为地上部分的生长提供较多的水分和养分。施氮肥较高时,多穗品种的双穗率提高,果穗大小也增加。随施氮量增加,双穗植株占总产量的比例增大,子粒产量亦高。氮肥施用后,子粒干物质积累平均速率加快,最大积累速率提前。

氮肥施用方式即不同时期施肥比例,因地力、产量水平和栽培管理任务的不同而有所侧重。氮肥常少量作种肥,而主要用于追肥。一般来讲,高产田地力基础好,施肥量大,可以采用轻追苗肥、重追穗肥和补追粒肥的三攻追肥法,即苗期(拔节期以前,叶龄指数30%以下)氮肥用量占总施氮量的30%~40%,穗期(大喇叭口期前后,叶龄指数60%左右)施氮肥量约占50%,花粒期(抽雄至开花期)占10%~20%;中产田可采用二次施肥法,即施足苗肥(占总氮量的40%),重追穗肥(占总氮量的60%);低产田因地力较薄,追肥量少,采用重追苗肥(占总氮量的60%),轻追穗肥(占40%)效果好。

2.1.3 玉米氮肥施用技术研究

2.1.3.1 氮肥运筹方式对夏玉米豫单2002产量及品质的影响

前人研究表明,玉米对氮素营养比较敏感,氮肥运筹方式对玉米产量和品质均未有重要影响。豫单2002是河南农业大学培育的高产高蛋白夏玉米新品种,2004年通过河南省品种审定委员会审定。该品种的培育缓解了黄淮海玉米优势区域带优质高蛋白玉米品种缺乏的现状,具有较好的推广前景。

为此,在河南省温县赵堡镇土壤为黄河冲积物上发育而成的潮土上,土壤肥力为0~20 cm土层土壤有机质14.6 g/kg、全氮1.18 g/kg、碱解氮88.6 mg/kg、有效磷20.2 mg/kg、速效钾122 mg/kg高肥力条件下,选用夏玉米豫单2002,研究了氮肥运筹方式对该品种的产量及品质的影响,对加大该品种的推广应用具有重要意义,同时该研究亦可为该类品种氮肥科学施用提供理论与技术依据。氮肥运筹方式设置五个处理,分别为 N0(不施氮肥)、N1(攻秆肥 100%)、N2(攻穗肥 100%)、N3(攻秆肥 40%+攻穗肥 60%)、N4(攻秆肥 30%+攻穗肥 50%+攻粒肥 20%)。氮肥、磷肥(P_2O_5)、钾肥(K_2O)施肥量分别为 210、150、75 kg/hm^2。豫单 2002,2005 年 6 月 10 日小麦收获后铁茬播种,10 月 8 日收获。7 月 5 日施攻秆肥,7 月 25 日施攻穗肥,8 月 15 日施攻粒肥。

1. 氮肥运筹方式对夏玉米豫单 2002 干物质积累的影响

从表 2.1 可以看出,豫单 2002 地上部干物重随生育期的推移均呈增加趋势,但不同氮肥运筹方式干物质的积累数量差异较大。N0 由于全生育期未施用氮肥,各取样时期干物质积累均最低,而 N3 在各个取样时期总干物质重均最高,说明氮肥该运筹方式最有利于植株干物质积累;N1 在拔节前施入了攻秆肥,因此在拔节期、大喇叭口期干物质积累亦较高,但肥料一次施用,数量过大,干物质积累不及分次施肥的 N3,且抽雄后由于氮肥供给不足,总干物重下降较多,低于 N3,但高于同样是施一次肥的 N2;N2 仅施一次攻穗肥,拔节期、大喇叭口期干物重不仅低于 N3,而且也低于施攻秆肥的 N1、N4,而后来由于施入了攻穗肥,抽雄期以后干物质积累赶上 N1、N4,但由于前期生长发育受影响,最终干物质积累量不及 N3;N4 虽然将肥料分三次施用,但由于攻秆肥、攻穗肥数量低于 N3,前期生长不足,最终总干物重亦低于 N3。

表 2.1　氮肥运筹方式对豫单 2002 地上部干物质积累的影响

(河南农业大学,2007)　　kg/hm^2

处理代号	拔节期	大喇叭口期	抽雄期	成熟期
N0	1 036dC	2 718dC	5 068cC	12 583dC
N1	1 326bB	3 581bAB	5 556bB	16 787bAB
N2	1 100cdC	2 937cC	5 457bBC	15 540cB
N3	1 469aA	3 831aA	7 337aA	17 574aA
N4	1 225bcB	3 355bB	5 555bAB	16 482bAB

注:同一列数字后字母相同表示处理间差异不显著,其中大写字母和小写字母分别表示概率水平为 0.01 和 0.05 的差异显著性,下同。

2. 氮肥运筹方式对夏玉米豫单 2002 子粒产量及经济系数的影响

表 2.2 表明,氮肥不同运筹方式对穗粒数有显著的影响,不同施氮处理中以 N3、N1 穗粒数增加最多,其次是 N4 处理,N2 处理最低;相对于对穗粒重的影响,氮肥不同运筹方式对千粒重影响较小,除 N3 处理千粒重增加较多外,N1、N2、N4 处理均增加较小,但均高于 N0。施用氮肥显著提高玉米的产量,但不同运筹方式增产效应不同,其中以 N3 处理产量增加最多,增产率达 56.3%;其次为 N1 和 N4 处理,增效率分别为 47.8%和 36.7%;最低的为 N2,增产率仅为 25.8%,施肥增产效应较高的 N1、N3 和 N4 处理的共同特点是早期施入了攻秆肥,这说明施用攻秆肥有利于提高豫单 2002 子粒产量。

表 2.2 氮肥运筹方式对豫单 2002 的子粒产量与经济系数的影响

（河南农业大学，2007）

处理代号	穗粒数/个	百粒重/g	子粒产量/(kg/hm²)	增产/%	经济系数/%
N0	281.7dD	31.8bB	5 898dD	—	46.9
N1	407.7aAB	32.4bB	8 717abAB	47.8	51.9
N2	350.5cC	32.7abB	7 420cC	25.8	47.7
N3	410.6aA	34.1aA	9 219aA	56.3	52.5
N4	374.2bB	32.5abB	8 066bBC	36.7	48.9

由表 2.2 还表明，氮肥不同运筹方式的玉米经济系数亦有一定的差异，各施氮处理中以 N3、N1 处理经济系数较高，N2、N4 处理经济系数亦高于对照。相关分析表明，经济系数与子粒产量相关性达极显著水平（$r=0.951^{**}$），说明通过合理的氮肥运筹，可促进光合产物的有效转化利用，有利于提高产量。

3. 氮肥运筹方式对夏玉米豫单 2002 子粒粗蛋白质含量和产量的影响

由表 2.3 可知，氮肥不同运筹方式子粒粗蛋白质含量介于 94.3～104.3 mg/g 之间，不同处理子粒粗蛋白含量虽变化较小，但变化趋势明显，呈随施肥次数增多而增加的趋势。氮肥不同运筹方式粗蛋白产量差异显著，施氮处理显著增加粗蛋白产量，其中以 N3 处理增产最多，其次为 N4 处理，N2 处理增产最少，说明氮肥分次施用对子粒粗蛋白的增产效果亦较好。

表 2.3 氮肥运筹方式对豫单 2002 子粒粗蛋白质含量和产量的影响

（河南农业大学，2007）

处理代号	N0	N1	N2	N3	N4
子粒粗蛋白质含量/(mg/g)	95.0abB	95.3abAB	94.3bB	97.5abAB	104.3aA
粗蛋白质产量/(kg/hm²)	560.3dC	831.7bA	699.7cB	898.9aA	841.3abA

4. 氮肥运筹方式对夏玉米豫单 2002 地上部氮素积累量的影响

图 2.1 表明，各生育期不同处理植株氮素积累量均以 N0 最低，说明施用氮肥可显著增加氮素的积累。各施氮处理中，拔节期 N1、N3 较高，其次为 N4 处理，不施攻秆肥的 N2 处理最低；大喇叭口期仍以 N1、N3 积累量较高，N2 处理因此前已施入了攻穗肥，该期氮素积累量增加较多，接近于 N4；抽雄期仍以 N3 处理较高，但 N4 处理由于后期施用了攻粒肥，氮素有较多的积累，此期氮素积累总量超过 N1；N1 处理因后期供肥不足，氮素积累减少，至此时积累量低于 N4、但仍高于 N2，不同运筹方式之间氮素积累量的这种差异趋势一直保持至收获期。

相关分析表明，玉米子粒产量、植株干物质积累量与植株氮素积累量之间均呈极显著的正相关关系，其中玉米子粒产量与植株氮积累量之间的相关系数为 0.948^{**}，而拔节期、大喇叭口期、抽雄期及收获期干物重与相应时期植株氮素积累量之间的相关系数分

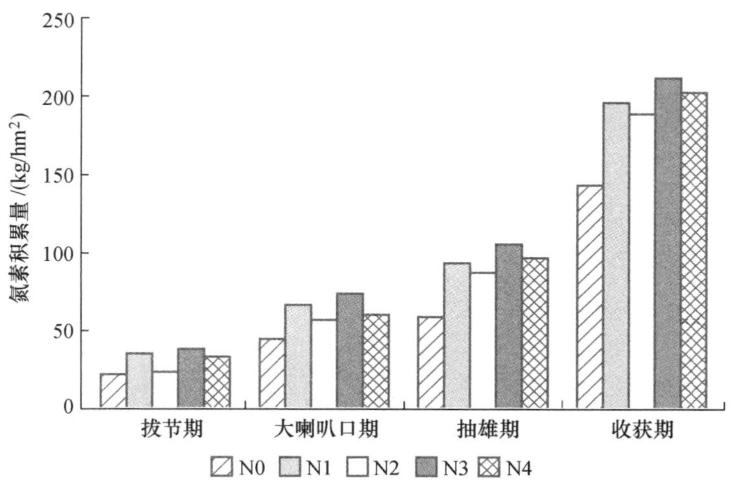

图 2.1 氮肥运筹方式对豫单 2002 氮素积累的影响

(河南农业大学,2007)

别为 0.966**、0.957**、0.688** 和 0.989**,说明通过合理的氮肥运筹,可促进植株对氮素的吸收,有利于提高产量。

5. 氮肥运筹方式对夏玉米豫单 2002 氮肥利用率的影响

由表 2.4 可知,氮肥运筹方式对氮肥利用率有显著的影响,不同处理以 N3 氮肥利用效率最高,达 32.0%,其次为 N4 和 N1 处理,而 N2 最低,通过与表 2.2 相比较可知,氮肥不同运筹方式氮肥利用率高低是与其增产效应一致的。此外,本试验测得的氮肥表观利用率仅为 21.0%~32.0%,说明在该土壤肥力和施氮量水平下(当地习惯施肥水平),氮肥的利用效率仍需进一步提高。

表 2.4 氮肥不同运筹方式的氮肥利用率

(河南农业大学,2007)

处理代号	N0	N1	N2	N3	N4
氮素积累量/(kg/hm^2)	141.2cC	193.3bAB	185.0bB	208.5aA	198.4abAB
氮肥利用率/%	—	24.8	21.0	32.0	27.2

上述研究结果表明,氮肥不同运筹方式增产效果差异显著,其中 N3 处理增产效果最好,其次是 N1 处理和 N4 处理,N2 处理增产效果最小;分次施肥有利于提高子粒粗蛋白含量,且随着施肥次数的增加,子粒粗蛋白含量呈上升趋势;分次施肥亦有利于提高子粒蛋白质产量,不同处理以 N3 最佳,其次为 N4;氮肥不同运筹方式肥料利用率差异显著,其中 N3 处理最高,其次为 N4 和 N1 处理,而 N2 最低。N3 处理由于有效地促进了植株对氮素的吸收利用,增加显著地产量和提高了子粒蛋白质产量,一定程度上提高了子粒蛋白质含量,因而为最佳氮肥运筹方式。

2.1.3.2 潮土区氮肥不同基追比和种类对夏玉米产量和氮肥利用率的影响

玉米是我国第二大作物，在谷物生产上占有重要地位。20 世纪 50 年代以前，我国主要靠有机肥来维持作物产量。50 年代后，化肥，特别是化学氮肥在农业生产上开始发挥重要作用。由于玉米对氮肥敏感，施氮增产效果明显，且其具有较强的耐肥性，因此，近年来玉米生产上逐渐出现了氮肥超量施用问题。氮肥超量施用导致氮肥利用率显著下降，同时对生态环境构成潜在威胁。

如何提高氮肥利用率是当前关注的焦点。前人从品种角度对玉米氮肥利用进行了大量研究。目前关于玉米氮肥基追比的研究很多，在控释肥方面的研究也很多，但是在玉米上普通氮肥基追比结合控释肥料方面的研究还很少。

为了进一步探讨这一问题，在河南省新乡市延津县司寨乡平陵村，土壤类型为潮土，质地为中壤，在土壤肥力 0～20 cm 土层土壤有机质 3.0 g/kg、铵态氮(N)7.2 mg/kg、速效磷(P)72.3 mg/kg、速效钾(K)82.9 mg/kg、pH 8.25 的条件下，选用夏玉米郑单 958，研究探讨了氮肥基追比和氮肥种类对夏玉米产量和氮肥利用率的影响。试验设置七个处理(表 2.5)，分别用 1、2、3、4、5、6、7 表示，除处理 7 外，所有处理均另外施用磷钾肥，磷钾肥全部做基肥。所有处理均不施用有机肥。控释肥料为金正大控释尿素、金正大控释 BB 肥。

表 2.5 试验设计方案

(河南省农业科学院，2009)

处理代号	处理内容	肥料用量/(kg/hm²)		
		N	P_2O_5	K_2O
1	不施氮肥(N0)	0	60	105
2	100%氮肥基施	195	60	105
3	50%氮肥基施+50%氮肥大喇叭口期追施	195	60	105
4	33.3%氮肥基施+33.3%氮肥大喇叭口期追施+33.3%氮肥抽雄期追施	195	60	105
5	25%氮肥基施+25%大喇叭口期追施+25%抽雄期追施+25%灌浆期追施	195	60	105
6	控释尿素基施	156	60	105
7	控释 BB 肥基施	156	78	78

1. 不同处理对夏玉米产量及经济效益的影响

由表 2.6 可知，7 个处理中以 33.3%普通尿素基施+33.3%大喇叭口期追施+33.3%抽雄期追施处理产量最高，达 8 668 kg/hm²，其利润也最高，为 12 096 元/hm²，产投比为 5.6，生物产量也最高，为 19 070 kg/hm²，经济系数为 0.45。控释 BB 肥基施处理产量达 8 512 kg/hm²，位居第二，其利润为 11 270 元/hm²，产投比为 4.5，生物产量为 18 726 kg/hm²，经济系数为 0.45。控释尿素基施处理产量为 8 390 kg/hm²，其利润是 11 263 元/hm²，产投比为 4.8，生物产量为 18 458 kg/hm²，经济系数为 0.45。控释 BB 肥基施处理产量和利润均高于控释尿素基施处理。33.3%普通尿素基施+33.3%大喇叭口期追施+33.3%抽雄期追施处理每千克氮增产玉米 16.2 kg。控释尿素基施处理和控释 BB 肥基施处理，每千克氮分别增产玉米 18.5 kg 和 19.3 kg。

表 2.6 不同处理对夏玉米产量及经济效益的影响

（河南省农业科学院，2009）

处理代号	产量/(kg/hm^2)	显著性检验		效益分析/(元/hm^2)			产投比	生物产量/(kg/hm^2)	经济系数
		5%	1%	产值	成本	利润			
1	5 506	f	E	9 360	1 470	7 890	6.4	12 664	0.43
2	7 220	e	D	12 274	2 640	9 634	4.6	16 101	0.45
3	7 884	d	C	13 403	2 640	10 763	5.1	17 503	0.45
4	8 668	a	A	14 736	2 640	12 096	5.6	19 070	0.45
5	8 192	c	BC	13 926	2 640	11 286	5.3	18 104	0.45
6	8 390	bc	AB	14 263	3 000	11 263	4.8	18 458	0.45
7	8 512	ab	AB	14 470	3 200	11 270	4.5	18 726	0.45

注：N 按 6.0 元/kg、P_2O_5 按 6.0 元/kg、K_2O 按 8.0 元/kg、玉米按 1.70 元/kg 计。

2. 不同处理对夏玉米经济性状的影响

由表 2.7 可以看出，施氮肥比不施氮肥显著增加了株高、穗长、穗粗、穗粒数和百粒重。在施用普通尿素的四个处理中，以 33.3%普通尿素基施+33.3%大喇叭口期追施+33.3%抽雄期追施处理的穗粒数和百粒重最高，分别为 521.8 粒和 28.9 g，比 25%氮肥基施+25%大喇叭口期追施+25%抽雄期追施+25%灌浆期追施处理、50%氮肥基施+50%氮肥大喇叭口期追施处理、100%氮肥基施处理高 11.0 粒、15.7 粒、52.8 粒和0.3 g、1.0 g、1.7 g。控释 BB 肥基施处理和控释尿素基施处理的穗粒数分别为 528.9 粒、525.4 粒，百粒重分别为 28.8 g、28.7 g，控释 BB 肥基施处理好于控释尿素基施处理。在穗粒数方面，33.3%普通尿素基施+33.3%大喇叭口期追施+33.3%抽雄期追施处理不如控释 BB 肥基施处理和控释尿素基施处理，而在百粒重方面又好于控释 BB 肥基施处理和控释尿素基施处理。

表 2.7 不同处理对夏玉米经济性状的影响

（河南省农业科学院，2009）

处理代号	株高/cm	穗长/cm	穗粗/cm	穗粒数/粒	百粒重/g
1	209	11.9	3.5	332.5	26.2
2	244	15.8	3.9	469.0	27.2
3	247	16.3	4.3	506.1	27.9
4	249	16.6	4.5	521.8	28.9
5	251	16.4	4.6	510.8	28.6
6	249	16.7	4.7	525.4	28.7
7	246	17.0	4.8	528.9	28.8

3. 不同处理对夏玉米氮肥利用率的影响

由表 2.8 可以看出，施用控释肥料两个处理的氮肥利用率都高于施用普通尿素的四个处理，在施用普通尿素的四个处理中，33.3%普通尿素基施＋33.3%大喇叭口期追施＋33.3%抽雄期追施处理的氮肥利用率最高，为 39.1%。控释 BB 肥基施处理的氮肥利用率为 49.5%，控释尿素基施处理的氮肥利用率为 46.8%，而其他施肥处理的氮肥利用率为 27.1%～32.2%，可见适当的施肥方式和肥料种类能提高氮肥的利用率。

表 2.8　不同处理对夏玉米氮肥利用率的影响

（河南省农业科学院，2009）

处理代号	子粒氮积累量/(kg/hm^2)	秸秆氮积累量/(kg/hm^2)	氮合计积累量/(kg/hm^2)	氮肥利用率/%
1	48.4	36.1	84.5	—
2	69.6	67.7	137.4	27.1
3	76.6	68.0	144.6	30.8
4	87.0	73.8	160.8	39.1
5	77.1	70.2	147.3	32.2
6	87.3	70.3	157.6	46.8
7	88.0	73.9	161.8	49.5

试验结果表明，所有处理中，以氮肥基追比 33.3%基施＋33.3%大喇叭口期追施＋33.3%抽雄期追施处理产量最高，为 8 668 kg/hm^2。氮素减量至 80%的控释尿素基施和 BB 肥基施处理产量分别为 8 390 kg/hm^2 和 8 512 kg/hm^2，与前者均没有达到 1%极显著水平。

在施用普通尿素的各处理中，以 33.3%基施＋33.3%大喇叭口期追施＋33.3%抽雄期追施处理的氮肥利用率最高，为 39.1%，可见适当的施肥方式能提高氮肥的利用率。控释尿素基施处理和控释 BB 肥基施处理的氮肥利用率分别为 46.8%和 49.5%，均高于施用普通尿素的各处理，控释 BB 肥基施处理的氮肥利用率又高于控释尿素基施处理。

2.1.3.3　控释尿素与普通尿素掺混不同比例对夏玉米产量及经济性状的影响

20 世纪 90 年代以来，中国的氮肥用量、化肥生产总量和施肥总量相继跃居世界首位。目前中国氮、磷、钾化肥利用率分别为 30%～35%，10%～20%和 35%～50%，低于发达国家 10～15 个百分点。每年有约 1 500 万 t 氮素（约占氮肥用量的 60%）损失进入大气和水体而污染环境，直接经济损失 300 多亿元。控释肥是解决氮肥损失的重要途径之一，也是当今国际肥料研究的热点。目前美国、日本、德国等发达国家已研究出控释包膜肥料，产品已行销世界，然而国内的控释肥，尤其是控释性能优良的控释肥的研究尚处在起步阶段。

为此，选用夏玉米郑单 958，在河南省驻马店市驿城区水屯镇新坡村（试点 1）和驻马店市农科所农场（试点 2）进行试验，供试土壤类型均为砂姜黑土，供试土壤的基本理化性状见表2.9,研究了控释尿素与普通尿素掺混对玉米生长发育的影响,为控释尿素的推广应用提供理论依据。

表 2.9 供试土壤的理化性状

(河南省农业科学院,2009)

地点	pH	有机质/(g/kg)	碱解氮/(mg/kg)	速效磷/(mg/kg)	速效钾/(mg/kg)
试点1	6.1	9.1	81.9	10.8	62.5
试点2	6.5	10.6	88.9	18.5	82.5

试点1,在2008年6月3日播种,2008年9月20日收获。试点2,在2008年6月4日播种,2008年9月19日收获。试验设置六个处理,T1:100%控释尿素,一次施用(氮150 kg/hm^2);T2:70%控释尿素(氮105 kg/hm^2),30%普通尿素(氮45 kg/hm^2),一次施用;T3:50%控释尿素(氮75 kg/hm^2),50%普通尿素(氮75 kg/hm^2),一次施用;T4:30%控释尿素(氮45 kg/hm^2),70%普通尿素(氮105 kg/hm^2),一次施用;T5:100%普通尿素,一次施用(氮150 kg/hm^2);T6:对照(无氮处理)。同时,试验按当地农民习惯,把普通过磷酸钙和氯化钾各75 kg/hm^{2}随氮肥一起施入。施肥时间:试点1为2008年6月21日,试点2为2008年6月22日。供试肥料控释尿素为3个月控释期的包膜尿素(树脂加硫黄双层包膜,金正大生产),含氮34%。

1. 控释尿素与普通尿素掺混比例对夏玉米产量的影响

从表2.10可以看出,试点1与试点2夏玉米均以控释尿素中掺混30%普通尿素(T2)产量最高,分别为8 699 kg/hm^{2}和9 008 kg/hm^2,比控释尿素单施(T1)分别增产6.1%和6.4%,比普通尿素单施(T5)分别增产16.2%和16.2%,比T6(CK)分别增产55.8%和56.2%,控释尿素中掺混适当比例普通尿素能进一步提高作物产量。

表 2.10 不同肥料处理对夏玉米产量的影响

(河南省农业科学院,2009)

处理	试点1		试点2	
	产量/(kg/hm^2)	增产/%	产量/(kg/hm^2)	增产/%
T1	8 202bB	47.0	8 466bB	46.6
T2	8 699aA	55.9	9 008aA	56.0
T3	7 866cBC	41.0	8 140cBC	41.0
T4	7 559dC	35.5	7 830dC	35.6
T5	7 486dC	34.2	7 752dC	34.2
T6(CK)	5 585eD	—	5 768eD	—

控释尿素100%处理(T1)比普通尿素100%处理(T5)两地分别增产9.6%和9.2%,说明控释尿素单施增产效果好于普通尿素单施。

控释尿素中掺混50%普通尿素(T3)和掺混70%普通尿素(T4)的产量比控释尿素

100%处理(T1)两地分别下降 4.3%、4.0%和 8.5%、8.1%。控释尿素中掺混适当比例普通尿素能进一步提高作物产量，但要注意掺混比例。两试验地的夏玉米产量除 T4 和 T5 之间未达到 1%和 5%显著性差异外，其他各处理之间均达到 1%和 5%显著水平。

2. 控释尿素与普通尿素掺混比例对玉米经济性状的影响

从表 2.11 看，试点 1 与试点 2 在玉米穗长、穗粗和株高等方面变化不大，在穗粒数方面各处理间有较大差异，变化趋势和产量结果相一致，均以控释尿素中掺混 30%普通尿素(T2)处理最多，分别为 458 粒、468 粒；无氮处理(T6)穗粒数最少，分别为 325 粒、338 粒。

表 2.11　不同肥料处理对夏玉米经济性状的影响

（河南省农业科学院，2009）

处理	试点 1					
	穗长/cm	穗粗/cm	株高/cm	穗数/(个/hm²)	穗粒数/个	百粒重/g
T1	15.7	5.3	254	75 000	432	27.0
T2	16.0	5.2	252	75 000	458	27.1
T3	15.3	5.2	253	75 000	409	27.1
T4	15.1	5.2	254	75 000	403	27.0
T5	15.1	5.2	255	75 000	374	27.0
T6(CK)	13.8	4.8	240	75 000	325	24.0
处理	试点 2					
	穗长/cm	穗粗/cm	株高/cm	穗数/(个/hm²)	穗粒数/个	百粒重/g
T1	16.8	6.3	264	75 000	444	28.0
T2	17.0	6.1	262	75 000	468	28.2
T3	16.3	5.8	263	75 000	420	28.1
T4	16.1	5.8	264	75 000	413	27.5
T5	16.1	5.7	265	75 000	384	27.6
T6(CK)	14.9	5.2	240	75 000	338	24.9

两地试验的百粒重变化趋势也一致，均与产量变化趋势一致，均以控释尿素中掺混 30%普通尿素(T2)处理百粒重最高，为 27.1 g 和 28.2 g；无氮处理(T6)百粒重最低，分别为 24.0 g 和 24.9 g。从产量构成因素看，影响产量差异的主要原因在穗粒数和百粒重。

3. 控释尿素与普通尿素掺混比例对夏玉米品质的影响

从玉米子粒中的淀粉、粗蛋白和脂肪的分析看(表 2.12)，六个处理中除无氮处理 T6(CK)淀粉、粗蛋白和脂肪含量比其他处理低外，另外五个处理之间在品质方面淀粉、粗蛋白和脂肪含量方面变化不大。试点 2 玉米试验中对玉米品质的影响与试点 1 变化趋势一致。

表 2.12 不同肥料处理对夏玉米品质的影响

(河南省农业科学院,2009)

处理	试点 1			试点 2		
	淀粉	粗蛋白/(干基,%)	脂肪	淀粉	粗蛋白/(干基,%)	脂肪
T1	73.4aA	10.5aA	5.5aA	74.8aA	11.5aA	5.1aA
T2	73.1aA	10.6aA	5.8aA	74.9aA	11.6aA	5.5aA
T3	73.5aA	10.3aA	5.2aA	74.3aA	11.1aA	5.4aA
T4	73.2aA	10.1aA	5.3aA	74.4aA	11.2aA	5.2aA
T5	73.4aA	10.2aA	5.2aA	74.3aA	11.2aA	5.2aA
T6(CK)	71.1bB	8.2bB	3.9bB	72.1bB	9.1bB	4.1bB

缓控释肥是今后化肥发展的一个必然方向,发展缓控释肥是确保农业可持续发展的一个良好途径。在资源日益紧缺、面源污染日趋严重的时代,发展缓控释肥利国利民。在上述试验条件下研究控释肥料与普通尿素不同掺混比例,主要是解决控释肥料在夏玉米前期养分释放缓慢,不能满足作物前期对养分的需求,而全部使用普通尿素,又不能保证作物后期对养分的需求。因此,寻找控释尿素与普通尿素不同掺混比例对满足作物生育期对养分的需求非常必要,即保证作物前期不缺肥,作物后期不脱肥。

两地的试验结果表明,在等氮量施用条件下,全部使用控释肥料并不是最佳处理,夏玉米产量并不是最高,而以控施肥料中掺混适当普通尿素时,夏玉米产量最高。从试验处理看,以控释尿素 70%+普通尿素 30%(T2)的施用效果最好,两地产量达到 8 699～9 008 kg/hm^2。比控释尿素 100%处理增产 497～542 kg/hm^2,提高 6.1%～6.4%。比普通尿素 100%处理增产 1 213～1 256 kg/hm^2,提高 16.2%。

在等氮量施用条件下,从掺混比例处理之间看,控释尿素掺混普通尿素 30%(T2),掺混普通尿素 50%(T3),掺混普通尿素 70%(T4)三个处理,T3 和 T4,产量比 T1 控释尿素 100%处理产量低,而比 T5 普通尿素 100%处理产量高。说明控释尿素中掺混普通尿素时,一定要注意比例问题,掺混比例不适当时,玉米产量反而比控释尿素 100%处理减产。同时,普通尿素中掺混控释尿素时,夏玉米产量比全部使用普通尿素 100%处理增产。控释尿素中掺混普通尿素,保证了夏玉米前期不缺肥,后期不脱肥。

在等氮量施用条件下,夏玉米上施用控释尿素比普通尿素增产 714～716 kg/hm^2,提高 9.2%～9.6%,表明在夏玉米上施用控释尿素实施一次性施肥是可行的。

2.1.3.4 氮肥运筹对春玉米产量及经济效益的影响

氮肥在我国农业生产中发挥着重要的作用,它是影响作物生长发育和产量最敏感的因素之一。氮肥的施用,不仅对作物的生长发育、产量形成、抗逆性等均有显著的效应,而且也影响生态环境。氮肥是提高玉米产量的主要肥料之一,它的合理适时施用有利于提高玉米对氮的吸收,减少氮的流失,可有效增加氮肥的利用率。

为此,在山西省春玉米主产区忻州市忻府区二十里铺村,土壤类型为潮土,质地轻壤,在土壤肥力为 0～20 cm 土层土壤有机质 7.3 g/kg、速效氮(N)24.7 mg/kg、速效磷

(P)12.1 mg/kg、速效钾(K)107.7 mg/kg、pH 8.65 的条件下，选用春玉米晋玉 811，研究了氮肥运筹方式对春玉米产量、经济效益、养分积累与氮肥利用率的综合影响，从而为玉米生产中氮肥的合理调控提供理论依据和实践指导。试验设置六个处理(表 2.13)，磷肥、钾肥、微肥全部作基肥，氮肥则按方案进行。2007 年 4 月 27 日播种，2007 年 4 月 26 日施肥，5 月 25 日定苗，6 月 18 日第一次追肥，7 月 9 日第二次追肥，9 月 27 日收获。

表 2.13　氮肥运筹对春玉米产量及经济效益影响的施肥方案

(山西省农业科学院，2008)　　　kg/hm^2

处理编号	N	P_2O_5	K_2O	备　注
1	240	105	120	全部氮肥作基肥
2	240	105	120	1/3N 作基肥，2/3N 作追肥(一次)
3	240	105	120	1/3N 作基肥，2/3N 作追肥(分两次)
4	240	105	120	1/2N 作基肥，1/2N 作追肥(一次)
5	240	105	120	1/2N 作基肥，1/2N 作追肥(分两次)
6	0	105	120	不施氮肥

计算方法：

吸氮量(kg/hm^2)＝地上部生物量(kg/hm^2)×植株地上部氮浓度(g/kg)

氮肥利用率(%)＝(施氮条件下作物吸氮量－不施氮条件下作物吸氮量)×100/施氮量(kg/hm^2)

氮肥农学效率＝(施氮条件下的产量－不施氮条件下的产量)/施氮量(kg/hm^2)

1. 氮肥运筹对春玉米产量的影响

表 2.14 结果显示，在施用磷、钾肥的基础上，氮肥运筹对玉米产量有明显影响。与不施氮肥的处理 6 比较，所有施氮处理均有大幅度的增产效应，这表明氮肥施用具有明显的增产作用，每公顷增产 2 342～3 752 kg，增产率达 30.5%～48.8%。但五种氮肥运筹对玉米的增产效应存在差异，处理 4 的产量最高，而处理 1 产量最低。玉米产量由高到低排列顺序为处理 4＞处理 5＞处理 3＞处理 2＞处理 1。从每千克氮肥的生产效益看，处理 4 表现为最高，达 15.6 kg/kg，处理 1 表现为最低，氮肥效益为 9.8 kg/kg，处理 4 氮效益比其他处理高 9.0%～37.2%。

方差分析结果显示，处理间产量差异达极显著水平。多重比较进一步显示，所有施氮处理与不施氮处理 6 相比较，产量均达极显著差异。五种氮肥运筹互相比较表现为：处理 4 与处理 1、处理 2、处理 3 之间均达极显著差异水平，处理 5 与处理 1、处理 2、处理 3 之间均达显著差异水平。而处理 4 和处理 5 之间未达显著差异水平，处理 1、处理 2、处理 3三者之间互相比较，也未达显著差异水平。

以上统计结果表明，处理 4(1/2N 底施，1/2N 追施)和处理 5(两次 1/2N 追施)显著好于处理 1(农民习惯施肥方式：氮肥全部底施)，当前农民普遍使用的“一炮轰”施肥方式是不合理的。更加说明了氮肥的合理施用不仅体现在时间上而且表现在施用量上，只有做到施肥时间和施肥量与作物生长需求相一致，才能有效提高玉米产量。

表 2.14 氮肥运筹对春玉米产量和收益的影响

(山西省农业科学院,2008)

处理编号	子粒产量/(kg/hm²)					增产量/(kg/hm²)	增产率/%	氮效益/(kg/kg)	纯收益/(元/hm²)
	Ⅰ	Ⅱ	Ⅲ	Ⅳ	平均				
6	8 348	6 846	7 853	7 707	7 688cC	—	—	—	10 542
1	10 224	10 215	9 708	9 974	10 030bB	2 342	30.5	9.8	13 119
2	10 736	10 044	9 884	9 633	10 074bB	2 386	31.0	9.9	13 185
3	10 256	10 191	9 891	10 427	10 191bB	2 503	32.6	10.4	13 361
4	10 817	11 528	11 628	11 787	11 440aA	3 752	48.8	15.6	15 234
5	10 053	10 697	11 687	11 907	11 086aAB	3 398	44.2	14.2	14 703

注:N 3.9 元/kg,P_2O_5 5.2 元/kg,K_2O 3.7 元/kg,$ZnSO_4$ 3.0 元/kg,玉米 1.50 元/kg。小写字母表示 $\alpha=0.05$ 水平检验,大写字母表示 $\alpha=0.01$ 水平检验。

2. 氮肥运筹对春玉米经济效益的影响

由表 2.14 得出,纯收益也是处理 4 表现最高,为 15 234 元/hm²,处理 6 表现最低,为 10 542 元/hm²。纯收益的排列顺序与产量顺序一致。处理 4 纯收益较其他处理增加 531～4 692 元/hm²,而且处理 4(1/2N 底施,1/2N 追施)比处理 1(农民习惯施肥方式:氮肥全部底施)效果明显要好。因为最佳施肥量在保证产量的同时节约资本,才可获得最大收益。在上述试验条件中,最佳推荐施氮肥量一定,当氮肥运筹影响产量出现差异时,经济效益随之变化,产量高经济效益也高,反之亦然。

3. 氮肥运筹对春玉米植株干物质积累量及氮素养分吸收积累量的影响

由图 2.2 可以看出,玉米单株干物质重均随生育期的推移呈增加趋势,但前期和后期均较平缓,中期上升较快,而不同氮肥运筹方式干物质的积累数量差异较大。处理 6 由于全生育期未施用氮肥,各取样时期干物质积累均最低,而处理 4 在各个取样时期干物质积累量均其植株一生的总干物质积累量最高,比其他处理高 10.0%～38.1%,说明该氮肥运筹方式最有利于植株干物质积累,与陆卫平研究结果相近。处理 1 全部氮肥作基肥,因此在 7 月 27 日之前干物质积累量较高,但肥料一次施用数量过大,“一炮轰”显得“底气不足”,干物质积累不及分次施肥的处理 4,且抽雄后由于氮肥供给不足,总干物重下降较多。陆卫平研究也表明,植株干物质积累进程呈 S 形曲线,基苗肥基施、穗肥七叶展施处理植株干物质积累量高。这主要是因为玉米的快速增长期在拔节至吐丝期,拔节期充足的氮肥供应有助于玉米茎、叶等的形成,增加了叶绿素等有效成分的积累。后期的氮肥供应则保证了玉米后期的植株营养生长,延缓了茎、叶等营养器官的衰老,从而获得了较高的植株鲜重。

玉米植株氮养分含量大体随生育期呈下降趋势,但氮养分吸收累积量(图 2.3)大体呈上升趋势,而且前期和后期均较平缓,中期上升较快,尤其是 6 月 18 日到 7 月 9 日及 7 月27 日到 8 月 16 日两个阶段。与处理 6 相比,处理 1、处理 4 上升速度更快。和干物质积累量相似,在 7 月 9 日,处理 1 因为全部底施,其氮养分吸收累积量略高处理 4,之后处理 4 在氮素较均衡的情况下其氮养分吸收累积量迅速上升高于处理 1。以上结果表明,玉米在中期生长较快,需要吸收大量的氮养分,养分管理应视养分吸收规律进行前、

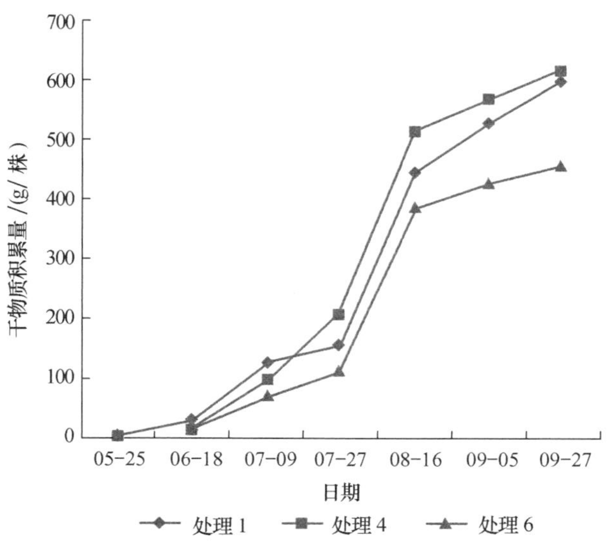

图 2.2 春玉米单株干物质积累量

(山西省农业科学院,2008)

中、后期的合理配置。王忠孝等研究指出,夏玉米全生育期的前期氮肥吸收量为 9.7%,中期氮肥吸收量为 78.39%,后期氮肥吸收量约为 11.9%,也证实了这一结果。

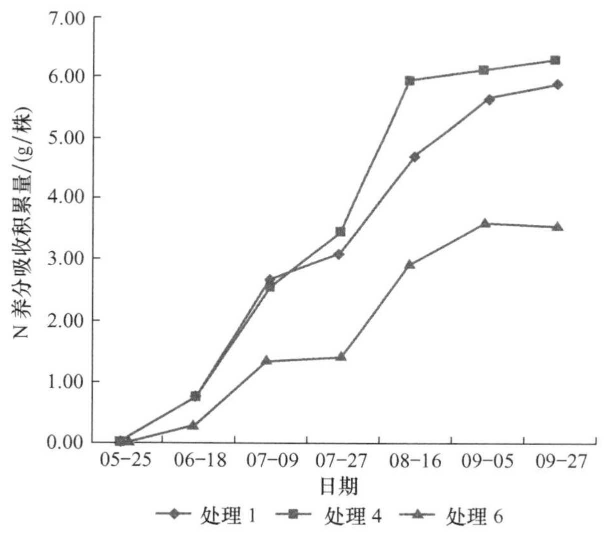

图 2.3 春玉米氮养分吸收积累量

(山西省农业科学院,2008)

4. 氮肥运筹对春玉米氮肥农学效率及氮肥利用率的影响

从表 2.15 得出,氮肥运筹对玉米氮肥农学效率及氮肥利用率影响显著。氮肥农学效率以处理 4 最高,达到 15.6 kg/kg,处理 1 最低,仅为 9.8 kg/kg,农学效率高低排序为处理 4>处理 5>处理 3>处理 2>处理 1。氮肥利用率与氮肥农学效率排序一致,处理 4

为42.1%，处理1为28.0%，处理4比其他处理氮肥利用率高出16.9%～50.4%。从玉米养分的吸收量来看，所有施氮处理的N、P、K养分吸收量较不施氮处理6均有明显提高，表明氮肥施用可以大幅度提高玉米养分的吸收量，但不同氮肥运筹方式使得玉米对N、P、K养分的吸收存在差异。处理4中，N、P、K养分的吸收量表现最高，分别为239.6、38.6、165.2 kg/hm^2。而处理1中N、P、K养分的吸收量表现最低，分别为205.8、28.3、137.2 kg/hm^2。由此造成氮肥利用率存在差异，处理4的氮肥利用率最高，处理5次之，而处理1的氮肥利用率最低，仅为28.0%。

表2.15 氮肥运筹对春玉米氮肥农学效率及氮肥利用率的影响

（山西省农业科学院，2008）

处理	氮肥农学效率/(kg/kg)	氮肥利用率/%	形成100 kg子粒的养分吸收量		
			N	P_2O_5	K_2O
1	9.8	28.0	2.05	0.65	1.64
2	9.9	29.3	2.07	0.68	1.65
3	10.4	30.5	2.08	0.61	1.72
4	15.6	42.1	2.09	0.77	1.73
5	14.2	36.0	2.03	0.63	1.59
6	—	—	1.80	0.74	1.75

可见，氮肥运筹方式不同，玉米对N、P、K养分的吸收量存在差异，氮肥的利用率也存在差异。而形成100 kg子粒的养分吸收量，处理4为N：2.09，P_2O_5：0.77，K_2O：1.7，处理6为N：1.80，P_2O_5：0.74，K_2O：1.75。这也表明提高肥料利用率不仅需提高肥料推荐量的准确度，还需进行肥料的运筹和分配。

上述试验条件中氮肥效益和纯收益、氮肥利用率、干物质积累量及氮养分吸收累积量的排列顺序均与产量顺序一致。可以看出，合理施肥不仅要注重时间上的及时更要把握施用量上的适度，只有做到土壤—作物—时空上的同步协调，才能保证作物获得更高产量，同时获得最大的效益。

2.1.3.5 北方褐土区土壤硝态氮运移动态及合理施肥调控

1. 不同施N水平下土壤NO_3^--N含量的动态运移特点

北方褐土区土壤2∶1型黏土矿物含量较高，土壤固铵能力较强，对施入肥料的缓冲性能也较强。长期以来，该土壤类型区农民为追求高产，盲目大量施用氮肥，其单季习惯施肥量常高达纯N 600～900 kg/hm^2，个别户甚至更多。过量施用氮肥一直是导致地下水硝酸盐含量升高、威胁土壤环境质量、困扰生态农业持续发展的重要因素。土壤NO_3^--N淋失是氮肥损失的一条重要途径，不仅浪费资源、增加生产成本，而且污染环境。

因此，河北省农林科学院农业资源环境研究所在正定县诸福屯乡罗家庄进行试验，供试土壤为轻壤质褐土，在土壤肥力为0～20 cm土层有机质18.6 g/kg、全N 0.87 g/kg、有效磷（P_2O_5）43.2 mg/kg、速效钾（K_2O）220 mg/kg、缓效钾（K_2O）

1 392.3 mg/kg的中等偏上条件下，研究并明确了北方褐土区土壤 NO_3^--N 运移动态及合理的氮肥利用机制，对提高氮肥有效利用率和保护生态环境具有双重意义。氮肥施用量分别为不施肥（CK）和施纯 N 150、300、600、900、1 200 kg/hm^2，分别用 N0、N150、N300、N600、N900、N1200 表示。小区面积 46.7 m^2。试验区不施其他肥料。夏玉米播期 6 月 13 日，两次追肥时间分别在苗期和拔节期，各追氮肥用量 50%。整个生育期共取剖面土四次，分别为苗期、抽雄期、灌浆期和成熟期，各取 0～20、20～40、40～60、60～100、100～150 cm 共五个土层剖面，9 月 20 日收获。

（1）CK 处理的土壤 NO_3^--N 动态变化　在不施 N 肥的情况下，土壤 NO_3^--N 动态变化直接反映了土壤-作物系统内土壤供 N 和作物吸 N 之间的关系，是土壤供 N 能力的重要标识。虽然本季生产中没有施入 N 肥，但是土壤中各土层都储有一定量的 NO_3^--N，在拔节期测定 0～20、20～40、40～60、60～100、100～150 cm 土层 NO_3^--N 含量分别为 9.36、11.82、9.92、18.35、6.17 mg/kg。

随作物生长加快，对 N 元素吸收量增大，耕层 0～20 cm 土壤中 NO_3^--N 含量快速减少，到抽雄期减少到谷底 3.1 mg/kg，之后耕层土壤中 NO_3^--N 含量没有继续下降反而快速增加，直到成熟期达最大值。从其他土层看，在 20～40 cm 土层土壤 NO_3^--N 含量随前期生长的消耗，在灌浆期达谷底 3.84 mg/kg；40～60 cm 耕层土壤 NO_3^--N 含量随生长消耗一直呈下降态势，至成熟期达最低值为 4.16 mg/kg；60～100 cm 耕层土壤 NO_3^--N 含量在整个生育期也呈下降趋势，下降速度和幅度都要比 40～60 cm 耕层大得多；100～150 cm耕层土壤灌浆期之前 NO_3^--N 含量呈增加的趋势，灌浆期后急剧减少（图 2.4a）。

以上充分说明土壤系统内 NO_3^--N 在垂直方向上存在向上、向下两个方向的运移过程，在生长前期由于上部土层 NO_3^--N 含量大于下层，NO_3^--N 向下移动，当生长后期上层土壤系统中 NO_3^--N 缺乏时，可快速从下层得到补充。

（2）N150 处理的土壤 NO_3^--N 动态变化　当土壤系统被给予 150 kg/hm^2 的 N 素后，首先是 0～20 cm 耕层土壤 NO_3^--N 含量快速增加，其他土层 N 素也出现不同程度的增加，拔节期 0～20、20～40、40～60、60～100、100～150 cm 土层 NO_3^--N 含量依次为 21.69、13.94、16.15、16.33 和 9.37 mg/kg。

随植株的生长吸收，0～20 cm 土层 NO_3^--N 含量急剧减少，到灌浆期降至谷底，之后得到下层补充后又回升。该处理降至谷底的时间比 CK 延后 20 d，说明补充施用 N 肥，能补充耕层 0～20 cm 土层 NO_3^--N 的消耗，利于植株生长吸收和土壤中 N 素的平衡。20～40 cm 土层 NO_3^--N 含量前期也相应地比对照高，证明也在施肥中得到了补充，也在灌浆期降至谷底，之后缓慢回升；40～60 cm 土层 NO_3^--N 含量也出现谷底，在后期得到补充；60～100 cm 土层 NO_3^--N 含量在抽雄期出现一个不太明显的峰值，说明此时已经得到补充；100～150 cm 土层，在 8 月 6 日就有了较明显的峰值，之后下降。说明生长前期土壤中施入 N 肥后，一部分供作物吸收利用并维持上层土壤 NO_3^--N 平衡，多余部分下移维持深层土壤 NO_3^--N 含量的平衡（图 2.4b）。与前面分析和图 2.4a 结论一致。

（3）N300 处理的土壤 NO_3^--N 动态变化　图 2.4c 中，当对土壤系统再增加纯 N 用量至 300 kg/hm^2，0～20、20～40 cm 土层 NO_3^--N 含量迅速增多，在拔节期测定值分别高达 41.96 mg/kg 和 22.87 mg/kg，0～20 cm 土层分别比 CK 和 N150 处理高 348%和 93%；20～40 cm 土层分别比 CK 和 N150 处理高 94%和 64%。同时，40～60 cm 土层 NO_3^- - N 含量快速得到补充，在抽雄期即达峰值；60～100 cm 土层 NO_3^- - N 含量始终维持在平衡状态，100～150 cm 土层 NO_3^- - N 含量在抽雄期得到补充后基本维持平衡。从经济和环保施肥的角度来看，施用该处理能满足 100 cm 以内玉米根系对氮的吸收，并可维持 0～150 cm 土层的 NO_3^- - N 含量平衡，既保持了土壤肥力，又避免了肥料浪费，是经济、环保的施肥量。

(4)N600 处理的土壤 NO_3^- - N 动态变化　当对土壤再增加纯 N 用量至 600 kg/hm^2 时，玉米生长前期各层土壤 NO_3^- - N 含量明显增加，后期与 N300 处理相比增加不明显。

0～20 cm 土层 NO_3^- - N 含量大量、迅速增加，拔节期测定为 64.19 mg/kg，高出对照 585.74%，此时其他各土层 NO_3^- - N 含量均明显增加，20～40、40～60、60～100、100～150 cm 依次为 20.10、11.90、17.32 和 10.81 mg/kg。在抽雄期 0～20 cm 土层 NO_3^- - N 含量急剧下降，减至谷底后持平；20～40、40～60 cm 土层都在抽雄期得到上层补充后复被利用。60～100、100～150 cm 土层变化趋势一致，在灌浆期都有不明显的峰值，说明灌浆期前由于 60 cm 以内的上层土壤供氮能力大大高于作物吸氮水平，土壤 NO_3^- - N 一直往下运移，在灌浆期后 60～150 cm 土层 NO_3^- - N 含量又略显减少，说明生长后期还要用到深层土壤的 NO_3^- - N。图 2.4d 中也显示灌浆期后各土层土壤 NO_3^- - N 测定值差异不大，0～20、20～40、40～60、60～100、100～150 cm 分别为 17.05、19.05、18.48、24.40 和 22.47 mg/kg，平均值为 20.33 mg/kg。由于灌浆期是玉米的生长最旺盛期，该值也基本代表了玉米的生长最旺盛期的 NO_3^- - N 含量自然饱和状态。此时深层土壤 100～150 cm 土层 NO_3^- - N 含量已略显偏高，如若再增加 N 肥用量，此时多余的 NO_3^- - N 要往更深层运移，一方面会使 N 肥过剩，造成资源浪费，另一方面有可能导致对地下水和环境的污染。

(5)N900 与 N1200 处理的土壤 NO_3^- - N 动态变化　当施入纯 N 量分别达到 900 和 1 200 kg/hm^2 时，总的趋势是 0～20 cm 土层 NO_3^- - N 过剩，迅速向下移动，增加下层 NO_3^- - N 含量，灌浆期前 60～150 cm 深层 NO_3^- - N 含量一直缓慢增加，成熟期 100～150 cm土层 NO_3^- - N 含量表现下降，而其他层都升高，表明在这两个处理时土壤 NO_3^- - N 已经过剩并向下运移(图 2.4e、图 2.4f)。

2. 不同施 N 水平下玉米产量和产量性状表现

玉米在不同施 N 水平下，产量和产量性状也有明显差异。由表 2.16 看出，从穗粒数性状来看，N900、N600 穗粒数最高，分别为 479.7 粒和 479.0 粒，二者没有明显差距，其次为 N300 的 467.6 粒，其他处理穗粒数相对较少；从千粒重性状来看，N600 最高，为 197.1 g，其次为 N300 的 196.1 g，N150 为193.5 g，其他处理千粒重相对较低；穗长指标表明 CK、N150、N300、N600 这四个处理较长，较其他两个处理长 1.3～1.6 cm；而秃尖指标则表明 CK 和 N150 处理有明显优势，较其他处理少 0.29～0.75 cm，以 CK 表现最好，秃尖长度仅 0.55 cm；从株高和穗位指标来看，N300 表现矮秆、穗位较低；产量最高的处理是 N600，为6 828 kg/hm^2，其次为 N300，为5 859 kg/hm^2。图 2.5 又对施氮量和产量关系应用二次多项式进行了拟合，依此求得最高产量施氮量为 602.4 kg/hm^2。

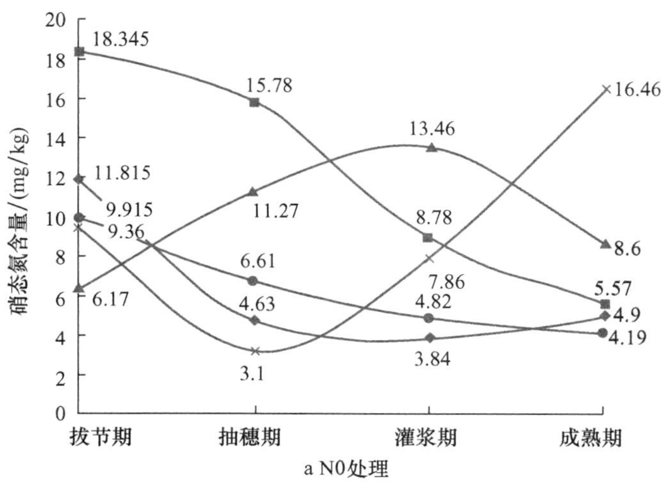

a N0处理

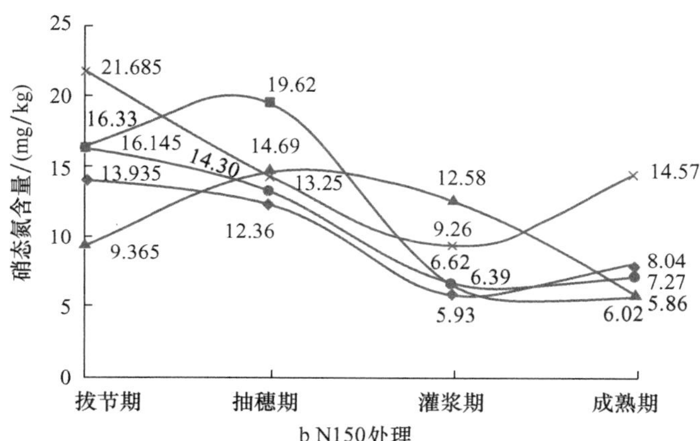

b N150处理

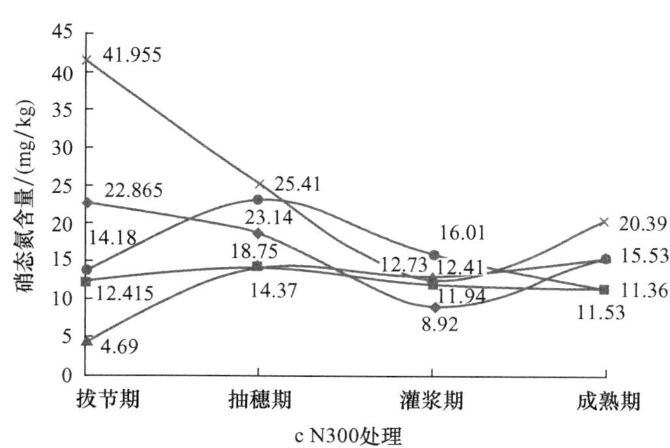

c N300处理

图 2.4　玉米不同施氮水平下的土壤 NO_3^- - N 动态变化(一)

(河北省农林科学院,2007)

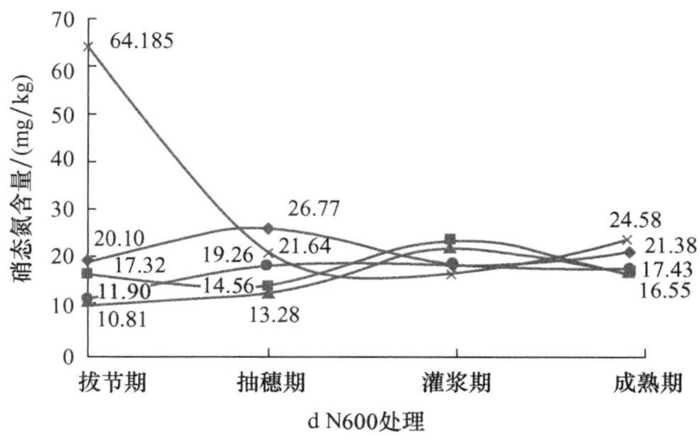

d N600处理

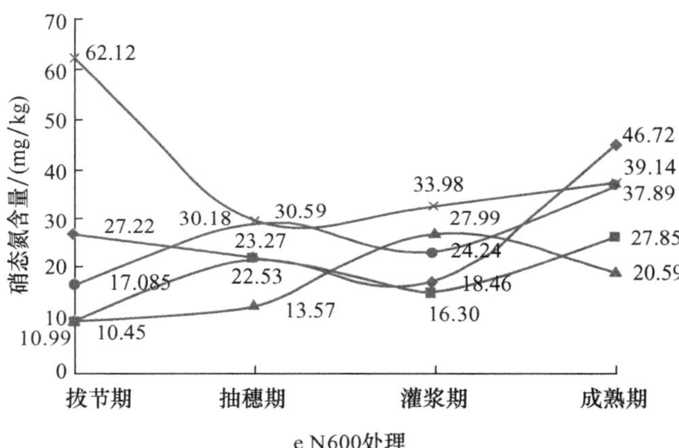

e N600处理

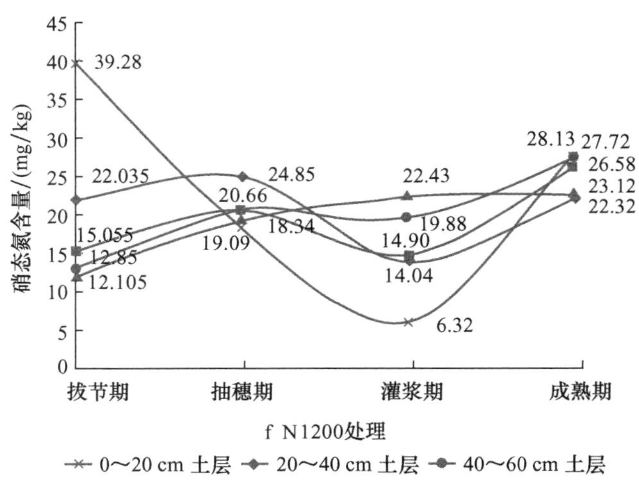

f N1200处理

图 2.4 玉米不同施氮水平下的土壤 NO_3^--N 动态变化(二)

(河北省农林科学院,2007)

表 2.16 不同施氮水平下夏玉米产量性状比较

（河北省农林科学院，2007）

处理	株高/cm	穗位/cm	穗长/cm	秃尖/cm	穗粒数/粒	千粒重/g	产量/(kg/hm²)	增产/%
CK	246.8	106.9	15.0	0.55	418.7	183.0	5 507	—
N150	266.8	116.5	15.2	0.74	423.0	193.5	5 859	6.4
N300	262.1	109.1	15.3	1.30	467.6	196.1	6 735	22.3
N600	265.9	114.3	15.2	1.03	479.0	197.1	6 828	24.0
N900	267.4	107.1	13.7	1.13	479.7	185.0	6 192	12.4
N1200	253.9	107.3	13.7	1.23	435.9	176.7	5 651	2.6

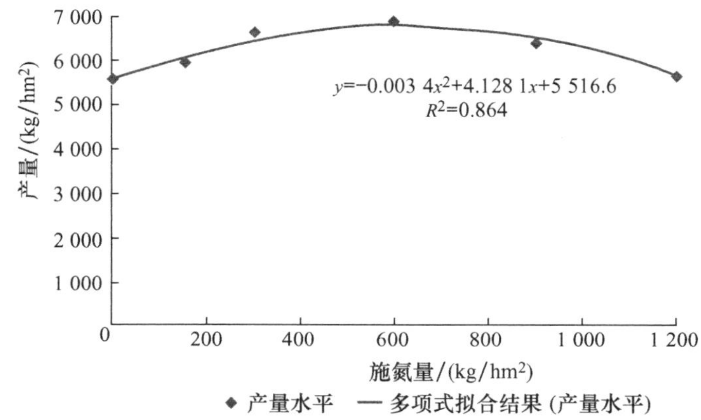

图 2.5 N 肥用量与夏玉米产量的关系

（河北省农林科学院，2007）

综合上述分析，N 肥用量为 600 kg/hm² 时产量和产量结构表现最好，其次为 300 kg/hm²。N600 比 CK 增产1 321.5 kg/hm²，增产 24%；千粒重增加 14.8 g，穗粒数增 60.3 粒；N300 比 CK 增产1 228.5 kg/hm²，增产 22.3%，千粒重增加 13 g，穗粒数增 48.9 粒；当施肥量超过 600 kg/hm² 后，不仅使产量增加幅度缩小，并对产量结构、生育性状产生不利影响，结合前面对土壤硝态氮含量影响的分析，施肥量超过 600 kg/hm² 的处理浪费资源太多，且易引起土壤环境污染，是不可取的。

土壤－作物系统内土壤 NO_3^-－N 垂直运移有向上、向下两个方向。植株首先吸收表耕层土壤 NO_3^-－N，且耕层土壤 NO_3^-－N 存在一个最低点。当作物大量吸收，使 NO_3^-－N 含量低于该点时，深层土壤中 NO_3^-－N 可自动上移补充；反之，施入过多 N 肥，NO_3^-－N 则向深层运移。拔节期以前，0～40 cm 土层随 N 肥用量的增加，土壤 NO_3^-－N 含量快速增加，40 cm 以下土层的 NO_3^-－N 含量变化不明显，说明植株根系浅，植株对氮肥的利用主要集中在耕层土壤。随植株的生长，根系的发育，0～100 cm 土层 NO_3^-－N 运移活跃。

不同施 N 水平下土壤 NO_3^-－N 含量有很大差异。总的来看，随着 N 肥用量的增加，

土壤各土层 NO_3^- - N 含量呈增加趋势。在施入纯 N300 kg/hm²时，0～20 cm 土层 NO_3^- - N 略有盈余，20～40 cm 土层 NO_3^- - N 快速得到补充，60～150 cm 土层 NO_3^- - N 维持平衡水平。在这一施氮水平下玉米产量比最高产量仅相差 1.36%，因而认为是最为环保和经济的施肥量。

六个施肥处理中，在生长最旺盛的灌浆期，各土层土壤 NO_3^- - N 测定值差异不大，平均值为 20.33 mg/kg，可以代表玉米的生长最旺盛期的 NO_3^- - N 含量自然饱和状态。此时 N600 深层土壤 100～150 cm NO_3^- - N 含量已接近该值，略显偏高，如若再增加 N 肥用量（如 N900 和 N1200），各土层 NO_3^- - N 含量没有明显增加，说明 NO_3^- - N 已大量向下运移，一方面造成了资源浪费，另一方面有可能导致对地下水和环境的污染。同时，产量拟合结果也表明最高产量施肥量是 602.4 kg/hm²，恰好在 N600 处理附近。

综合以上分析可以认为，从土壤内 NO_3^- - N 平衡与丰产两角度考虑，玉米施氮量最高值应控制在 600 kg/hm²（纯 N）以内，而 300 kg/hm²（纯 N）是比较经济、环保的施肥量。

2.2 玉米磷素营养与施肥

2.2.1 磷在各器官中的含量与分配

从不同生育时期叶片平均含磷百分率来看，拔节期最高，成熟期最低，形成前高后低的下降趋势，但从大喇叭口到抽雄阶段比较稳定。果穗以下的叶片在形成初期磷百分含量均高于果穗以上叶片形成初期的含量，抽雄以后果穗上下的叶片磷的百分含量较高。从不同生育时期叶鞘中磷的百分含量看，苗期最高，之后下降，至灌浆初期为一低谷，灌浆中期又达一个高点，尔后下降，至成熟达最低。不同生育时期茎中磷平均百分含量亦是前期高后期低的均匀下降趋势，灌浆期较为稳定。雌穗和雄穗中的磷百分含量，均呈初期高后期低的下降趋势，且雌穗中磷的百分含量（0.93%）高于雄穗（0.79%）。玉米不同节位叶组叶片中磷平均百分含量高低顺序为：基部（3～5）＞下部（7～9）＞中部（11～13）＞上部（15～16）（胡昌浩，1982）。不同节位各叶鞘组磷的平均百分含量高低顺序为：基部（3～5）＞中部（11～13）＞上部（15～16）＞下部（7～9）。不同节位茎秆中磷的平均百分含量高低顺序为：中部（11～13）＞上部（15～16）＞下部（7～9）＞基部（1～6）。

玉米植株各器官中磷的分配比例大小为：子粒＞叶＞茎＞雌穗。叶、茎和雌穗（不包括子粒）在吐丝至灌浆期开始向外转移磷，其中叶转移量最大（占总转移量的 37%～43%），其次为茎秆（30.5%～45.0%），雌穗最少（18%～27%）。不同气候条件也影响磷的转移。玉米生长季节遇到少雨、寡照的气候条件，各器官中磷转入子粒的比例均下降，说明在不利于玉米生长发育的年份，子粒中磷的积累对土壤磷的依赖程度增大。磷在各器官中转移率的高低顺序为：雄穗（87.6%）＞茎秆（79.13%）＞叶鞘（69.47%）＞雌穗（59.15%）＞叶片（48.37%），平均为 64.53%（河北农业技术师范学院，1991）。各器官转移中磷素对子粒的贡献率表现为：茎秆(12.65%)＞雌穗(9.71%)＞叶片(7.77%)＞叶鞘(5.74%)＞雄穗(2.90%)，其中茎秆对子粒的贡献最大。各器官合计为38.78%，说明子粒取自根及土壤中的磷为61.22%。

2.2.2 磷对玉米生长发育的影响

磷肥施用数量和方式，受玉米植株磷素积累量多少的影响，与子粒产量关系十分密切。随产量水平的提高，吸磷量也随之增加，二者呈极显著正相关。

磷在玉米体内参与RNA、DNA、有机磷、无机磷和脂类磷的转化代谢活动。磷素缺乏会使植株体内糖代谢和蛋白质合成受阻，影响干物质的积累和子粒的充实，从而直接影响玉米产量。玉米在苗期施磷可促进发根壮苗，春玉米苗期吸收磷量少，速度慢，但苗期植株含磷量很高，是玉米需磷的敏感期。苗期缺磷，不仅抑制了营养器官的生长，还会影响以后的雌穗分化。小喇叭口期，雌穗生长锥开始增长，磷素代谢活动旺盛，磷在叶片中含量出现第一个高峰；灌浆期子粒迅速建成，生理代谢旺盛，叶片的含磷量出现第二次高峰。茎秆、雄穗、苞叶、穗轴、子粒含磷量在全生育期无明显峰谷出现，因此叶片含磷量的变化，指示了磷与生长发育中心的密切关系。施磷区玉米生育健壮，叶色浓绿，与无磷区相比，株高增加1倍，茎粗增加2倍，叶龄多2片叶；无磷区玉米前期生育不足，生长缓慢，影响了整个生育进程，玉米拔节、抽雄、成熟比施磷区延长。从玉米生育状况看，多施、少施磷肥玉米生育影响无关紧要，而不施磷肥对玉米生育的影响却十分不利，使生育推迟，质量和数量性状变差。在低温年的春玉米要抗御低温的不利影响，必须施磷，隔年施磷的方法不好。

2.2.3 玉米磷肥施用技术研究

2.2.3.1 磷对不同基因型夏玉米生长及氮磷钾吸收的影响

目前关于营养元素之间相互影响的研究较多，如施用氮肥促进春小麦吸收和利用土壤和肥料中的磷；施用磷肥也促进作物吸收土壤中的氮。不同玉米基因型对磷的吸收和积累差异较大。2004年对长期进行冬小麦-夏玉米轮作生产的河北宁晋县大陆村镇24个行政村进行了施肥历史与土壤养分供应状况调查结果表明，当地86%的土壤含磷量较高。目前，在高磷土壤上再增加磷肥投入，玉米是否可以增产，尚需进一步研究阐明。

因此，选用浚单22、中科11、冀单28、浚单20、蠡玉16、郑单958、宽诚10、金海5、冀玉9等九个夏玉米杂交种，在河北省保定市富昌镇大祝泽村土壤肥力为0～20 cm土层土壤碱解氮56.2 mg/kg，速效磷(P)19.3 mg/kg，速效钾(K) 88.0 mg/kg的高磷条件和河北农业大学标本园土壤碱解氮48.8 mg/kg，速效磷(P)4.4 mg/kg，速效钾(K) 127 mg/kg的低磷条件下，分别设置施磷和不施磷处理，研究了磷对不同玉米基因型生物量、产量、氮磷钾养分吸收量的影响及其各基因型间的异同。两个试验点的土壤均为潮土，试验均采用裂区设计，主区为两个施磷水平，即在氮钾肥的基础上设置不施磷肥（—P）和施磷肥（P_2O_5）99 kg/hm^2（＋P），副区为九个玉米品种。氮钾肥用量为纯 N 197 kg/hm^2、K_2O 135 kg/hm^2，其中40％氮肥和全部磷钾肥作底肥，其余60％氮肥在小喇叭口期追施。河北省保定市富昌镇大祝泽村的试验在2007年6月10日播种，7月中旬追施氮肥，9月23日收获。在河北农业大学西校区标本园进行了相同的试验处理，于2007年6月8日播种，9月21日收获。

1. 磷对不同夏玉米基因型生物量的影响

表2.17表明，在高磷土壤上，不施磷对九个夏玉米基因型的生物量影响无明显差异；从绝对生物量上看，不施磷情况下，蠡玉16和冀玉9的生物量较多，而冀单28最少；浚单20和蠡玉16的相对生物量（—P/＋P）都超过100％，中科11最低为87.6％，其余六个品种均在90％以上；除浚单20和蠡玉16外，其他基因型不施磷较施磷生物量减少4.8～43.2 g/株，减少了1.5％～12.4％。低磷土壤上，与施磷比，不施磷的九个玉米基因型生物量减少36.8～109.9 g/株，减少了12.0％～21.8％，这两个范围值均高于高磷土壤，可能与此试验地基础磷含量较低、低磷使玉米叶片伸展度和光合效率大大降低有关；从绝对生物量上看，无论施磷还是不施磷，均以蠡玉16的生物量最大，冀单28最小；而相对生物量（—P/＋P）则以冀单28最大，蠡玉16最小。

表2.17 不同夏玉米基因型的生物量

（河北农业大学，2010）

代号	品种	高磷土壤				低磷土壤			
		＋P	—P	—P/＋P	—P较＋P	＋P	—P	—P/＋P	—P较＋P
		/(g/株)		/％	增加/％	/(g/株)		/％	增加/％
1	浚单22	317.6a	298.0a	93.8	—6.2	439.4a	347.0b	79.0	—21.0
2	中科11	349.6a	306.4a	87.6	—12.4	449.6a	373.6b	83.1	—16.9
3	冀单28	267.3a	262.5a	98.2	—1.8	347.1a	310.3b	89.4	—10.6
4	浚单20	278.9a	280.6a	100.6	0.6	402.4a	326.6b	81.2	—18.8
5	蠡玉16	314.3a	316.3a	100.6	0.6	505.0a	395.1b	78.2	—21.8
6	郑单958	300.9a	294.0a	97.7	—2.3	447.7a	351.9b	78.6	—21.4
7	宽诚10	301.8a	296.8a	98.3	—1.7	360.3a	316.9b	88.0	—12.0
8	金海5	313.8a	298.0a	95.0	—5.0	451.2a	367.6b	81.5	—18.5
9	冀玉9	324.7a	319.7a	98.5	—1.5	426.7a	340.5b	79.8	—20.2

注：方差分析结果是同一地力水平下同一玉米品种的施磷和不施磷处理进行比较，数字后不同小写字母代表0.05显著水平，下同。

2. 磷对不同地力水平下各夏玉米基因型产量及其构成因素的影响

由表2.18可知，在高磷土壤上，与施磷比，不施磷对九个玉米基因型穗粗、穗长、秃尖长、穗行数、穗粒数、百粒重、产量影响不大；不施磷处理中，以蠡玉16产量最大，冀单28产量最小。在低磷土壤上（表2.19），不施磷对不同玉米基因型穗粗影响不大，对穗长、秃尖长、穗行数、百粒重影响大小不一，显著降低各玉米基因型的穗粒数和产量；无论施磷还是不施磷，均以蠡玉16的产量最大，冀单28最小，这与生物量表现趋势相同，也与蠡玉16的穗长和穗粒数较大有关。

表 2.18 高磷土壤上不同夏玉米基因型的产量及其构成因素

(河北农业大学,2010)

代号	品种	磷水平	穗粗/cm	穗长/cm	秃尖长/cm	穗行数	穗粒数	百粒重/g	产量/(kg/hm²)
1	浚单22	+P	17.1a	16.7a	0.8a	15.5a	525.3a	35.9a	10 057.8a
		-P	17.1a	14.1a	0.9a	15.5a	508.0a	36.3a	9 618.9a
2	中科11	+P	16.8a	19.6a	0.1a	15.5a	618.8a	34.7a	10 236.0a
		-P	16.7a	18.9a	0.5a	16.5a	625.0a	31.8a	9 669.5a
3	冀单28	+P	16.3a	17.8a	1.2a	15.0a	489.0a	32.0a	8 632.9a
		-P	16.1a	18.5a	1.1a	14.0a	511.8a	34.3a	8 759.0a
4	浚单20	+P	16.8a	17.9a	0.4a	16.0a	577.0a	31.1a	9 114.4a
		-P	16.9a	17.9a	0.0a	15.5a	571.3a	34.6a	9 699.3a
5	蠡玉16	+P	17.1a	19.3a	1.0a	19.5a	684.8a	29.5a	9 888.4a
		-P	16.9a	20.3a	1.0a	17.0a	635.0a	32.0a	10 898.3a
6	郑单958	+P	16.6a	17.8a	0.8a	16.0a	615.3a	31.9a	9 013.8a
		-P	16.4a	17.5a	0.8a	15.0a	567.3a	32.8a	8 975.4a
7	宽诚10	+P	15.9a	20.4a	2.3a	15.0a	525.0a	30.4b	9 587.1a
		-P	16.1a	20.3a	1.1b	12.0a	484.5a	37.1a	10 009.6a
8	金海5	+P	15.8a	20.8a	1.9a	18.5a	657.5a	29.4a	9 941.9a
		-P	15.5a	20.6a	1.5a	17.0a	599.0a	30.1a	10 749.7a
9	冀玉9	+P	16.8a	20.4a	2.4a	13.5a	504.8a	37.8a	9 288.6a
		-P	17.3a	19.8a	2.2a	14.0a	521.0a	38.2a	10 515.3a

表 2.19 低磷土壤上不同夏玉米基因型的产量及其构成因素

(河北农业大学,2010)

代号	品种	磷水平	穗粗/cm	穗长/cm	秃尖长/cm	穗行数	穗粒数	百粒重/g	产量/(kg/hm²)
1	浚单22	+P	17.4a	18.2a	0.7a	16.0a	569.7a	34.16a	10 754.37a
		-P	17.0a	18.3a	0.4a	13.0a	474.5a	35.75a	8 117.67b
2	中科11	+P	16.6a	20.1a	0.0a	16.0a	668.5a	30.18a	11 483.67a
		-P	16.5a	19.0a	0.0a	15.0a	530.5b	33.62a	8 891.85b
3	冀单28	+P	15.0a	20.2a	0.5b	10.0a	472.3a	36.21a	8 061.57a
		-P	15.9a	17.9a	1.0a	14.0a	430.5a	26.96b	7 736.19b
4	浚单20	+P	16.3a	20.9a	0.8a	14.0a	570.0a	31.37a	10 025.07a
		-P	15.7a	16.5b	0.0b	14.0a	488.5b	30.25a	8 235.48b
5	蠡玉16	+P	16.8a	22.5a	0.7b	15.0a	627.5a	34.68a	11 890.00a
		-P	16.5a	20.5a	1.9a	16.0a	573.5a	27.79b	9 761.40b
6	郑单958	+P	17.4a	19.6a	0.0a	17.0a	666.0a	29.69a	11 881.98a
		-P	15.5a	18.5a	0.0a	13.0a	480.5b	33.03a	8 897.46b

续表 2.19

代号	品种	磷水平	穗粗/cm	穗长/cm	秃尖长/cm	穗行数	穗粒数	百粒重/g	产量/(kg/hm²)
7	宽诚 10	+P	16.0a	18.8a	1.1a	15.3a	567.3a	29.59a	8 740.38a
		−P	15.5a	19.4a	0.8a	14.0a	520.0a	26.35b	7 820.34b
8	金海 5	+P	16.0a	21.9a	0.5b	16.0a	686.7a	29.93a	10 670.22a
		−P	16.3a	18.8a	1.7a	17.0a	649.5a	27.38a	8 308.41b
9	冀玉 9	+P	17.1a	20.6a	1.4a	14.0a	553.0a	37.88a	11 012.43a
		−P	16.0a	15.9b	0.6b	15.0a	383.5b	29.82b	8 583.30b

3. 磷对不同基因型玉米氮磷钾吸收量的影响

氮、磷、钾作为植物生长所必需的三种重要营养元素，其中任何一种元素缺乏都会影响植物对其他元素的吸收。表 2.20 表明，在高磷土壤上，与施磷相比，不施磷对不同玉米基因型磷钾吸收量影响不大，降低中科 11 和冀单 28 对氮的吸收量，而对其他品种的氮吸收量影响不大。在低磷土壤上，与施磷相比，不施磷降低各玉米基因型氮磷钾的吸收量；不同基因型对供磷水平的反应存在较大差异；施磷处理中，蠡玉 16 吸收氮量最大，冀单 28 吸氮量最少，两品种的磷钾吸收量顺序变化规律性不强；不施磷处理中，蠡玉 16 吸收氮磷钾量最多，冀单 28 相对较少，这与该处理生物量和产量表现一致。

玉米高产受很多环境因素影响，如玉米品种的营养特性、土壤条件、气候条件、肥料性质等。有研究报道，低磷条件下各玉米自交系的氮钾吸收量明显低于正常供磷水平。土壤磷含量较低时，施磷增加作物产量。本研究也证明，土壤速效 P 4.4 mg/kg 时，不施磷降低九个玉米基因型的生物量、穗粒数、产量及氮磷钾吸收量，说明施磷有明显的增产效果。

在集约化生产中，由于一些地区农民长期大量施用磷肥，造成土壤磷含量过高，作物对磷肥的当季利用率只有 10%～20%。本研究试验结果表明，当土壤速效P 19.3 mg/kg 时，不施磷对各玉米基因型的生物量、产量、产量构成因素和多数玉米基因型的氮磷钾吸收量均影响不大。针对高磷含量的农田，应考虑玉米与其他作物轮作状况，既要考虑到当季玉米的肥料施用问题，也要考虑到一定轮作周期中各季作物的肥料合理分配问题。本玉米试验地上茬作物为冬小麦，冬小麦 - 夏玉米轮作广泛分布在我国北方石灰性土壤上，这种土壤供磷能力差。冬小麦 - 夏玉米轮作中，磷肥在冬小麦、夏玉米间应该合理分配。夏玉米对磷肥的反应没有小麦敏感，小麦、夏玉米两茬需要的磷肥，可全部或 2/3 施在小麦上，因此，土壤速效磷含量较高，而上茬小麦施磷量又较大的田块，下茬玉米可不施或少施磷肥。

不同基因型玉米对氮磷钾及微量元素均有不同的吸收利用特性，低养分胁迫条件下各基因型的反应不同，对外界养分的吸收利用效率也不同。玉米基因型之间还存在耐肥性与喜肥性的差异。本试验结果表明，在低磷土壤上，施磷处理中，蠡玉 16 吸收氮量最大，冀单 28 吸氮量最少；不施磷处理中，蠡玉 16 吸收氮磷钾量最多，冀单 28 吸收氮磷钾量相对较少。

表 2.20　不同基因型夏玉米的整株氮磷钾吸收量

（河北农业大学，2010）

代号	品种	吸氮量/(g/株)				吸磷量/(mg/株)				吸钾量/(g/株)			
		高磷土壤		低磷土壤		高磷土壤		低磷土壤		高磷土壤		低磷土壤	
		+P	−P	+P	−P	+P	−P	+P	−P	+P	−P	+P	−P
1	浚单 22	3.38a	3.51a	5.37a	4.16b	606.2a	625.3a	1 157.9a	890.1b	2.01a	2.21a	2.10a	1.65b
2	中科 11	4.20a	3.14b	5.27a	4.00b	684.4a	678.6a	1 216.9a	859.3b	2.29a	1.96a	2.83a	1.79b
3	冀单 28	3.29a	2.97b	4.50a	3.73b	602.8a	589.3a	983.9a	848.4b	1.38a	1.50a	2.08a	1.36b
4	浚单 20	3.10a	2.95a	5.15a	3.84b	545.1b	547.1a	931.4a	699.1b	1.61a	1.90a	2.20a	1.64b
5	蠡玉 16	3.59a	3.51a	6.28a	4.87b	650.8a	686.7a	1 067.8a	1 084.5a	1.43a	1.77a	2.24a	2.03b
6	郑单 958	3.12a	3.00a	4.81a	4.14a	641.8a	707.8a	1 099.6a	855.1b	1.83a	1.91a	2.63a	1.61b
7	宽诚 10	3.19a	2.96a	4.29a	4.15a	693.5a	679.9a	924.7a	947.5a	1.50a	1.43a	1.44a	1.35a
8	金海 5	3.31a	3.02a	4.91a	4.60a	582.3a	599.1a	1 181.7a	932.5a	1.48a	1.68a	2.38a	1.97b
9	冀玉 9	4.15a	3.63a	5.81a	3.76b	726.0a	690.7a	1 229.6a	931.0b	1.46a	1.63a	2.67a	1.76b

2.3 玉米钾素营养与施肥

2.3.1 钾在各器官中的含量与分配

从不同生育时期叶片平均含钾百分率来看，拔节期最高，之后迅速下降，大喇叭口至子粒建成初期较为稳定，而后下降，至成熟达最低点。从不同生育时期叶鞘钾平均百分含量来看，拔节期最高，至大喇叭口期迅速下降，至子粒建成初期又增长，而后逐渐下降，至成熟达最低点（张智猛，1995）。从不同生育时期茎中钾平均百分含量看，是两头高中间低（灌浆期），呈“V”字形变化曲线。玉米不同节位叶组叶片中钾平均百分含量高低顺序为：中部（11～13）＞上部（15～16）＞下部（7～9）＞基部（3～5）。不同节位各鞘组钾平均百分含量高低顺序为：中部（11～13）＞基部（3～5）＞上部（15～16）＞下部（7～9）。不同节位茎秆中钾的平均百分含量高低顺序为：上部（15～16）＞中部（11～13）＞下部（7～9）＞基部（1～6）。雌、雄穗中的钾平均百分含量呈前期高后期低的下降趋势，且雌穗（0.93%）＞雄穗（0.70%）。成熟期钾的百分含量表现为茎秆＞叶鞘＞叶片，这与氮、磷特点不一致。

玉米成熟时各器官中钾的分配为：茎秆＞叶＞子粒＞雌穗。从各器官转移量来看，叶片和叶鞘向外转移最多，占植株转移总量的79%～89%，茎秆占6%～11%，雌穗仅占4.5%～10%。子粒中 K_2O 积累量较少，为全株的16%～18%。可见，植株钾除了向子粒转移外，另外一部分流失体外。不同气候条件影响钾的转移，玉米生长季节遇到少雨、寡照的气候条件，叶片、叶鞘和雌穗中钾的转移比例提高。各器官中钾转移率的高低顺序为：雄穗（77.09%）＞叶鞘（66.32%）＞叶片（49.71%）＞雌穗（16.12%），器官中的钾向子粒转移率为29.34%，低于氮、磷转移率（张智猛，1995）。

2.3.2 钾对玉米生长发育的影响

钾素可以促进新陈代谢，增强保水吸水能力，提高光合作用和光合产物运转能力，提高玉米耐旱、抗病、耐寒和抗倒伏能力，提高产量。据宋国华（2001）研究，施钾肥区幼苗健壮、叶色深绿，拔节后茎秆增粗明显，叶片肥厚而深绿，在子粒灌浆至成熟期，光合功能叶片多，叶片衰老慢。缺钾还会引起组织呼吸增强，消耗增多，光合产物积累减少。唐劲驰等（2001）研究结果，在经济产量性状中，施用钾肥对提高玉米粒重影响最大，适宜的钾肥用量比缺钾处理提高百粒重50.2%～55.9%，但过量的钾肥处理百粒重下降。钾肥对玉米叶片、茎秆干重影响较大，适量施用钾肥可促进叶片、茎秆干重的增加，茎秆和叶片又作用于百粒重，促进产量提高。赵利梅等（2000）研究，使用钾肥使子粒鲜重最大增长速率出现的时间提前2.3 d，最大增长速率提高14.5%。施用钾肥使百粒干重最大增长速率提高8.1%。施钾还可促进子粒后期脱水，成熟期钾肥区子粒含水量比对照区低3.16%。据王贵平等(2000)研究，施钾肥春玉米平均叶面积指数比对照提高5.8%，最大叶面积指数提高17%，总光合势增长11.8%。施用钾肥干物质在全生育期的平均累积速度和最大累积速度分别增长4%和9%，在各个生育阶段的干物质累积量都显著高于对照。钾肥还促进玉米干物质向子粒的转移。叶、苞叶、穗轴干物质转移率分别提高2.2%、1.5%、4.3%。钾肥促进了开花后干物质合成的累积量和干物质的转移，分别提高4.7%和17.6%。在三要素总量不变情况下，磷、钾肥早期一次施入，氮肥分期施用，能促进雌穗发育，较早供应钾肥对光合作用有利，可形成较多碳水化合物，同时延迟氮的吸收，使植株体内碳氮比例提高，促进雌穗形成与发育。干旱条件下，施钾能增强玉米叶片气孔的调节能力，明显提高玉米叶片水势，从而提高了玉米的耐旱性和对土壤水分的有效利用，促进了玉米生长。

2.3.3 玉米钾肥施用技术研究

2.3.3.1 钾肥对砂质潮土夏玉米产量及土壤钾素平衡的影响

黄淮海平原是我国夏玉米的主产区，分布着约170万hm^2的砂质潮土，该土壤质地轻、肥力低、漏水漏肥、速效钾含量低，夏玉米施钾具有显著的增产效应。长期以来施肥实践中重施氮磷肥，少施或不施钾肥，特别是随着有机肥施用量的减少、作物高产品种的推广、产量水平的提高及复种指数的增加，农田钾素平衡失调加剧，缺钾现象日益严重，影响到农业生产的可持续发展。实践证明，作物获得高产必须在施足氮磷的基础上增施钾肥。

前人围绕夏玉米平衡施肥进行过较多研究，但这些研究仅侧重于对夏玉米产量的影响，在砂质潮土上开展的钾肥用量及施用方式对夏玉米产量、植株钾素累积及土壤钾素肥力影响的均需要进一步系统研究。

为此，选用夏玉米品种豫玉22，在河南省新郑市八千乡八千村河南农业大学教学实习基地，黄河冲积物母质上发育的砂壤潮土上，研究了钾肥不同用量及施用方式对砂薄地夏玉米产量与土壤钾素平衡的影响。试验共设置七个处理，分别为：K0，不施钾肥；K1，施K_2O 150 kg/hm^2，基施；K2，施K_2O 150 kg/hm^2，基追各半；K3，施K_2O 225 kg/hm^2，基施；K4，施K_2O 225 kg/hm^2，基追各半；K5，施K_2O 300 kg/hm^2，基施；K6，施K_2O 300 kg/hm^2，基追各半。供试土壤的农化性质见表2.21。钾肥作基肥于耕前撒施，追肥于大喇叭口期穴施。除钾肥外，各处理均施氮肥(N)240 kg/hm^2、磷肥(P_2O_5)120 kg/hm^2，其中，磷肥全部作基肥于耕前一次施入，氮肥50%作基肥，50%于喇叭口期与钾肥一起施入，于2004年6月9日播种。

计算方法：

增产率＝施钾增产量/不施肥产量×100%

植株钾累积量＝植株干重×植株钾含量

钾肥当季回收率＝(施钾处理成熟期植株钾积累量－不施钾处理成熟期植株钾积累

量)/施钾量×100%

农学效率=施钾增产量/施钾量

产投比=施钾增产量收益/钾肥投入值

表 2.21 供试土壤的农化性状

(河南农业大学,2008)

层次/cm	有机质/(g/kg)	全氮/(g/kg)	碱解氮/(kg/kg)	速效磷/(kg/kg)	速效钾/(kg/kg)
0～20	8.28	1.14	60.24	8.16	66.20
20～40	6.22	0.81	38.60	5.18	50.17

1. 不同施钾处理对夏玉米产量及其构成要素的影响

各施钾处理产量均随施钾量的增加而增加(表 2.22),增产率为 9.45%～19.70%,其中以 K6 处理单位面积增产量最大。在施钾量相同的情况下,钾肥分次施用(基追各半)增产量均优于钾肥一次基施的处理。从产量构成因素看,穗粒数和百粒重与产量的变化规律相同,可见施钾对产量及构成因子影响趋势一致。施钾量为 225 kg/hm^{2}时,分次施钾与一次施钾相比,穗粒数显著增加,而百粒重无显著差异,产量增加 3.39%;施钾量为 300 kg/hm^2 时,分次施钾与一次施钾相比,穗数、穗粒数和千粒重均呈增加趋势。

表 2.22 不同处理的玉米产量及其构成要素

(河南农业大学,2008)

处理	穗粒数/粒	百粒重/g	产量/(kg/hm^2)	增产量/(kg/hm^2)	增产率/%
K0	463.57c	30.81c	5 668.5c	—	—
K1	497.85bc	31.52b	6 204.0b	535.5	9.45
K2	524.55ab	32.20b	6 309.0b	640.5	11.30
K3	517.21b	32.04b	6 502.5ab	834.0	14.71
K4	556.99a	32.54ab	6 694.5a	1 026.0	18.10
K5	547.98a	32.85ab	6 655.5a	987.0	17.41
K6	573.13a	33.68a	6 785.0a	1 116.5	19.70

注:表中字母不同表示处理之间差异达到 0.05 显著水平,下同。

2. 不同施钾处理对夏玉米植株钾素积累及钾肥当季回收率的影响

植株钾素积累以苗期最低,随着生育期的推移钾素积累量逐渐增大,在灌浆期达到最大值,成熟期又有所下降(表 2.23)。钾肥均作基肥的情况下,各生育时期不同施钾处理钾素积累趋势相同,总体表现为随着施钾量的增加钾素积累量也呈上升趋势。施钾量相同情况下,分次施用(基追各半)处理钾素积累量在大喇叭口期前低于一次作基肥处理,而在大喇叭口期后则逐渐高于作基肥一次施用的处理,说明钾肥分次施用有利于增加后期钾素的供应,促进植株对钾素的吸收。以成熟期植株钾素积累量计,则各施钾处理的钾肥当季回收率在 33.2%～54.2%,钾肥均作基肥处理中,以 K1 处理钾肥当季回收率最高,为 36.6%,施钾量超过这一水平则钾肥当季回收率下降。钾肥用量相同时,钾肥分次施用显著提高钾肥的当季回收率，其中以K2的钾肥当季回收率最高，达到54.2%。当施钾达K5时，钾肥当季回收率仅降为33.2%，即使分次施用钾肥当季回收率也只有35.8%。因此，考虑到砂薄地漏水漏肥的特点和提高肥料当季回收率，砂质潮土夏玉米适宜的施钾量以150 kg/hm^{2}左右分次施用为宜。

表2.23　不同处理对夏玉米不同生育时期植株钾素积累的影响

（河南农业大学，2008）　　kg/hm^2

处理	苗期	大喇叭口期	吐丝期	灌浆期	成熟期	钾肥利用率/%
K0	5.9c	56.5c	108.7c	123.7c	118.7c	—
K1	7.7b	82.3ab	145.9b	185.9b	164.5b	36.6
K2	7.3b	79.0b	162.7ab	203.7ab	186.4ab	54.2
K3	9.2a	93.6a	170.9ab	202.3ab	183.6ab	34.6
K4	9.0a	90.1ab	182.4a	215.6a	204.8a	45.9
K5	10.5a	98.4a	184.8a	211.3a	201.7a	33.2
K6	10.2a	95.6a	195.4a	222.5a	208.2a	35.8

3. 不同处理对夏玉米生育期内土壤耕层速效钾含量的影响

从图2.6可以看出，各施钾处理的土壤速效钾含量均高于K0，随着生育期的推移，各处理土壤速效钾含量逐渐下降，在成熟期降到最低，这种变化趋势一方面与施入钾素在生育期内被淋溶或固定有关，另一方面也与植株生长发育规律相吻合。不同处理相比，不同时期土壤速效钾含量均随着钾肥施用量的增加而增加；钾肥一次基施处理大喇叭口期前土壤速效钾含量高于钾肥分次施用处理，随着大喇叭口期钾肥的追施，大喇叭口期后分次施肥处理的土壤速效钾水平明显高于一次基施，成熟期仍维持较高的土壤速效钾含量水平。

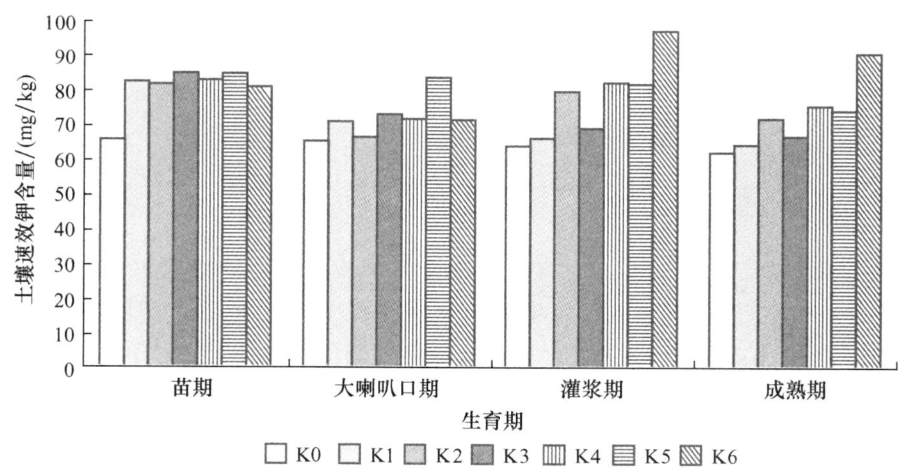

图2.6　不同处理对夏玉米生育期内土壤耕层速效钾含量的影响

（河南农业大学，2008）

通过研究表明，砂薄地夏玉米施用钾肥具有显著的增产增收作用。夏玉米产量随施钾量的增加而增加，施钾量为 300 kg/hm^2 时，增产最显著，增产量达1 116.50 kg/hm^2；施钾量为 150 kg/hm^2 分次施用时钾肥当季回收率最高，达到 54.2%；从产投比、农学效率看，以施钾量为 225 kg/hm^2 分次施用最佳；施钾量为 150 kg/hm^2 分次施用即可维持土壤原有的速效钾水平，施钾量超过 150 kg/hm^2 可使土壤速效钾盈余。

施钾量相同的情况下，钾肥分次施用(基追 5∶5)的处理，一方面因协调了植株前后期钾素营养的适宜供应，提高了植株钾素积累量，获得了较高的增产作用；另一方面可以减少钾素的淋溶损失，对于维持土壤速效钾水平有重要作用。

综合分析施钾对土壤速效钾水平、植株钾素积累量、作物产量和施肥利润增加量的影响，适度增加钾肥供应提高了土壤钾素供应水平，促进了植株对钾素的吸收，从而提高了作物产量，并得到较高的施肥效益。但过多供应钾肥，虽然植株钾素积累量继续增加，但钾肥的增产与增收效果不能得到很好的体现。因此，砂薄地钾肥施用要发挥较好的增产、增收作用必须适度供应钾肥。上述研究认为，砂质潮土夏玉米钾肥用量在 150～225 kg/hm^2，并且分次施用为宜。

2.3.3.2 豫东平原夏玉米平衡施钾效应研究

豫东平原是河南省重要的农业生产基地，是黄淮海平原的典型农业代表区域，该区夏玉米种植广泛，但与豫北地区相比，夏玉米产量水平较低。调查表明，在该地区生产中，农民普遍重视氮肥和磷肥的施用，忽视钾肥和中微量元素肥料的施用，夏玉米施肥存在施肥不平衡、施肥方法和施肥时期不合理等问题。

科学施肥是玉米增产的重要措施。农业科技工作者在各地区不同土壤类型上围绕夏玉米氮肥效应及平衡施肥技术等进行过较多研究，而有关豫东平原夏玉米平衡施钾效应未见详细报道。目前豫东平原农民不合理的习惯施肥没有得到根本改变，在该区，钾素和硫素可能成为土壤养分限制因素，影响作物产量的进一步提高。

针对这些问题，本试验根据土壤养分状况和目标产量，采用土壤养分状况系统研究法(ASI)推荐施肥量，研究了钾肥和硫肥对夏玉米的产量效应和钾肥效率，明确平衡施肥效应，以起到示范带动作用，并改变农民不合理的施肥习惯，推动该地区夏玉米平衡施肥。

试验于 2008 年 6～9 月分别在河南省夏邑县业庙乡冯阁村、会亭镇焦桥村、李集镇前王村三个点进行，土壤类型为潮土，质地为砂壤，前茬作物为冬小麦，土壤农化性状见表 2.24。

试验设五个处理：CK(不施任何肥料)、OPT(氮、磷、钾肥配施，施肥量由中加合作实验室测土推荐，N 为 240 kg/hm^2，P_2O_5 为 90 kg/hm^2，K_2O 为 120 kg/hm^2，磷肥在夏玉米的五叶期开沟一次施入，氮、钾肥的 50%在夏玉米五叶期施入，50%在大喇叭口期施入，施肥方法下同)、OPT－K(氮、磷肥配施)、OPT＋S(氮、磷、钾肥和硫肥配施，施 SO_4^{2-} 量为 50 kg/hm^2，硫肥在夏玉米的五叶期开沟一次施入)和 FP(农民习惯施肥，施 240 kg/hm^2复合肥(30-5-5)，拔节期一次施入)。供试玉米品种为郑单 958。

计算方法：

增产率＝(施肥处理产量－不施肥处理产量)/不施肥处理产量×100%

穗位叶面积=长×宽×0.75

钾素积累量=非收获物干质量×非收获物钾素含量+收获物干质量×收获物钾素含量

钾肥利用率=(施肥植株钾素积累量-不施肥植株钾素积累量)/钾肥施用量×100%

钾肥农学效率=施钾肥玉米增产量/施钾肥量

钾肥偏生产力=玉米经济产量/施钾肥量

表 2.24　供试土壤的农化性状

(河南农业大学,2010)

试验地点	有机质/(g/kg)	有效氮/(mg/kg)	有效磷/(mg/kg)	速效钾/(mg/kg)	有效硫/(mg/L)
业庙乡冯阁村	17.6	82.9	19.4	91.8	0.4
会亭镇焦桥村	13.2	64.0	11.0	107.1	0.9
李集镇前王村	13.9	57.2	9.8	86.7	1.3

注:表中有效硫为 ASI 法测得,其他指标为常规方法测得。

1. 不同施肥处理对夏玉米产量及构成因子的影响

从表 2.25 可以看出,三个试验点的夏玉米产量,各施肥处理显著高于 CK 处理,增产率为 22.61%~49.95%。冯阁村 OPT 处理比 FP 处理增产 7.45%,比 OPT-K 处理增产 12.56%;焦桥村 OPT 处理比 FP 处理增产 1.40%,比 OPT-K 处理增产 13.76%;前王村 OPT 处理比 FP 处理增产 12.32%,比 OPT-K 处理增产 4.01%。三点氮磷钾平衡施肥(OPT) 比农民习惯施肥(FP)平均增产 7.06%,施用钾肥平均增产 10.11%。冯阁村、焦桥村、前王村三个试验点的 OPT+S 处理分别较 OPT 处理增产-1.79%、1.38%和-13.05%,表现出负效应,说明施用硫肥没有增产效果。从三个试验点情况看,焦桥村的产量最高,其次是冯阁村,前王村由于地势低洼,生育期间雨水长时间聚积影响了玉米的生长发育,导致产量最低。可见,在该地区施用化肥能显著增加夏玉米产量,该地区平衡施用钾肥具有明显的增产效果,农业生产中应注意施用钾肥。

表 2.25 还表明,施肥主要影响夏玉米的穗粒数,不同试验地由于基础肥力的差异,百粒重相差较大。焦桥村的穗粒数和百粒重普遍高于其他两地,与产量水平相一致。

表 2.25　不同施肥处理对夏玉米产量及其构成因子的影响

(河南农业大学,2010)

试验地点	处理	穗粒数/个	百粒重/g	平均产量/(kg/hm^2)	相对 OPT 产量/%	较 CK 增产/%
业庙乡冯阁村	OPT	537.77a	29.79a	7 540.83a	100	45.49
	OPT-K	486.56b	29.11a	6 699.10b	88.84	29.25
	OPT+S	517.14a	29.62a	7 406.15a	98.21	42.89
	FP	505.16ab	30.72a	7 018.23ab	93.07	35.40
	CK	417.17c	28.12ab	5 183.20c	68.74	—

续表 2.25

试验地点	处理	穗粒数/个	百粒重/g	平均产量/(kg/hm²)	相对 OPT 产量/%	较 CK 增产/%
会亭镇焦桥村	OPT	538.97a	32.24a	9 143.25a	100	47.91
	OPT－K	482.49b	31.82ab	8 037.30b	87.90	30.02
	OPT＋S	543.06a	33.38a	9 269.18a	101.38	49.95
	FP	480.67b	32.28a	9 017.33a	98.62	45.88
	CK	394.32c	29.19b	6 181.28c	67.60	—
李集镇前王村	OPT	488.37a	27.17a	5 355.27a	100	41.01
	OPT－K	491.38a	26.75a	5 149.05a	96.15	35.58
	OPT＋S	446.03b	27.77a	4 656.20b	86.95	22.61
	FP	439.25b	25.69a	4 767.80b	89.03	25.55
	CK	338.49c	22.65b	3 797.67c	70.91	—

2. 不同施肥处理对夏玉米农艺性状的影响

功能叶面积、株高、茎粗等农艺性状是夏玉米生长发育的基础，农艺性状的好坏直接影响玉米的产量。从表 2.26 可以看出，各施肥处理对夏玉米的穗位叶面积影响较大，OPT、OPT－K、OPT＋S 和 FP 处理的穗位叶面积比 CK 分别平均增加了 10.87%、12.24%、12.54%和 10.29%。冯阁村和焦桥村两个点的施肥处理对夏玉米的株高影响较大，施肥处理比 CK 的株高分别增加了 8.62%～13.98%、12.18%～15.53%；由于受渍水的影响，前王村夏玉米株高差异不大。茎粗、穗长和穗粗均与叶面积和株高表现出相同的规律。

表 2.26 不同施肥处理对夏玉米农艺性状的影响

（河南农业大学，2010）

试验地点	处理	穗位叶面积/cm²	株高/cm	茎粗/cm	穗长/cm	穗粗/cm
业庙乡冯阁村	OPT	603.68	228.6	6.64	15.34	15.01
	OPT－K	598.67	226.8	6.90	15.22	15.10
	OPT＋S	564.17	232.1	7.40	15.25	15.00
	FP	585.50	238.0	7.70	15.92	15.50
	CK	555.27	208.8	6.22	13.53	14.18
会亭镇焦桥村	OPT	605.60	237.2	5.80	16.43	15.79
	OPT－K	611.86	241.0	5.74	15.48	15.30
	OPT＋S	596.12	235.1	6.12	16.54	15.57
	FP	600.13	234.0	5.44	15.59	15.29
	CK	525.86	208.6	5.38	13.43	14.60
李集镇前王村	OPT	603.68	216.8	6.28	15.48	14.17
	OPT－K	598.67	216.4	6.24	15.25	14.05
	OPT＋S	564.17	212.1	6.02	14.42	14.03
	FP	541.87	211.4	5.37	13.82	13.05
	CK	555.27	210.9	5.09	11.17	14.31

3. 不同施肥处理对夏玉米钾素积累量及钾肥效率的影响

表 2.27 表明，冯阁村、焦桥村和前王村 OPT 处理钾素积累量比 OPT－K 处理分别增加了 21.96%、21.73%和 34.16%，焦桥村夏玉米植株钾素积累量最高，其次是冯阁村，与产量水平一致。可见，施用钾肥能提高夏玉米植株钾素积累量，有利于夏玉米的生长发育及产量形成。

表 2.27 夏玉米钾素积累量与钾肥效率

（河南农业大学，2010）

试验地点	OPT 钾积累量/(kg/hm^2)	OPT－K 钾积累量/(kg/hm^2)	钾肥当季回收率/%	钾肥农学效率/(kg/kg)	钾肥偏生产力/(kg/kg)
业庙乡冯阁村	195.25	160.09	29.29	7.01	62.84
会亭镇焦桥村	231.15	189.88	34.39	9.22	76.19
李集镇前王村	173.03	128.97	36.72	1.72	44.63

肥料利用率、农学效率和肥料偏生产力等参数通常用来表示钾肥效率。本试验中，钾肥利用率平均为 33.47%，钾肥农学效率平均为 5.98 kg/kg，钾肥偏生产力平均为 61.22 kg/kg。焦桥村钾肥农学效率相对较高，而前王村的积水影响玉米生长发育和产量，肥料效应没有得到充分发挥，钾肥偏生产力和农学效率最低。

试验表明，在豫东平原潮土区，不同肥料配施能增加夏玉米穗位叶面积、株高、茎粗等，氮磷钾平衡施肥能显著提高夏玉米产量，采用 ASI 法推荐施肥比农民习惯施肥平均增产 7.06%，施钾平均增产 10.11%，因此，在该区应注意宣传和推广施用钾肥。

河南农业大学曾在豫中潮土上研究了不同钾肥用量对夏玉米的增产效应，每千克 K_2O 增产 7.09 kg 夏玉米，钾肥利用率为 37.26%。在上述试验条件下钾肥利用率亦较低，平均仅为 33.47%，钾肥农学效率为 5.98 kg/kg，钾肥偏生产力为 61.22 kg/kg，如何进一步提高钾肥利用效率有待于深入研究。

施硫肥处理在三个试验点均没有表现出增产效果，而 ASI 法推荐施肥配方中显示土壤中硫素含量极低，与预期结果不符，有待于检验测试方法或试验验证。

2.3.3.3 氮磷钾配比对高产夏玉米产量、养分吸收积累的影响

玉米吸肥能力强、需肥量大，提供充足的养分是夏玉米获得高产的关键。长期以来，土壤肥料工作者在玉米合理施肥理论技术方面进行了大量的研究工作。目前，关于高产夏玉米的研究主要都集中在栽培技术、土壤和空间条件及生理特性方面，对高产夏玉米需肥规律和科学合理施肥技术的研究有待进一步深入探讨。

为此，选用夏玉米品种郑单 958，在河南省浚县高产玉米农田中研究了推荐施肥（氮磷钾配施、磷钾配施、氮钾配施和氮磷配施）、超高产攻关田施肥（FHN）和农民习惯施肥（FP）等不同肥料配施对夏玉米产量及相关性状，根据植株 N、P、K 养分吸收积累规律，确定了高（超高）产农田土壤养分限制因子及超高产夏玉米需肥规律。

试验于 2007 年 6～9 月在河南省浚县钜桥镇姜庄进行。试验区土壤为潮土，黏壤

质，土壤肥力较高，按常规方法测定的土壤基本理化性状（0～20 cm 土层）为有机质含量 16.4 g/kg，碱解氮 76.60 mg/kg，速效磷 12.88 mg/kg，速效钾 124.94 mg/kg，pH 值 7.9。按土壤养分状况系统研究法（ASI 法）测定的土壤基本理化性状（0～20 cm 土层）为：有机质 0.86%，有效氮 29.6 mg/L，有效磷 19.9 mg/L，速效钾 77.2 mg/L，有效硫 4.5 mg/L，有效硼 0.51 mg/L，有效铜 1.9 mg/L，有效铁 12.60 mg/L，有效锰8.2 mg/L，有效锌 1.0 mg/L（数据为中国农业科学院中加合作实验室分析测定）。

试验设置七个处理，处理 1 为 CK（不施任何肥料）；处理 2 为 OPT（推荐施肥量为 N240.0 kg/hm^2，P_2O_5 90.0 kg/hm^2，K_2O 120.0 kg/hm^2，磷肥作苗肥一次施入；氮肥 50%作苗肥，50%大喇叭口期作追肥；钾肥 60%作苗肥，40%作追肥）；处理 3 为 OPT－N（推荐的磷钾配施）；处理 4 为 OPT－P（推荐的氮钾配施）；处理 5 为 OPT－K（推荐的氮磷配施）；处理 6 为 FP（N345 kg/hm^2，70%作苗肥，30%大喇叭口期追肥）；处理 7 为 FHN（N450 kg/hm^2，P_2O_5 225 kg/hm^2，K_2O 225 kg/hm^2，磷、钾肥作苗肥一次施入，氮肥 50%作苗肥，50%大喇叭口期作追肥）。2007 年 6 月 14 日播种，9 月 29 日收获。

计算方法：

增产率＝（施肥处理产量－不施肥处理产量）/不施肥处理产量×100%

产投比＝施肥增产收益/施肥投入

养分积累量（kg/hm^2）＝非收获物干重×非收获物含量＋收获物干重×收获物含量

养分回收率＝（施肥植株地上部分养分积累量－不施肥植株地上部分养分积累量）/肥料施用量×100%

100 kg 经济产量养分吸收量＝植株地上部分养分积累量/产量×100

1. 不同处理对产量及其构成因素的影响

从表 2.28 可以看出，与 CK 相比，各施肥处理都显著增产，OPT 处理产量最高；OPT 与 FHN 产量差异不显著，但 FHN 施肥量远高于 OPT 施肥量，表明推荐施肥比攻关田节肥增效；OPT 比 FP 增产 5.8%，差异达到显著水平，说明平衡施肥优于农民的习惯施肥。OPT 比 OPT－N、OPT－P、OPT－K 分别增产 8.0%、4.0%、7.2%，OPT 与OPT－N、OPT－K 产量差异达到显著水平，表明施用氮肥、钾肥能显著提高夏玉米的产量，N、K 是超高产夏玉米土壤养分主要限制因素。从各施肥处理的纯收益和产投比看，OPT 肥料经济效益最好，而 FHN 产投比最小。可见，高产夏玉米大量施肥没有经济效益，不施钾肥效益很差，说明钾肥对高产夏玉米具有很重要的作用。

与 CK 相比，各处理的穗粒数都显著增加，达到了差异显著水平，说明施肥能显著提高穗粒数。与 OPT 相比，OPT－N、OPT－P、OPT－K 处理穗粒数均显著减少，表明在推荐施肥中 N、P、K 都影响夏玉米的穗粒数。

2. 不同处理对 N 积累量的影响

由表 2.29 可以看出，在夏玉米整个生育时期，各处理植株 N 积累量均随玉米的生长而增加，增加的幅度因处理不同而异；在各生育时期内，CK 和 OPT－N 处理夏玉米植株氮积累量都低于其他处理；而 OPT 和 FHN 的氮积累量明显高于其他处理，夏玉米植株氮积累量顺序为 FHN＞FP＞OPT 处理，与施氮量一致，说明氮肥量明显影响各生育时期的氮积累量，随着施氮量增加，各生育时期内植株氮积累量也随之增加。大喇叭口期前，各处理的氮积累量迅速增加，大喇叭口期到吐丝期各处理的植株氮积累量增长较为缓慢，说明这一时期植株吸氮量少。吐丝后各处理的氮积累量又迅速增加。可见，生育后期(灌浆至成熟期)仍需要吸收大量的氮素。

表 2.28　肥料配施对夏玉米产量及产量构成因素的影响

(河南农业大学，2009)

处理	穗粒数/粒	百粒重/g	平均产量/(kg/hm^2)	增产率/%	产投比
OPT	577.13a	32.73a	12 051.2a	15.9	1.40
OPT－N	507.85bc	32.28a	11 155.7b	7.3	1.18
OPT－P	533.55ab	33.20a	11 582.9ab	11.4	1.45
OPT－K	537.21ab	32.11a	11 239.5b	8.1	0.93
FP	566.99a	32.09a	11 388.2b	9.5	1.27
FHN	557.98a	33.17a	11 753.6ab	13.0	0.55
CK	483.57c	31.70a	10 400.0c	—	—

注：同列不同字母表示 0.05 差异显著水平，下同。

表 2.29　夏玉米不同生育时期氮积累量的变化

(河南农业大学，2009)　　kg/hm^2

处理	拔节期	大喇叭口期	吐丝期	灌浆期	成熟期
OPT	32.93a	85.22abc	115.51a	163.87ab	194.71ab
OPT－N	28.83a	61.42c	88.26bc	129.98d	176.74abc
OPT－P	32.08a	88.02ab	101.64ab	142.61cd	172.62bc
OPT－K	32.22a	87.73ab	98.25ab	162.35ab	178.69abc
FP	31.59a	97.65a	95.67ab	154.65bc	185.30abc
FHN	27.18a	102.88a	118.93a	177.88a	213.27a
CK	28.58a	67.21bc	86.44bc	136.43cd	151.83c

3. 不同处理对磷积累量的影响

由表 2.30 可以看出，在各生育期内，各处理植株 P 积累量均随夏玉米的生长而持续增加，到成熟期达到最大值。大喇叭口至吐丝期磷积累量增加较为缓慢，吐丝后各处理植株磷积累量仍直线增加，说明高产夏玉米生育后期仍需要持续吸收大量磷素以保证各种代谢顺利完成。

表 2.30 夏玉米不同生育时期磷积累量的变化

(河南农业大学,2009) kg/hm²

处理	拔节期	大喇叭口期	吐丝期	灌浆期	成熟期
OPT	3.33a	13.26a	19.02ab	26.93ab	36.08a
OPT－N	3.17a	11.52a	15.51bc	22.46 cd	33.06ab
OPT－P	2.91a	11.89a	15.55bc	26.44abc	33.83ab
OPT－K	3.43a	11.01a	19.79a	27.69a	36.19a
FP	3.00a	9.73a	16.06abc	23.36abcd	33.44ab
FHN	2.66a	10.68a	14.37c	21.18 d	28.18b
CK	3.13a	11.14a	15.25bc	22.57bcd	27.35b

4. 不同处理对钾积累量的影响

由表 2.31 可以看出,夏玉米植株钾积累量的趋势与氮、磷不同,在整个生育期表现为不同的变化趋势。大喇叭口期前,各处理钾积累量均迅速增加;大喇叭口至灌浆期,各处理植株钾积累量持续增加,在吐丝期 OPT 积累量最大,FP 积累量最小,而其他处理积累量相差不大;灌浆至成熟期,不同处理的植株钾积累量呈现不同的变化趋势,OPT、OPT－N 和 OPT－P 处理的植株钾积累量仍在缓慢增加,而 CK 与 OPT－K 处理的植株吸钾量在灌浆后期下降,说明施用钾肥可以保证植株后期需钾。

表 2.31 夏玉米不同生育时期钾积累量的变化

(河南农业大学,2009) kg/hm²

处理	拔节期	大喇叭口期	吐丝期	灌浆期	成熟期
OPT	29.27a	103.31a	152.12a	179.62a	182.91a
OPT－N	27.03a	98.88ab	127.10b	151.98b	165.84abc
OPT－P	30.92a	102.42a	123.47bc	168.40ab	178.88ab
OPT－K	25.30a	87.17ab	121.92bc	165.81ab	167.15abc
FP	24.48a	76.06c	103.24c	147.29b	149.24bc
FHN	24.41a	93.61ab	124.12bc	144.43b	181.13ab
CK	26.57a	83.75ab	125.39bc	154.66ab	139.80c

5. 高产夏玉米养分吸收规律

表 2.32 表明,在整个生育期对氮素、磷素和钾素均有不同程度的吸收。拔节至吐丝期对 N、K、P 的积累量和积累速率均最大,可见,拔节期至吐丝期是高产夏玉米施肥的重要时期。吐丝至灌浆期,对 N 的积累量较高,相对吸收量为 24.84%,表明高产夏玉米在吐丝至灌浆期应充足供氮,以促进夏玉米灌浆。拔节至吐丝期,对 K 的积累量占夏玉米全生育期吸钾量的 67.16%。本试验条件下,成熟期超高产处理 N、P、K 养分积累量的大小顺序为 N>K>P。在高产夏玉米生产时,应充足供应氮肥和钾肥,合理施用磷肥。

表 2.32 OPT 处理夏玉米植株养分阶段积累量及阶段吸收速率

(河南农业大学,2009)

生育时期	植株养分阶段积累量						吸收速率/[kg/(hm²·d)]		
	氮积累量/(kg/hm²)	氮占总量/%	磷积累量/(kg/hm²)	磷占总量/%	钾积累量/(kg/hm²)	钾占总量/%	N	P	K
出苗-拔节期	32.93	16.9	3.33	9.2	29.27	16.0	1.10	0.11	0.98
拔节-大喇叭口期	52.29	26.9	9.93	27.5	74.05	40.5	3.49	0.66	4.94
大喇叭口-吐丝期	30.29	15.6	5.77	16.0	48.80	26.7	2.52	0.48	4.07
吐丝-灌浆期	48.36	24.8	7.91	21.9	27.51	15.0	1.79	0.29	1.02
灌浆-成熟期	30.84	15.8	9.15	25.4	3.28	1.8	1.47	0.44	0.16
总计	194.71	100.0	36.08	100.0	182.91	100.0	—	—	—

6. 高产夏玉米养分利用效率

表 2.33 表明,本试验氮磷钾单位重量养分增产量和养分回收率较低,主要由于土壤肥力较高,基础产量高;每生产 100 kg 夏玉米经济产量需吸收的 N、P_2O_5、K_2O 的量与一般产量下的养分吸收量有一定差异。吸收养分比例 N∶P_2O_5∶K_2O 为 2.35∶1∶2.65。

表 2.33 氮磷钾养分利用效率

(河南农业大学,2009)

养分种类	100 kg 经济产量吸收养分量/kg	养分回收率/%
N	1.62	18.05
P_2O_5	0.69	14.55
K_2O	1.83	18.34

养分积累是作物产量形成的基础。宋海星、赵营等研究认为,夏玉米生物量积累曲线与 N、P、K 养分积累曲线基本一致,都呈"S"形。本研究表明,高产夏玉米整个生育时期氮、磷养分积累基本呈"直线"形,在灌浆期之前钾养分积累呈直线形,后期钾积累量仍能增加。一般高产夏玉米为活体成熟,在生育后期仍能进行养分吸收,保证后期养分的充足供应是夏玉米高产的关键。

上述试验条件下,不施任何肥料的产量达到 10 400 kg/hm²,表明试验地土壤肥力高,氮肥、磷肥和钾肥的增产率分别为 8.0%、4.0%和 7.2%,增产效果显著,用 ASI 法推荐施肥能够达到高产水平。综合产量结果和养分积累趋势,初步确定氮、钾是高产夏玉米的主要养分限制因素。

在上述试验条件中,各养分利用都较低,氮素回收率为 18.05%,与其他研究基本一致。反映了目前高产地区氮肥利用率低的一个普遍趋势。每生产 100 kg 夏玉米经济产量需吸收的 N、P_2O_5、K_2O 量与一般产量下的养分吸收量相比偏低,有待于进一步研究。

用 ASI 法推荐施肥量(OPT)与当前超高产攻关田经验施肥量(FHN)相比,用量减少接近一半，而产量和养分积累量并没有显著差异。表明当前的超高产攻关田经验施肥存在过量施肥现象，ASI 法推荐施肥能节肥增效，对于保障粮食安全和农业可持续发展有着重要的现实意义。

2.4 玉米对中、微量营养元素的需求特点

2.4.1 玉米体内中、微量营养元素的含量与分布

2.4.1.1 钙

玉米植株含钙量在苗期最高，后逐渐下降，成熟期最低，叶片和叶鞘含钙量较高，子粒含钙最低且变化不大。拔节前吸收的钙主要分配到叶片中，拔节后主要分配到叶片和茎秆中，到完熟期，玉米植株体内钙的分配量为：叶片＞茎秆＞叶鞘＞子粒＞苞叶＞穗轴＞雄穗＞花丝＞穗柄（崔彦宏等，1994）。

2.4.1.2 镁

玉米吐丝前植株吸收的镁主要分配到叶片、茎秆和叶鞘中，吐丝后分配重点则转向子粒。完熟期，平展型玉米植株体内镁的分配量为：子粒＞茎秆＞叶片＞叶鞘＞苞叶＞雄穗＞穗轴＞花丝＞穗柄。紧凑型玉米各器官镁的分配量为：子粒＞叶片＞茎秆。紧凑型玉米成熟子粒中的镁 37.06％来自其他器官镁的转移，其余 62.94％直接来自于土壤；平展型玉米子粒中有 44.05％来自其他器官的再分配。向子粒转移镁最多的器官是叶鞘和叶片，紧凑型品种的雄穗和平展型品种的穗轴向子粒转移的镁量也较多。

2.4.1.3 硫

从玉米叶片对硫的净吸收、净转移看，叶片从出苗到乳熟期是硫的输入器官，乳熟后叶片成为硫的输出器官。茎秆在开花前是硫的输入器官，之后又成为输出器官。叶鞘除在开花至乳熟为输出器官外，其余时间为输入器官。比较三个器官对硫的净吸收与转移及对子粒的贡献，均为叶片＞茎秆＞叶鞘。子粒由再分配所获得的硫占子粒总硫的比率仅为 26.19％，说明硫在植株内可移动性较差，后期土壤硫的供应很重要。

2.4.1.4 锌

在玉米一生中，全株、叶片、叶鞘和茎秆中锌的百分含量呈前期高、中期下降、后期又高的变化趋势。各器官中，以雌穗含锌量最高，其次为叶片和叶鞘。锌在玉米各器官中的分配情况为：子粒＞叶片＞茎秆＞穗轴＞叶鞘＞苞叶＞雄穗＞花丝＞穗柄。各器官锌的转移率大小为：茎秆占 58％～60％，叶片占 9.5％～12％，雄穗占 10.3％～11.3％，苞叶占 4.8％～10.5％，叶鞘占 5.6％，花丝占 2.5％～5.3％，穗柄为 2.3％～4.6％，穗轴占

1.4%～4.6%。不同施肥水平锌的转移率表现为高肥(36.6%)>中肥(30.9%)>低肥(24.0%),平均为30.5%。从转移时间看,多数器官中的锌是在吐丝至灌浆期向外转移的。从各器官锌对子粒的贡献率看,叶片(5.9%)>茎秆(4.9%)>叶鞘(4.2%)>苞叶(4.2%)>穗轴(1.0%);低肥(22.3%)>高肥(20.6%)>中肥(18.1%),平均为20.3%。表明子粒中尚有79.7%的锌来自于根和土壤。

2.4.1.5 **锰**

随生育期,全株锰百分含量呈前期高后期低的下降趋势。其中叶片在小喇叭口期和成熟期出现两次高峰。叶片和叶鞘的锰含量大于茎秆和雌穗,苞叶和穗轴中锰的含量高于子粒。锰在玉米各器官中的分配情况为:叶片>子粒>叶鞘>苞叶>雄穗>茎秆>穗轴>花丝>穗柄;各器官的转移率为:茎秆占42%,叶鞘占13.4%,叶片占11.2%,雄穗和穗轴各占8.7%,穗柄和花丝各占3.2%,苞叶不向外转移。不同施肥水平锰的转移率表现为高肥(29.0%)>中肥(18.0%)>低肥(17.3%),平均为21.4%。从转移时间看,主要在乳熟至成熟期。从各器官锰对子粒的贡献率看,茎秆(15.6%)>叶鞘(1.3%)>叶片(4.9%)>穗轴(2.3%)>苞叶(0.4%);中肥(49.2%)>高肥(46.1%)>低肥(12.1%)。表明中、高施肥条件下,植株体内可有较多的锰转入子粒,而低肥条件下子粒中的锰则主要依靠土壤供给。

2.4.1.6 **铜**

玉米全株铜的含量与锰类似,呈前期高后期低的下降趋势。叶片和茎秆中的含量大于叶鞘和雌穗,苞叶和穗轴中的含量高于子粒。铜在玉米各器官中的分配情况为:叶片>子粒>茎秆>穗轴>叶鞘>苞叶>雄穗>穗柄>花丝;各器官的转移率为:穗轴转移率最大,占29.4%,雄穗占26.5%,叶片占16.5%,叶鞘占14.6%,茎秆占8.8%,穗柄占2.3%,花丝占2.0%,但不同品种间存在差异。不同施肥水平铜的转移率表现为中肥(18.9%)>高肥(17.9%)>低肥(15.7%),平均为17.3%。从转移时间看,主要在灌浆至乳熟期。从各器官铜对子粒贡献率来看,苞叶(9.8%)>叶鞘(6.6%)>叶片(4.0%)>茎秆(3.9%)>穗轴(1.3%);中肥(31.4%)>高肥(28.9%)>低肥(16.3%),平均为25.6%。

2.4.1.7 **钼**

玉米全株、叶鞘、茎秆中钼的百分含量呈前期高后期低的变化趋势。叶片中钼的含量最高,其次为茎秆和叶鞘,雌穗中的含量最低。钼在玉米各器官中的分配情况为:叶片>茎秆>子粒>叶鞘>苞叶>穗轴。各器官的转移率为:叶片占44.8%～50.1%,茎秆占21.1%～28.4%,子粒占13.2%～17.0%,叶鞘占4.1%～6.6%,苞叶占4.8%～6.3%,穗轴占1.7%～2.5%。转移率在不同地力条件下存在差异,表现为中肥(32.7%)>高肥(24.6%)>低肥(17.0%),平均为24.8%。从转移时间看,主要集中在灌浆至乳熟期。从各器官钼对子粒的贡献率来看,叶片(15.3%)>叶鞘(12.0%)>苞叶(6.2%)>穗轴(6.1%)>茎秆(0.9%)。中肥(63.4%)>高肥(48.2%)>低肥(10.2%),表明中、高施肥条件下植株体内可有较多的钼转入子粒，而低肥条件下子粒中的钼则主要依靠土壤供给。

2.4.1.8 铁

铁在玉米各器官中的分配情况为：子粒＞叶片＞叶鞘＞雄穗＞茎秆＞穗轴＞苞叶＞花丝＞穗柄。各器官的转移率为：穗轴占36.6%，茎秆占31.0%，雄穗占17.5%，叶片占14.5%，穗柄占0.4%，而叶鞘、苞叶和花丝不转移。从全株情况看，其他器官中的铁不转入或仅有微量转入子粒中，因而对子粒的贡献率较小。

2.4.2 中、微量营养元素对玉米生长发育的影响

玉米根系对硫肥反应很敏感，施硫肥玉米根层数和条数增多，根系活力提高。施硫促进叶绿素的合成。施硫还影响氮磷钾的吸收，施硫玉米单株氮磷钾绝对吸收量提高。施硫也影响玉米吐丝、成熟及灌浆速度。施硫处理的玉米植株比对照吐丝早2～3 d，生育期缩短2～4 d。缺硫玉米生长迟缓，推迟成熟。

玉米缺锌在我国南北都有分布，大多为石灰性土壤，对玉米生长和产量形成产生了严重影响。张雨林等(1994)研究了在辽中县壤质碳酸盐草甸土上，每公顷施硫酸锌25.00～56.25 g，比不施锌的玉米单株叶面积增大。足锌处理还使叶绿素含量明显增加。施锌对玉米生育进程也有影响，缺锌处理比足锌处理的玉米拔节期、抽雄期、吐丝期、成熟期分别滞后4 d、5 d、6 d、10 d。缺锌处理的生育期滞后而贪青晚熟。不同锌水平主要是影响地上部生长，锌对玉米茎叶的影响大于对根的影响，缺锌使地上部生长严重受阻，而根受影响很小或不受影响，所以使根冠比值提高。零供锌与低锌均减慢了叶片的形成速度，低锌比零供锌影响更大，高锌使某些品种叶片形成受阻，但其影响远小于零供锌和低锌。田间的缺锌危害，实际上就是低锌危害(因为土壤中不可能完全无锌)。根据李芳贤(1999)研究，缺锌土壤上玉米增施锌肥能明显促进根系的生长发育和次生根的增加，促进地上部的生长发育，果穗的增长、穗粒数的增加、粒重和产量的提高，可能与锌的调节作用有关。

据佟屏亚等(1995)研究，施用铜肥在高肥水条件下对玉米幼苗无明显影响，但从拔节期至成熟，施用铜肥的处理，玉米植株干重和叶面积指数比对照均有明显的增加。抽雄开花初期，施用30 kg/hm^2 和15 kg/hm^2 铜肥的玉米干物重比对照高出11.5%和5.6%。施用铜肥还增加玉米果穗长度，减少秃尖，增加每穗粒数和粒重。

不同地区土壤中微量元素的含量和有效性不同。微量元素对玉米生长发育的作用表现不同，施用各种微肥也就有不同的效果。微肥拌种对玉米生长的影响，苗期不明显，在穗分化期特别是雌穗分化期，不同微肥处理的株高和单株叶面积表现出差异。锌肥对玉米生长有促进作用，锰肥不明显，而铜、钼肥对玉米的生长产生抑制作用。微肥拌种对穗粒数影响较大，对千粒重影响较小。施锌肥和锰肥能提高玉米产量，锌肥的增产效果大于锰肥，施钼肥和铜肥反使玉米减产。崔文华等(1998)在暗棕壤上用锌、硼、钼、铜、锰和铁六种微量元素肥料，在玉米生产中拌种和喷施，结果是各元素对玉米株高和果穗长

度影响不大，而果穗秃尖长度、单穗粒数、穗粒重和百粒重的变化较明显。锌使果穗秃尖减少了 35.09%，使单穗粒数增加了 10.6%，穗粒重增加了 10.18%，百粒重提高了 5.19%；硼肥使果穗秃尖减少了 43.2%，穗粒数增加了 4.22%，穗粒重提高了 6.82%，百粒重增加了 5.24%；钼只使穗粒重增加了 3.81%，其他性状变化不明显；铜、锰、铁三元素没有明显作用。

2.5 超高产(13 500 kg/hm^2)玉米的需肥规律

玉米不同生育时期吸收氮、磷、钾的数量不同，一般来说，苗期生长慢，植株小，吸收的养分少，拔节期至开花期生长快，正是雌穗和雄穗的形成和发育时期，吸收养分的速度快，数量多，是玉米需要营养的关键时期，其中大喇叭口期是需肥高峰期。春玉米在抽穗一开花期达到高峰，夏玉米以大喇叭口至抽丝期为最多。

2.5.1 玉米对氮、磷、钾营养元素的吸收与积累规律

2.5.1.1 超高产夏玉米植株氮素积累特征及一次性施肥效果研究

夏玉米生育期内需肥量大，充足的养分供应是获得高产的关键。已有研究表明夏玉米对氮肥敏感，且耐肥性强，施氮增产效果显著，合理施用氮肥对于提高夏玉米产量和氮肥利用率、减轻环境压力具有重要意义。有关超高产夏玉米生长机制、群体光合特性及产量与气候生态条件关系等方面的研究较多。为了简化作物施肥程序，降低生产成本和提高肥料利用率，缓/控释肥的开发与应用日渐增多。研究表明缓/控释氮肥对提高中高产玉米产量、品质和氮肥利用率有较好的作用。目前对超高产夏玉米氮素吸收与积累特性、缓/控释氮肥应用效果的研究鲜见报道。

为此，选用夏玉米品种郑单 958，连续两年在河南省浚县开展了超高产夏玉米氮素吸收积累及氮肥效率的研究，并研究了缓/控释氮肥一次施用的效果。试验于 2007 年和 2008 年在河南省浚县农科所试验地进行，供试土壤为潮土，质地为黏壤土，土壤基本养分含量见表 2.34。试验设置四个处理，即 T0(不施氮肥)、T1(一次性施肥，ZP 型夏玉米专用缓/控释复合肥料(20-6-8)在五叶期一次性开沟施入)，T2(常规尿素两次施肥，氮肥苗期 50%+大喇叭口期 50%)和 T3(常规尿素三次施肥，氮肥苗期 30%+大喇叭口期 30%+吐丝期 40%)。施肥量由国际植物营养研究所(IPNI)北京办事处对试验田土壤测试后根据目标产量推荐，N 为 300 kg/hm^2，P_2O_5 为 90 kg/hm^2，K_2O 为 120 kg/hm^2，T0、T2 和 T3 的磷肥、钾肥全部在五叶期开沟施入土壤，沟深 10 cm 左右，大喇叭口期和吐丝期追施尿素采用穴施，距离玉米 10～15 cm，穴深 10 cm 左右。2007 年试验小区面积 32 m^2，于 6 月 14 日播种，9 月 29 日收获。2008 年试验小区面积 36 m^2，于 6 月 13 日播种，10 月 3 日收获。两年均统一采用超高产玉米栽培的管理方法进行。

表 2.34 供试土壤耕层农化性质

(河南农业大学,2010)

试验地点	pH	有机质/(g/kg)	铵态氮/(mg/L)	硝态氮/(mg/L)	全氮/(g/kg)	碱解氮/(mg/kg)	速效磷/(mg/kg)	交换性钾/(mg/kg)
姜庄村	8.01	16.4	20.2	15.8	1.1	76.6	12.9	124.9
刘寨村	8.18	17.1	9.9	10.1	1.2	68.8	32.4	143.0

注:硝态氮和铵态氮采用 ASI 法测定。

计算方法:

增产率=(施肥处理产量-不施肥处理产量)/不施肥处理产量×100%

养分积累量(kg/hm^2)=非收获物干重×非收获物氮素含量+收获物干重×收获物氮素含量

氮肥农学效率(kg/kg)=施肥作物增产量/施肥量

氮肥利用率=(施氮肥区植株地上部养分积累量-不施氮肥区植株地上部养分积累量)/施氮肥量×100%

氮肥偏生产力(kg/kg)= 经济产量/施氮量

氮素吸收量(kg/t)=植株地上部分氮素养分积累量/产量×1 000

1. 氮肥施用次数对夏玉米产量及其构成因素的影响

从表 2.35 可以看出,施氮处理比 T0 显著增产,增产幅度为 10%~15%,两年均以 T3 处理产量最高。T1 比 T0 增产 13%~14%,比 T2 增产 3%~4%,比 T3 减产 1%~2%,与二次施氮和三次施氮产量差异不显著,表明施用缓/控释肥料一次性施肥能显著提高夏玉米产量,实现二次或三次施肥的产量,节省追肥劳动成本。

表 2.35 不同处理对夏玉米产量及产量构成因素的影响

(河南农业大学,2010)

处理	2007				2008			
	穗粒数/个	百粒重/g	平均产量/(kg/hm^2)	增产率/%	穗粒数/个	百粒重/g	平均产量/(kg/hm^2)	增产率/%
T1	579.35a	33.06a	12 132.59a	13.16	505.25ab	34.61a	13 724.03ab	13.76
T2	531.32b	33.17a	11 753.64ab	9.62	494.74b	34.16a	13 246.32b	9.80
T3	594.64a	33.52a	12 322.18a	14.92	513.49a	34.61a	13 894.06a	15.17
T0	500.09c	30.63b	10 721.98c	—	471.57c	32.48b	12 063.90c	—

注:同列不同字母表示差异 0.05 显著水平。下同

表 2.35 还表明,不同施氮次数增产主要取决于穗粒数的提高,2007 年和 2008 年,T1、T3 穗粒数比 T2 分别增加了 9%、12%和 2%、4%,可见,夏玉米各生育阶段氮素协调供应有利于穗粒数的提高。年际间产量差异主要原因是百粒重,2008 年 T1、T3 的百粒重比 2007 年分别提高了 5%、3%,原因是 2008 年夏玉米生育期内 7~9 月份日均气温较 2007 年高

0.9℃,降水量多197.1 mm,光照时数多20.7 h,优越的气候条件促进了夏玉米生长发育。

2. 氮肥施用次数对夏玉米植株氮积累量的影响

由表2.36可以看出,各处理植株氮素积累量均随夏玉米的生长而逐渐增加,到成熟期达到最大值,达到超高产水平的夏玉米植株氮素积累量为217.20～256.65 kg/hm^2。在各生育时期,T0处理夏玉米植株氮素积累量均低于其他处理,说明施用氮肥能提高夏玉米各生育时期的植株氮素积累量。吐丝前各施氮处理氮素积累无显著差异,T1和T3处理氮素积累量略低于T2,吐丝后T1和T3处理氮素积累量逐渐增加并高于T2,成熟期T3和T1植株氮素积累量分别比T2平均高出13%和7%,说明生育后期追施氮肥或施用缓/控释肥可促进植株后期对氮的吸收积累。二次施用氮肥可能导致后期土壤氮素供应不足而使夏玉米植株氮素吸收积累量减少,因此产量较低。

表2.36 夏玉米不同生育时期氮积累量的变化

(河南农业大学,2010) kg/hm^2

年份	处理	拔节期	大喇叭口期	吐丝期	灌浆期	成熟期
2007	T1	29.31ab	99.73a	115.37a	172.29a	230.94a
	T2	31.51a	99.18a	119.55a	168.34a	217.20b
	T3	29.13ab	93.51a	118.56a	176.20a	240.22a
	T0	26.44b	73.26b	94.19b	142.25b	164.71c
2008	T1	37.07a	97.15a	142.54a	208.29b	236.99b
	T2	38.56a	101.98a	143.33a	202.83b	221.42c
	T3	38.55a	96.12a	141.46a	220.00a	256.65a
	T0	34.57a	77.86b	103.07b	153.80c	177.21d

3. 超高产夏玉米各器官氮素积累与分配

从养分在不同器官分配百分率来看(表2.37),出苗到吐丝期,叶片是氮的分配中心,拔节期、大喇叭口期和吐丝期该器官集中的氮素分别占总氮量的67%、63%和60%。吐丝期以后,随着生殖器官的生长发育,茎和叶片中分配的养分比例逐渐减少,养分的分配中心发生了转移,逐渐从茎叶转向果穗,到成熟期子粒中积累的氮素占氮总积累量的67%～69%,茎和叶中的氮素积累量均进一步减少。随着夏玉米的生长发育,生长中心不断转移,导致氮素分配中心分异,也是导致器官养分含量和数量变化的主要原因。

4. 超高产夏玉米氮素阶段吸收特点

从表2.38可以看出,拔节-大喇叭口期、吐丝-灌浆中期是超高产夏玉米对氮素吸收积累量较大的两个阶段,分别占总量的25%～30%和25%～29%。从整个生育期夏玉米对养分的吸收速率变化看,拔节期至大喇叭口期氮的吸收速率最大,其次是吐丝期至灌浆中期。可见,夏玉米拔节期至大喇叭口期是营养生长的氮素吸收关键期,吐丝期至灌浆中期是生殖生长的氮素吸收关键期,这两个时期氮素吸收速率大,积累量高,生产

表 2.37 夏玉米各器官氮素积累与分配

（河南农业大学，2010）

生育时期	处理	茎		叶		子粒		总积累量/(kg/hm²)
		积累量/(kg/hm²)	占总量/%	积累量/(kg/hm²)	占总量/%	积累量/(kg/hm²)	占总量/%	
拔节期	T1	11.12±2.2a	33.50	22.07±3.0ab	66.50			33.19±5.5a
	T2	11.56±1.5a	33.00	23.47±3.5a	67.00			35.03±5.0a
	T3	10.88±1.5a	32.15	22.96±5.1a	67.85			33.84±6.7a
	T0	9.77±1.7b	32.01	20.74±4.0b	67.99			30.51±5.8b
大喇叭口期	T1	40.25±1.1a	40.89	58.19±0.7ab	59.11			98.44±1.8ab
	T2	37.14±1.4b	36.93	63.44±0.6a	63.07			100.58±2.0a
	T3	36.57±1.4b	38.57	58.24±0.4ab	61.43			94.82±1.8bc
	T0	22.63±1.3c	29.95	52.93±1.9c	70.05			75.56±3.3c
吐丝期	T1	41.83±6.9ab	32.43	80.42±10.7a	62.36	6.71±1.6b	5.20	128.95±19.2a
	T2	44.09±4.4a	33.54	79.29±11.4a	60.32	8.06±1.0a	6.13	131.44±16.8a
	T3	45.28±5.0a	34.83	77.43±10.3a	59.56	7.30±0.9b	5.61	130.01±16.2a
	T0	35.49±4.3c	35.98	57.51±1.6b	58.31	5.63±0.4c	5.71	98.63±6.3b
灌浆期	T1	30.66±1.7a	16.11	74.25±15.4a	39.02	85.38±8.3b	44.87	190.29±25.5b
	T2	28.17±5.4a	15.18	71.22±15.1ab	38.37	86.20±4.0b	46.45	185.59±24.4b
	T3	29.40±3.4a	14.84	76.76±16.6a	38.75	91.94±11.0a	46.41	198.10±31.0a
	T0	19.66±0.2b	13.28	56.51±4.8c	38.18	71.85±3.6c	48.54	148.02±8.2c
成熟期	T1	25.92±4.4ab	11.08	49.41±4.3b	21.12	158.64±4.1b	67.80	233.96±4.3b
	T2	23.34±6.1b	10.89	41.99±1.0c	19.59	148.98±11.2c	69.52	214.31±4.1c
	T3	29.54±4.0a	11.89	53.48±1.9a	21.53	165.41±9.5a	66.58	248.43±11.6a
	T0	17.29±0.8c	10.31	36.88±1.4d	22.00	113.45±12.9d	67.68	167.62±13.6d

注：本表数据为 2007 年和 2008 年的平均值。

中应着重考虑对该时期氮素养分的充足供应。吐丝以后超高产夏玉米氮素吸收积累量占总积累量的40%～48%，可见，保证后期氮素养分充足供应对于夏玉米达到超高产水平至关重要。

表 2.38　夏玉米植株氮素阶段累积量及阶段吸收速率

（河南农业大学，2010）

吸收特点	处理	出苗-拔节期	拔节期-大喇叭口期	大喇叭口期-吐丝期	吐丝期-灌浆期	灌浆期-成熟期	合计
阶段吸收量/(kg/hm^2)	T1	33.19a	65.25a	30.52a	61.33ab	43.67a	233.96b
	T2	35.03a	65.55a	30.86a	54.14bc	33.72b	219.31c
	T3	33.84a	60.98a	35.19a	68.09a	50.34a	248.43a
	T0	30.51b	45.05b	23.07b	49.39c	22.93c	170.96d
占总量比例/%	T1	14.19	27.89	13.04	26.22	18.67	100.00
	T2	15.97	29.89	14.07	24.69	15.38	100.00
	T3	13.62	24.55	14.16	27.41	20.26	100.00
	T0	17.85	26.35	13.49	28.89	13.41	100.00
吸收速率/[$kg/(hm^2 \cdot d)$]	T1	1.38ab	4.66a	2.18a	2.45ab	1.81a	2.29b
	T2	1.46a	4.68a	2.20a	2.17bc	1.41b	2.15c
	T3	1.41a	4.36a	2.51a	2.72a	2.07a	2.43a
	T0	1.27c	3.22b	1.65b	1.98c	0.92c	1.68d

注：本表数据为2007年和2008年的平均值。

5. 超高产夏玉米的氮肥利用效率

综合两年的试验结果(表2.39)，超高产夏玉米的氮肥农学效率T3处理最大，平均为5.72 kg/kg，T1处理次之平均为5.12 kg/kg，T2处理最小为3.69 kg/kg，T1比T2处理高1.43 kg/kg，差异达到显著水平；T1和T3处理的氮肥利用率平均为21.00%和25.82%，比T2处理分别提高了5%和10%，2008年差异达到显著水平；氮肥偏生产力、1 t经济产量氮素吸收量与氮肥利用率的趋势一致，均为T3＞T1＞T2。可见，夏玉米施用缓/控释氮肥和吐丝期追施氮肥，实现氮肥适当后移保证灌浆期的氮素供应可提高氮肥利用效率。

表 2.39　超高产夏玉米氮肥利用效率

（河南农业大学，2010）

年份	处理	氮肥农学效率/(kg/kg)	氮肥利用率/%	氮肥偏生产力/(kg/kg)	氮素吸收量/(kg/t)
2007	T1	4.70a	22.08ab	40.44a	19.03a
	T2	3.44b	17.50b	39.18a	18.48a
	T3	5.33a	25.17a	41.07a	19.49a
2008	T1	5.53a	19.93b	45.75a	17.27b
	T2	3.94b	14.74c	44.15b	16.72b
	T3	6.10a	26.48a	46.31a	18.47a

上述研究表明，超高产夏玉米养分吸收积累规律与中高产量水平有所不同。养分的吸收积累直接影响作物的生长发育，进而影响产量，了解氮素吸收积累规律有助于合理施用氮肥，提高夏玉米产量和氮肥利用率。宋海星等和赵营等研究认为，夏玉米(7 500 kg/hm^2)生物量累积曲线与氮素累积曲线基本一致，都呈"S"形，上述研究结果表明，超高产夏玉米(≥13 500 kg/hm^2)整个生育期氮素累积基本呈"直线"型，吐丝以后超高产夏玉米氮素吸收积累量占总积累量的40%～48%；拔节期至灌浆中期是氮素吸收的关键时期，吸收速率大，积累量高，生产中应着重考虑对该时期养分的充足供应。生产中超高产夏玉米一般为活体成熟，在生育后期仍吸收较多氮素以满足自身物质合成的需要，保证后期氮素的充足供应是夏玉米超高产的关键，这也是施用缓/控释氮肥和在吐丝期追施40%氮肥获得高产的主要原因。

超高产夏玉米氮肥利用率有待进一步提高。肥料利用效率是表征合理施肥的重要指标，通常用肥料利用率、农学效率和肥料偏生产力等参数来表示。本试验中氮肥利用率为14.74%～26.48%、氮肥农学效率为3.44～6.10 kg/kg、氮肥偏生产力为39.18～46.31 kg/kg，与中、高产量水平下的研究相比偏低，这也反映了目前高产地区氮肥利用效率低的普遍趋势，其主要原因是超高产田土壤基础肥力较高，不施氮肥区亦有较高的产量和养分积累量，用差减法计算出的农学效率和肥料利用率势必较低。每生产1 t夏玉米经济产量需吸收的氮量为16.72～19.49 kg，与一般产量下的氮素吸收量相比偏低，可能在超高产水平下植株体内养分利用效率有所提高，这一问题有待于进一步研究。本试验区附近农民习惯和超高产攻关田施氮量多在450～600 kg/hm^2，氮肥利用效率更低，降低施氮量是提高氮肥利用效率的有效措施如何在保证较高产量的前提下提高氮肥利用效率、节约用肥而不导致土壤养分降低值得深入研究。

一次性施用缓/控释肥料能满足夏玉米后期养分需求，是实现后肥前施的简化施肥技术。施用缓/控释肥料是提高作物产量和肥料利用率的重要方法和措施，已有研究表明，缓/控释氮肥与等养分量的常规化肥相比在不同地区不同土壤对玉米均有不同程度的增产，增产率5%～20%，提高氮肥利用率4%～19%，上述试验与之基本吻合。夏玉米苗期一次性施用缓/控释肥能满足后期氮素养分需求，又解决了后期追肥难的问题，实现了超高产夏玉米后肥前施。试验表明，一次性施用ZP型缓/控释肥的产量和氮肥利用效率高于习惯二次施肥(苗肥50%＋大喇叭口期50%)，但仍不如三次施肥(苗肥期30%＋大喇叭口期30%＋吐丝期40%)的效果好，说明上述试验用ZP型缓/控释肥的养分释放与超高产夏玉米对氮素的需求还没有完全吻合，需进一步研究改进氮素控制释放的时期和释放量，磷和钾素养分的控释和供应亦需研究。

超高产夏玉米整个生育期持续吸收氮素，拔节期至大喇叭口期和吐丝期至灌浆中期是两个氮素吸收关键时期。超高产夏玉米吐丝后仍吸收较多氮素养分，保证灌浆期土壤氮素充足供应是夏玉米达到超高产水平的关键之一。夏玉米苗期一次性施用缓/控释氮肥较好地协调了整个生育期的氮素养分供应，生育后期仍能促进夏玉米对氮素的吸收利用，有利于子粒灌浆，提高了产量和氮肥利用效率。采用夏玉米专用缓/控释肥一次性施肥简化了施肥程序，实现了超高产夏玉米简化、高产和高效施肥的目的。

2.5.1.2 超高产夏玉米养分限制因子及养分吸收积累规律研究

氮、磷、钾养分的吸收利用直接影响作物的生长发育和产量，了解玉米养分吸收积累规律有助于采取有效施肥措施，调控玉米生长发育，提高产量。研究表明，氮、磷、钾养分吸收量随着玉米产量水平的提高而增加，玉米对养分的吸收高峰出现的时间和次数因品种不同而异。高产夏玉米一般有六叶展至十二叶展和吐丝至吐丝 15 d 两个养分吸收高峰，同一品种作为春玉米栽培和夏玉米栽培时的养分吸收量、营养体中养分百分含量以及营养体养分向子粒的转运量有所差异，超高产春玉米灌浆前对氮、磷、钾养分阶段吸收量和日均吸收量随生育期的推进逐渐增大，灌浆后植株对氮、磷吸收持续增高，钾吸收迅速下降，氮、磷分配随生长中心的转移而变化，而钾转移变化不明显。近年来，夏玉米超高产的研究与示范受到广泛关注，但对超高产夏玉米的研究多集中在栽培技术、气候条件及生理特性等方面，对超高产夏玉米养分限制因子、养分吸收与积累特性、合理施肥技术等研究报道较少。

为了阐明上述问题，选用夏玉米品种郑单 958，针对目前超高产夏玉米生产中存在施用氮肥过量、肥料配比不合理等问题，连续两年在河南省浚县夏玉米超高产区研究了 ASI 法推荐施肥条件下，不同氮、磷、钾配施对夏玉米产量、植株养分吸收累积和肥料利用效率的影响，确定了超高产夏玉米养分限制因子及养分吸收积累规律，以期为超高产夏玉米科学合理施肥提供依据。

试验于 2007 年和 2008 年在河南省浚县矩桥镇的姜庄村(2007 年)和刘寨村(2008 年)进行，该区位于河南省太行山东麓与华北平原过渡地带。供试土壤为潮土，黏壤质，土壤基本养分状况见表 2.40。试验设置五个处理，即 OPT、OPT－N、OPT－P、OPT－K、CK(不施任何肥料)，其中最佳施肥处理为 OPT，由 IPNI 北京办事处对试验田土壤测试后根据目标产量推荐的施肥量，OPT－N 为在 OPT 基础上不施氮、OPT－P 为不施磷、OPT－K 为不施钾处理。磷肥在五叶期开沟一次施入，氮肥和钾肥 50％在五叶期开沟施入，50％作大喇叭口期追肥(穴施)。2007 年和 2008 年各处理施肥量见表 2.41。2007 年试验小区面积 32 m^2，于 6 月 14 日播种，9 月 29 日收获。2008 年试验小区面积 36 m^2，于 6 月 13 日播种，10 月 3 日收获。两年统一采用超高产玉米栽培的管理方法。

计算方法：

增产率＝(施肥处理产量－不施肥处理产量)/不施肥处理产量×100％

养分积累量(kg/hm^2)＝(非收获物干重×非收获物含量)＋(收获物干重×收获物含量)

转运率＝(灌浆前营养体养分的总吸收量－成熟期营养体养分的总吸收量)/灌浆前营养体养分的吸收量×100％

养分回收率＝(施肥植株地上部分养分积累量－不施肥植株地上部分养分积累量)/肥料施用量×100％

农学效率(kg/kg)＝施肥作物增产量/施肥量

养分吸收量(kg/t)＝植株地上部分养分积累量/产量×1 000

表 2.40 供试土壤基本养分状况

(河南农业大学,2010)

试验地点	年份	有机质/(g/kg)	碱解氮/(mg/kg)	有效磷/(mg/kg)	速效钾/(mg/kg)
姜庄村	2007	16.4	76.6	12.9	124.9
刘寨村	2008	17.1	68.8	32.4	143.0

表 2.41 试验设计

(河南农业大学,2010) kg/hm^2

处理	2007 年施肥量			2008 年施肥量		
	N	P_2O_5	K_2O	N	P_2O_5	K_2O
OPT	240	90	120	300	90	120
OPT－N	0	90	120	0	90	120
OPT－P	240	0	120	300	0	120
OPT－K	240	90	0	300	90	0
CK	0	0	0	0	0	0

1. 不同肥料配施对夏玉米产量及其构成因子的影响

从表 2.42 可以看出,夏玉米各施肥处理产量均比 CK 有不同程度的增加,2007 年增产幅度为 7.27%～15.88%,2008 年增产幅度为 2.07%～12.07%,两年均以氮、磷、钾肥配施(OPT)产量最高,达到超高产水平;两年施氮处理分别增产 8.03%和 9.80%,施磷处理增产 4.04%和 6.38%,施钾处理增产 7.22%和 7.05%,OPT 与 OPT－N、OPT－K 处理产量达到差异显著水平,表明施氮肥、钾肥能显著提高夏玉米的产量,氮和钾是超高产夏玉米养分的主要限制因子。

表 2.42 还表明,2007 年夏玉米产量主要取决于穗粒数的差异,2008 年产量则与穗粒数和百粒重均相关,且 2008 年产量普遍高于 2007 年,主要原因可能是由于土壤肥力较高,有利于夏玉米的生长发育,另一方面,2008 年气候条件适宜,夏玉米生育期内 7～9 月份平均气温较 2007 年高 0.9℃,降水量多 197.1 mm,光照时数多 20.7 h,因而促进了夏玉米的营养生长和生殖生长。

表 2.42 肥料配施对夏玉米产量及成产因子的影响

(河南农业大学,2010)

处理	2007 年				2008 年			
	穗粒数	百粒重/g	平均产量/(kg/hm^2)	相对产量/%	穗粒数	百粒重/g	平均产量/(kg/hm^2)	相对产量/%
OPT	577.13a	32.73a	12 051.2a	100.00	494.74a	34.33a	13 246.3a	100.00
OPT－N	507.85bc	32.28a	11 155.7b	92.57	471.57ab	32.48b	12 063.9b	91.07
OPT－P	533.55ab	33.20a	11 582.9ab	96.11	455.16b	33.25ab	12 451.8ab	94.00
OPT－K	537.21ab	32.11a	11 239.5b	93.26	479.08a	32.89ab	12 373.8b	93.41
CK	483.57c	31.70a	10 400.0c	86.30	452.79b	32.10b	11 819.4b	89.23

注:同列不同字母表示差异 0.05 显著水平。

2. 超高产夏玉米植株氮磷钾养分含量动态变化

从表 2.43 可以看出，地上部植株氮、磷、钾养分平均含量在不同生育期变化较大，总体上是生育前期高于生育后期，且随生育进程呈连续下降趋势。氮、钾含量变化较大，拔节期最高，为成熟期（含量最低）的 3 倍左右；而磷含量变化幅度相对较小。可见，随着夏玉米植株体快速生长，养分吸收速率低于生长速率。各器官的养分含量变化有所不同，茎中的氮、磷含量随生育期持续下降，而钾含量从吐丝到成熟期维持在一定水平，其变化不大。叶片中的氮含量在拔节期和吐丝期有两个高峰，吐丝后下降；而磷含量则呈单峰抛物线趋势，吐丝期达到最高值；钾含量则是持续降低。穗/子粒中养分变化为氮含量在吐丝期最高，灌浆期降低而成熟期则有所增加；磷含量持续增加，成熟期达到最高；钾含量则是吐丝期最高，以后持续下降。同一器官中不同养分含量差异较大，茎养分含量钾＞氮≫磷，叶片和穗/子粒的养分含量氮＞钾≫磷。各生育期不同器官养分含量不同，氮、磷含量在拔节期茎＞叶片，大口期后则是叶片＞茎，吐丝后叶片＞穗/子粒＞茎。

表 2.43　不同生育期植株地上部氮、磷、钾养分含量

（河南农业大学，2010）　　g/kg

养分	器官	拔节期	大喇叭口期	吐丝期	灌浆期	成熟期
N	茎	30.05±0.32a	14.60±0.82b	7.81±0.23c	6.67±0.01cd	6.05±0.88d
	叶	27.07±0.18a	19.47±0.03c	22.81±0.95b	17.15±1.04d	11.97±1.88e
	子粒（穗）			21.89±0.12a	10.96±2.84b	10.98±1.03b
	整株	28.29±0.53a	17.37±0.88b	13.58±0.44c	10.90±1.81d	9.82±0.91e
P	茎	3.48±0.24a	2.33±0.07b	1.64±0.07c	0.60±0.04d	0.44±0.02d
	叶	2.62±0.06b	2.91±0.01a	3.12±0.06a	2.46±0.43b	1.35±0.04c
	子粒（穗）			1.98±0.02b	2.03±0.12b	2.47±0.01a
	整株	2.91±0.16a	2.64±0.04b	2.23±0.06c	1.62±0.05d	1.75±0.07d
K	茎	32.88±0.95a	24.00±0.26b	19.36±0.29c	19.23±0.10c	18.07±1.31c
	叶	21.07±0.34a	17.76±0.82b	16.08±0.61c	13.74±0.60d	11.85±0.45e
	子粒（穗）			16.97±0.21a	5.64±0.04b	4.29±0.32c
	整株	25.56±1.09a	21.00±0.96b	17.81±0.48c	10.95±0.57d	8.86±0.35e

注：本表数据为 2007 年和 2008 年 OPT 处理平均值，同行不同字母表示差异 0.05 显著水平。

3. 超高产夏玉米不同生育期植株养分吸收特点

从表 2.44 可以看出，超高产夏玉米对氮、磷、钾的累积吸收特点相似，从出苗到成熟一直呈增加趋势，收获时达到最高值，三种养分吸收量的大小顺序是氮＞钾＞磷。从不同生育阶段植株地上部对养分的吸收来看，拔节期至吐丝期是超高产夏玉米养分吸收积累量较大的时期，氮、磷、钾的吸收量分别占总量的 45.61％、43.63％和 62.39％，吐丝至灌浆中期是超高产夏玉米对氮吸收的又一高峰期，相对吸收量为 23.95％。吐丝至成熟期植株对磷的吸收量占总量的 46.84％、钾占 20.87％、氮占 36.95％，可见，后期养分充足供应对超高产夏玉米生长发育至关重要。从整个生育期

表 2.44 夏玉米植株养分阶段累积量及阶段吸收速率(OPT)

（河南农业大学，2010）

养分	吸收特点	出苗-拔节期	拔节-大口期	大口-吐丝期	吐丝-灌浆期	灌浆-成熟期	总计
N	吸收量/(kg/hm^2)	35.75±3.98c	57.86±7.87a	35.82±7.82c	48.93±0.81b	26.33±6.37d	204.69
	占总量比例/%	17.44±0.74	28.20±1.90	17.41±2.62	23.95±1.26	13.00±4.01	100.00
	吸收速率/[$kg/(hm^2 \cdot d)$]	1.49±0.17d	4.13±0.56a	2.56±0.56b	1.96±0.03c	1.11±0.33e	2.01
P	吸收量(kg/hm^2)	3.54±0.30c	9.85±0.11a	6.34±0.82b	8.72±1.16ab	8.65±0.71ab	37.11
	占总量比例/%	9.53±0.43	26.57±1.34	17.06±1.53	23.47±2.20	23.37±2.82	100.00
	吸收速率/[$kg/(hm^2 \cdot d)$]	0.15±0.01c	0.70±0.01a	0.45±0.06b	0.35±0.05b	0.36±0.05b	0.36
K	吸收量/(kg/hm^2)	32.51±4.57c	74.70±0.93a	45.62±4.26b	33.02±0.73c	7.83±6.44d	193.68
	占总量比例/%	16.74±1.05	38.67±2.56	23.72±4.19	14.50±0.76	6.37±6.47	100.00
	吸收速率/[$kg/(hm^2 \cdot d)$]	1.35±0.19c	5.34±0.07a	3.26±0.32b	1.32±0.03c	0.32±0.25d	1.90

注：本表数据为 2007 年和 2008 平均值；同行不同字母表示差异 0.05 显著水平。

夏玉米对氮、磷、钾养分的吸收速率变化看，拔节期至大喇叭口期三种养分的吸收速率均最大，随后至吐丝期依然有较高的吸收速率，吐丝后氮和钾吸收速率逐渐降低，而磷仍有较高的吸收速率。

综上所述，夏玉米的拔节期至吐丝期是氮、磷、钾养分吸收的关键时期，养分的吸收速率大，积累量高，因此生产中应着重考虑对该时期养分的充足供应，拔节至吐丝期是超高产夏玉米施肥的重要时期。吐丝以后超高产夏玉米仍吸收较多的养分，吐丝期适当追肥保证养分充足供应，促进夏玉米灌浆，可能是夏玉米高产的关键之一。

4. 超高产夏玉米不同生育期养分的积累、分配与运转

从养分向不同器官分配百分率来看(表 2.45)，从出苗到吐丝期，叶片是氮、磷的分配中心，该器官分别集中了 61.01%～62.03%的氮和 56.42%～59.64%的磷；而钾则是在拔节期叶片分配较高，占 54.74%，大喇叭口期至吐丝期茎中较高，占 55.29%～60.71%。大口期以后，随着生殖器官的生长发育，茎和叶片中养分的分配比例逐渐减少，这说明养分的分配中心发生了转移，从茎叶转向穗。成熟期子粒中积累的氮、磷分别占总积累量的 64.66%和 68.23%，而其他器官养分积累量均进一步减少；而子粒中积累的钾仅占总积累量的 28.56%，茎的积累量最大。养分转运效率表明，在超高产夏玉米生育期内茎叶氮、磷的转运率较高，叶片中氮、磷转运率分别为 71.78%和 88.17%，而钾从茎叶向穗转移的养分比例不大。

表 2.45 夏玉米各器官氮、磷、钾养分的积累、分配与运转(OPT)

(河南农业大学，2010)

生育期	茎			叶			子粒(穗)		总积累量/(kg/hm²)
	积累量/(kg/hm²)	占总量/%	转运率/%	积累量/(kg/hm²)	占总量/%	转运率/%	积累量/(kg/hm²)	占总量/%	
N									
拔节期	13.57	37.97		22.17	62.03				35.75
大口期	36.50	38.99		57.10	61.01				93.60
吐丝期	41.82	32.31		79.34	61.30		8.27	6.39	129.42
灌浆期	30.18	16.92		62.28	34.92		85.89	48.16	178.35
成熟期	26.16	12.78	59.87	46.18	22.56	71.78	132.34	64.66	204.69
P									
拔节期	1.43	40.36		2.11	59.64				3.54
大口期	5.46	40.82		7.92	59.18				13.38
吐丝期	7.96	40.34		11.14	56.42		0.64	3.24	19.73
灌浆期	6.75	23.72		7.25	25.47		14.46	50.81	28.45
成熟期	5.87	15.82	35.55	5.92	15.94	88.17	25.32	68.23	37.11

续表 2.45

生育期	茎			叶			子粒(穗)		总积累量/(kg/hm²)
	积累量/(kg/hm²)	占总量/%	转运率/%	积累量/(kg/hm²)	占总量/%	转运率/%	积累量/(kg/hm²)	占总量/%	
				K					
拔节期	14.71	45.26		17.79	54.74				32.51
大口期	59.28	55.29		47.93	44.71				107.20
吐丝期	92.77	60.71		54.10	35.40		5.95	3.89	152.82
灌浆期	83.76	45.07		58.44	31.45		43.63	23.48	185.83
成熟期	88.56	45.73	4.75	49.80	25.71	8.63	55.31	28.56	193.68

注:本表数据为2007年和2008年平均值。

随着夏玉米的生长发育,生长中心不断转移,导致养分分配中心分异,也是导致器官养分含量和数量变化的主要原因,但具体某个器官而言,其净输出量及输出时期与土壤养分供应及其他内外因素有关。为促进夏玉米对养分的吸收和分配,茎叶中的养分转移过多,生育后期应适当追肥。

5. 超高产夏玉米的养分利用效率

综合两年的试验结果(表2.46),超高产夏玉米的单位养分增产量分别为:氮3.8 kg/kg、磷7.0 kg/kg、钾7.0 kg/kg。两年的肥料当季回收率都较低,平均值氮肥为16.99%、磷为13.62、钾为16.80%,肥料当季回收率低可能主要是由于土壤肥力和基础产量高所致。每生产100 kg夏玉米经济产量(OPT)需吸收的养分比例 N∶P_2O_5∶K_2O 平均为2.40∶1∶2.73,钾的吸收量最大。

表 2.46 氮、磷、钾养分农学效率及回收率

(河南农业大学,2010)

养分	2007年			2008年		
	农学效率/(kg/kg)	百千克经济产量吸收养分量/kg	养分回收率/%	农学效率/(kg/kg)	百千克经济产量吸收养分量 ANA/kg	养分回收率/%
N	3.73	1.62	18.05	3.94	1.62	15.93
P_2O_5	5.20	0.69	14.55	8.83	0.66	12.70
K_2O	6.76	1.83	18.34	7.27	1.86	15.25

2.5.2 玉米对中、微量元素的吸收与累积规律

2.5.2.1 钙

从阶段吸收量来看，玉米苗期阶段吸钙较少，占一生总吸收量的 4.77%～6.19%；穗期阶段吸收最多，占 53.93%～82.13%；粒期吸收量也较多，占 11.68%～41.30%。从累积吸收量来看，到大喇叭口期累积吸收量达 35.98%～46.23%；到吐丝时达58.70%～88.32%；到蜡熟期累积吸收 97.63%～98.30%。从器官中钙的再分配看，向外输出钙最多的是叶片，其次为苞叶。但这种输出主要是转移到了其他营养器官，从植株总体情况看，营养体中的钙并没有向外输出，说明子粒中的钙全部来自于子粒发育期间土壤钙的吸收。

2.5.2.2 镁

据张桂银等(1994)对两种株型夏玉米镁吸收与强度的研究，从阶段吸镁量来说，玉米苗期镁吸收较少，占一生吸收总量的 5.38%～7.43%，穗期吸镁最多，占 56.10%～67.68%，粒期吸收量为 24.89%～38.52%。从累计吸收量看，玉米到大喇叭口期累计吸收 40.20%～42.73%，吐丝时吸收 61.48%～75.11%。紧凑型品种在大喇叭口期至吐丝期吸镁量最多，占一生吸收量的 34.91%，平展型品种在拔节至大喇叭口期吸镁最多，占一生吸收的 37.35%。紧凑型夏玉米掖单 13 在密度为 7.5 万株/hm^2，子粒产量为11 700 kg/hm^2，每公顷吸镁 44.738 kg，形成 100 kg 子粒吸镁 0.382 kg。从吸收强度看，玉米对镁的吸收有两个高峰期，紧凑型品种第一个高峰期在大喇叭口至吐丝期，吸收强度为 0.976 kg/(hm^2 · d)，第二个高峰期在吐丝后 15～30 d，但吸收强度较弱，为 0.303 kg/(hm^2 · d)；平展型品种第一个吸收高峰在拔节至大喇叭口期，吸收强度为 0.688 kg/(hm^2 · d)，第二个吸收高峰在吐丝至吐丝后 15 d，吸收强度为 0.635 kg/(hm^2 · d)。

2.5.2.3 硫

玉米对硫的积累随生育时期而增加。不同品质类型玉米形成 100 kg 子粒吸收硫的数量存在差异。刘开昌等(2002)研究，形成 100 kg 子粒吸硫量高淀粉玉米长单 26 需 0.327 kg，高油玉米高油 1 号需 0.290 kg，普通玉米掖单 13 需 0.279 kg。不同品种硫吸收量不同，但吸收与分配的规律相同。玉米对硫的阶段吸收为 M 形曲线，其中拔节至大喇叭口期、开花至成熟期为吸硫高峰期。吸硫量分别占整个生育期吸硫的 26.1%和 25.04%。硫的吸收强度从出苗到拔节较低，拔节后吸收强度急剧增大，到大喇叭口期达最大，可见保证拔节到大喇叭口期硫肥的充分供应是非常重要的。此外，开花到成熟，玉米植株对硫仍保持较高的吸收强度，在田间管理上应注重后期硫肥的充分供给。

2.5.2.4 锌

玉米对锌的累积吸收量随生育进程逐渐增加，至蜡熟期最高，成熟时出现损失，平均每公顷吸收 0.5 kg。不同施肥水平吸锌量表现为高肥＞中肥＞低肥。锌的阶段吸收量为：苗期为每公顷吸收 33 g，占全生育期吸收总量的 6.6%；拔节期至吐丝期，每公顷吸收 0.28 kg，是玉米一生中吸收锌最多的阶段，占总吸收量的 56.6%；吐丝期至成熟期，每公顷吸收 0.18 kg，占总吸收量的 36.8%。锌的吸收强度，玉米一生中出现两个峰值，即大喇叭口期和成熟期，分别为 14.97 g/(hm^2 · d)和 4.78 g/(hm^2 · d)。

2.5.2.5 锰

玉米对锰的累积吸收量随生育进程而增加，至蜡熟期达最高，成熟时出现损失，平均每公顷吸收 0.4 kg，不同施肥水平吸锰量表现为高肥＞中肥＞低肥。锰的阶段吸收量为：苗期每公顷吸收 34.5 g，占全生育期吸收总量的 8.8%；拔节期至吐丝期，每公顷吸收 0.3 kg，是玉米一生中吸收锰最多的阶段，占总吸收量的 74.6%；吐丝期至成熟期，每公顷吸收 66 g，占总吸收量的 16.6%。锰的吸收强度，近似双峰曲线，大喇叭口期达最高值，为 14.1 g/(hm^2 · d)。

2.5.2.6 铜

玉米对铜的累积吸收量随生育进程而增加，成熟期达最大值，平均每公顷吸收 0.15 kg，高肥＞中肥＞低肥。铜的阶段吸收量为：苗期每公顷吸收 10.5 g，占全生育期吸收总量的 7%左右；拔节期至吐丝期每公顷吸收 88.5 g，是玉米一生中吸收铜最多的阶段，占总吸收量的 57.6%；吐丝期至成熟期每公顷吸收 54 g，占总吸收量的 35.4%。对铜的吸收仍较多。铜的吸收强度，玉米一生中出现两个峰值，即吐丝期和蜡熟期，分别为 2.57 g/(hm^2 · d)和 2.42 g/(hm^2 · d)。

2.5.2.7 钼

玉米对钼的累积吸收量随生育进程的后移不断增加，直至成熟期，平均每公顷吸收 30.15 g，高肥＞中肥＞低肥。钼的阶段吸收比例不同，苗期吸收量占总吸收量的 2.3%；拔节期至抽雄期为 57.4%；抽雄期至成熟期为 42.6%。玉米穗期和粒期吸收钼较多；钼的吸收强度，最大吸收高峰在大喇叭口期，其值为 0.83 g/(hm^2 · d)。

2.5.2.8 铁

玉米对铁的累积吸收量随生育时期的后移不断增加，至成熟期达最大值，平均每公顷吸收 1.93 kg，高肥＞中肥＞低肥。铁的阶段吸收量表现为：苗期每公顷吸收 79.5 g，占一生吸收总量的 4.1%；拔节期至吐丝期，每公顷吸收 1.17 kg，占总吸收量的 60.7%，这一阶段铁的吸收量最大；吐丝期至成熟期，每公顷吸收 0.68 kg，占 35.2%；灌浆期对铁的需求仍较大；铁的吸收强度，出现第二个吸收高峰，吐丝期和蜡熟期，吸收强度分别 36.56 g/(hm^2 · d)和 36.3 g/(hm^2 · d)。

参考文献

[1] 艾应伟,毛达如,王兴仁,等. 冬小麦-夏玉米轮作周期中氮、磷、钾、锌化肥合理施用的研究. 土壤通报,1998(2):26~28.

[2] 崔彦宏,张桂银,郭景伦,等. 高产夏玉米钙的吸收与再分配研究. 河北农业大学学报,1994(4):31~35.

[3] 郭红梅,王宏庭,王斌,等. 氮肥运筹对春玉米产量及经济效益的影响. 山西农业科学,2008,36(11):67~70.

[4] 李丙奇,孙克刚,和爱玲,等. 潮土区氮肥不同基追比和种类对玉米产量和氮肥利用率的影响. 河南农业科学,2009(10):83~85,124.

[5] 李芳贤,王金林,李玉兰,等. 锌对夏玉米生长发育及产量影响的研究. 玉米科学,1999(1):73~77.

[6] 李秋梅,陈新平,张福锁. 冬小麦-夏玉米轮作体系中磷钾平衡的研究. 植物营养与肥料学报,2002,8(2):152~156.

[7] 刘开昌,胡昌浩,董树亭,等. 高油、高淀粉玉米吸硫特性及施硫对其产量、品质的影响. 西北植物学报,2002(1):105~111.

[8] 潘家荣,巨晓棠,刘学军,等. 高肥力土壤冬小麦/夏玉米轮作体系中化肥氮去向研究. 核农学报,2001(4):18~23.

[9] 司贤宗,葛东杰,谭金芳,等. 氮肥运筹方式对豫单 2002 产量及品质的影响. 中国农学通报,2007,23(6):383~387.

[10] 孙克刚,和爱玲,李丙奇. 控释尿素与普通尿素掺混不同比例对夏玉米产量及经济性状的影响. 河南农业大学学报,2009,43(6):606~609.

[11] 孙政才. 全年定量磷肥在冬小麦和夏玉米两茬间合理分配. 北京农业科学,1997(5)32~34.

[12] 唐劲驰,曹敏建. 作物耐低钾营养研究进展. 沈阳农业大学学报,2001(5):63~66.

[13] 佟屏亚,凌碧莹,高富兰,等. 铜肥对玉米生长发育和产量构成影响的研究. 北京农业科学,1995(2):36~39.

[14] 王启现,王璞,王伟东,等. 吐丝期施氮对夏玉米粒重和子粒粗蛋白的影响. 中国农业大学学报,2002(1):63~68.

[15] 王宜伦,韩燕来,谭金芳,等. 钾肥对砂质潮土夏玉米产量及土壤钾素平衡的影响. 玉米科学,2008,16(4):163~166.

[16] 王宜伦,韩燕来,张许,等. 氮磷钾配比对高产夏玉米产量、养分吸收积累的影响. 玉米科学,2009,17(6):88~92.

[17] 王宜伦,李潮海,何萍,等. 超高产夏玉米养分限制因子及养分吸收积累规律研究. 植物营养与肥料学报,2010,16(3):559~566.

[18] 王宜伦,李潮海,谭金芳,等. 超高产夏玉米植株氮素积累特征及一次性施肥效果研究. 中国农业科学,2010,43(15):3151～3158.

[19] 王宜伦,李祥剑,张许,等. 豫东平原夏玉米平衡施钾效应研究. 河南农业科学,2010(4):39～42.

[20] 温晓勤,王越友,衡孝章,等. 锌、锰、铜、钼微肥拌种对玉米生物学性状及产量的影响. 新疆农业科技,2001(1):37～38.

[21] 邢素丽,刘孟朝,邢竹. 北方褐土区土壤硝态氮运移动态及合理施肥调控. 中国土壤与肥料,2007(5):15～18,31.

[22] 袁硕,彭正萍,史建霞,等. 磷对不同基因型玉米生长及氮磷钾吸收的影响. 中国土壤与肥料,2010(1):25～28,80.

[23] 张桂银,崔彦宏,郭景伦,等. 高产夏玉米镁的吸收与再分配研究. 河北农业大学学报,1994(1):18～23.

[24] 张漱茗,周景明,张增俭. 磷肥在冬小麦、夏玉米轮作中的合理分配. 土壤肥料,1995(1):26～29.

[25] 张雨林,曹敏建,孔庆国. 不同施锌量对玉米生长发育及产量的影响. 国外农学-杂粮作物,1994(1):47～50.

[26] 张智猛,戴良香,董立峰,等. 高产夏玉米氮、磷、钾吸收、积累与分配态势的研究. 河北农业技术师范学院学报,1995(2):10～17.

[27] 张智猛,郭景伦,李伯航,等. 不同肥料分配方式下高产夏玉米氮、磷、钾吸收、积累与分配的研究. 玉米科学,1995(4):50～55,82.

[28] 赵利梅,赵继文,高炳德,等. 钾肥对春玉米子粒建成与品质形成影响的研究. 内蒙古农业大学学报,自然科学版,2000(S1):16～20.

第3章

华北小麦-玉米一体化土壤肥力指标与施肥指标

针对华北地区小麦-玉米一体化的种植模式，近几年来，对该地区小麦-玉米一体化模式下土壤养分的供给规律、作物养分的吸收特点以及作物一体化期间的土壤中养分变异特征进行了比较系统的研究。通过在华北小麦、玉米主产区的多点田间试验、结合各地多年多点定位试验结果，获取了高产、高效生产条件下的小麦、玉米养分需求特征、土壤养分供应能力等参数，据此在不同生态类型区建立了一套适用于本地区的小麦-玉米一体化的土壤肥力指标体系和一定产量水平下的施肥指标体系。

3.1 华北中部高产灌区、砂壤土区小麦-玉米一体化土壤肥力指标与施肥指标研究

华北中部灌区以河南沿黄河冲积平原区有灌溉条件的两熟制农田为代表。该地区黄河冲积物母质上发育形成的潮土土层深厚，矿质养分含量相对较高，地下水丰富。从气候条件看，该地区周年水热变化同步，光照资源丰富，空气湿度相对较小，有利于作物光合作用的进行和同化产物的积累，所以该地区是我国粮食作物传统的高产地区，局部地区小麦玉米还实现了超高产。华北砂壤土区是指广泛分布于华北平原的砂壤质潮土区，研究工作主要依托中国科学院封丘农业生态试验站，该试验站位于华北中心腹地——河南省的粮食生产核心区，具有区域辐射优势。在试验站已有资料的基础上，因此研究结果不仅能直接指导当地科学施肥，而且对指导华北相同生产条件下的小麦-玉米施肥具有重要意义。

3.1.1 河南省农田土壤供肥状况

作物产量的高低取决于气候、土壤、施肥、灌水和栽培技术等因子的综合作用。一般来讲，在相同的气候区域内，土壤类型和土壤肥力的差异往往是决定作物产量高低的基础性因子。为了做到合理施肥，实现作物高产稳产，必须了解农田土壤的供肥状况。农田土壤养分状况，主要受两个因子支配：一是土壤的基本属性，如土壤质地、矿物组成以及成土过程等，影响到土壤营养元素的化学变化；二是人为的耕作施肥，影响到土壤有机质和氮、磷、钾等养分的积累与消耗。在这两个因子的共同作用下，形成不同地区、不同地块土壤肥力的变异。根据多年多点化验资料，河南省农田土壤的营养元素含量相差很大。将土壤化验结果加以整理分析，可以了解到主要土壤的有机质和氮、磷、钾含量概况。

3.1.1.1 土壤有机质、全氮的含量和分布

河南省农田土壤的有机质含量，低的在0.5%以下，高的达2%～3%。从表3.1典型土种的耕层土壤(0～20 cm)化验资料可以看出，土壤有机质和全氮的平均含量以水稻土和砂姜黑土最高，分别为1.6%、1.3%和0.099%、0.088%；其中淮南水稻土的有机质含量高于南阳、汝南、正阳一带。砂姜黑土的有机质含量以西平、遂平、平舆、汝南一带较高，而沙河以北和南阳盆地砂姜黑土的有机质含量较低，多在1.3%以下。砂姜黑土的有机质与土壤矿物结合紧密，矿化率较低，对作物提供有效营养元素的能力较差，因而，砂姜黑土的有机质含量虽不算低，但有效氮和有效磷并不丰富，加上土壤质地黏重，物理性不良，小麦、玉米产量一般不高。因此，衡量这类土壤的供肥能力，不能单纯采用有机质含量进行。

豫东北平原黄潮土的有机质和氮素含量普遍较低，而且与土壤质地有密切关系。质地较黏的淤土，有机质含量平均为1.03%，而且六个县的淤土有机质含量的平均数极为接近(1.00%～1.08%)。两合土的有机质平均含量为0.86%，各县的平均值变幅也不大。砂土有机质平均0.6%左右，砂壤土平均在0.6%以上。据研究，在耕作条件下，土壤有机质含量低到一定程度后，就不再继续下降，达到另一种平衡，该值称为最低平衡值。一般黏质土的最低平衡值为0.6%～0.9%，砂质土为0.4%～0.6%。该值表示土壤有机质高度缺乏。从以上统计数字可以看出，豫东北平原的土壤有机质含量仅稍高于最低值，由此，要改善黄潮土的供肥能力，首先必须加速提高土壤有机质含量。几种黄潮土的氮素含量与有机质的变化趋势相一致，质地黏重的淤土含氮较丰富(全氮0.074%)，砂质土含氮很低(0.047%以下)，两合土介于二者之间。

豫西和豫西北褐土区不同亚类或土属的供肥能力有一定差别，其中较有代表性的立黄土肥力中等，有机质平均含量1.09%，全氮在0.07%左右，处于山前(丘陵前)倾斜平原的潮褐土(黄土、潮垆土)，土壤水分条件较好，质地适中，多是小麦、玉米高产土壤，肥力一般较高，有机质含量平均为1.2%～1.3%，全氮0.08%左右，在河南省居上等水平，有效养分含量也较高。

中南部的黄胶土(黄褐土亚类)有机质缺乏，氮素不足，有机质平均含量0.995%，已

接近最低平衡值，氮素含量亦较低，这是沙河以南广大黄褐土区小麦、玉米产量较低的原因之一。

除了土壤基本属性对肥力的影响外，人为施肥耕作对土壤有机质和氮素的储量也有重要作用。从表3.1可以看出，相同的土种，城市郊区的土壤有机质和氮素含量明显高于一般县份。例如，城市郊区的两合土有机质含量平均为1.7％，一般县份平均为0.86％；市郊的砂壤土有机质含量为1％，一般县份是0.66％；洛阳市郊的黄土（潮褐土）有机质含量为1.89％，而几个县的黄土有机质含量为1.2％。当然，河南省的一些高产乡、村，由于长年施粗肥多，秸秆还田搞得好，土壤经过长期培肥，其肥力水平也接近城市郊区。

表3.1　河南省主要土壤的有机质、氮素含量概况　％

土壤类型	有机质		全氮		资料来源的县（市）
	各县（市）平均含量的变幅	平均	各县（市）平均含量的变幅	平均	
立黄土（褐土）	0.950～1.370	1.090	0.055～0.080	0.068	安阳、灵宝、长葛、禹县、襄城、新郑
黄土（潮褐土）	1.074～1.351	1.207	0.068～0.085	0.076	安阳、长葛、襄城、禹县、博爱
潮垆土（潮褐土）	1.090～1.625	1.330	0.064～0.090	0.080	安阳、长葛、襄城、禹县、博爱
黄胶土（黄褐土）	0.873～1.190	0.995	0.065～0.091	0.077	汝南、唐河、南阳、社旗、邓县、郾城、潢川
砂姜黑土	0.986～1.860	1.304	0.069～0.116	0.088	西平、临颍、汝南、许昌、平舆、郾城、遂平、社旗、邓县、南阳、唐河
水稻土（黄褐土发育）	1.080～2.560	1.600	0.070～0.157	0.099	罗山、潢川、南阳、正阳、汝南、唐河
沙土（黄潮土）	0.385～0.690	0.595	0.034～0.051	0.041	睢县、开封市、淮阳、新郑、安阳、周口、民权
砂壤土（黄潮土）	0.478～0.760	0.667	0.031～0.057	0.047	濮阳、长垣、内黄、商丘、睢县、鄢陵、民权、淮阳、长葛、许昌、新郑、安阳
两合土（黄潮土）	0.765～0.969	0.862	0.055～0.070	0.061	濮阳、长垣、内黄，商丘、睢县、鄢陵、民权、淮阳、长葛、许昌、新郑、安阳、柘城
淤土（黄潮土）	1.073～1.082	1.033	0.064～0.096	0.074	永城、柘城、睢县、鄢陵、民权、淮阳
两合土（灰潮土）	0.823～1.230	0.976	0.064～0.081	0.072	遂平、平舆、汝南、社旗、邓县、南阳、唐河、罗山、潢川
砂壤土（黄潮土）	0.920～1.237	1.027	0.053～0.073	0.068	安阳市、开封市、周口市
两合土（黄潮土）	1.442～2.500	1.770	0.079～0.094	0.082	安阳市、开封市、商丘市、周口市
淤土（黄潮土）	1.118～2.140	1.546	0.074～0.096	0.084	安阳市、开封市、商丘市
黄土（潮褐土）		1.890		0.124	洛阳市

为了更好地说明长期施用有机肥料对土壤的培肥作用，并展示河南省土壤的培肥前景，将几个城市近郊、整个城市郊区和相邻县的土壤有机质、氮素的平均含量列于表3.2。

从表 3.2 中明显看出，不论褐土或潮土区，城市郊区的土壤有机质和氮素含量都显著高于邻近县，每个市郊都有一定面积的农田土壤有机质含量达 2%以上。

表 3.2 河南省部分市郊与邻县的土壤有机质、氮素含量

地　区	有机质含量/%	全氮含量/%	取样点数	地　区	有机质含量/%	全氮含量/%	取样点数
安阳市近郊	1.86	0.083	48	许昌县	0.96	0.062	959
安阳市郊区	1.68	0.079	172	漯河市郊区	1.51	0.081	50
洛阳市近郊	1.69	0.099	277	郾城县	1.14	0.079	995
洛阳市郊区	1.29	0.080	435	商丘市郊区	1.21	0.071	144
偃师县	1.23	0.080	425	商丘县	0.83	0.066	998
许昌市郊区	1.63	0.086	155	周口市郊区	1.35	0.074	218

3.1.1.2 土壤磷(P_2O_5)的含量和分布

1. 土壤全磷含量

根据河南省不同土类 608 个土样(0～20 cm)化验结果(表 3.3)，土壤全磷含量在 0.01%～0.238%，多数在 0.1%左右。影响土壤全磷含量的主要因素是土壤类型、土壤质地和肥力水平，表 3.3 统计结果表明，褐土、黏质黄潮土和壤质黄潮土的含磷量较高，平均含量在 0.1%以上，黄棕壤、砂姜黑土和砂质黄潮土含磷较低，平均含量在 0.1%以下，淮河流域和唐白河流域的灰潮土，含磷量最低，仅为 0.05%左右。在同一土类中，不同土属和土种的全磷含量有一定差别，它受质地组成和有机质含量的影响较大，一般是质地较黏，有机质含量较高的土壤，磷素含量也较高，反之，则较低。黄潮土的全磷含量受质地影响更为明显，黏质和壤质黄潮土全磷含量显著高于沙土。

表 3.3 河南省耕层土壤全磷含量概况

取土县份数	取土点数	土壤类型	全 P_2O_5 含量/%	
			幅度	平均
10	47	砂姜黑土	0.046～0.171	0.091 3
25	264	褐土	0.066～0.238	0.126 7
15	71	黄棕壤	0.010～0.158	0.087 6
31	152	壤质黄潮土	0.057～0.190	0.122 6
8	15	黏质黄潮土	0.103～0.193	0.138 8
9	49	砂质黄潮土	0.018～0.119	0.084 6
3	10	灰潮土	0.020～0.101	0.056 4

2. 土壤有效磷含量

多年研究和生产实践证明，土壤全磷含量与小麦、玉米生产没有明显的相关性，而可吸收的有效磷含量对小麦、玉米的产量有重要影响，弄清土壤有效磷的含量和分布状况，对指导小麦、玉米的合理施肥有重要意义。有效磷在土壤中是一个十分活跃的动态因子。它受土壤矿物组成、质地、酸碱度以及气温、水分等因子的影响，尤其受人为耕作培肥所造成的土壤有机质含量多少的影响，且在时间上不断变化，在空间分布上极不均一，不仅在不同地区、

不同土壤类型上有所差别，即使在一个村，甚至相邻地块，有效磷含量也差异很大。河南省土壤有效磷含量的分布概况，大体是安阳、新乡西部、焦作、洛阳一带、郑州、许昌西部以及平顶山周围的地区，土壤有效磷含量比较高些，这是因为这些地区群众以烧煤为主，施用粗肥质量较高，土壤有机质含量较高。豫东、豫东北、淮北平原、南阳盆地一带，土壤有效磷含量普遍较低，尤其是沙土、砂姜黑土、黄胶土区的有效磷含量较低，含量低于 10 mg/kg 的面积可占耕地的 60%～70%。在一个县，甚至在一个村庄范围内，一般是离村近，常年施粗肥多的田块，有效磷含量高，离村远、施粗肥少的边远薄地则较低。

城市郊区施用有机肥料多，不仅有机质和氮的含量高，有效磷含量也高，缺磷（按<10 mg/kg为标准）土壤所占的比例小，而邻近县的有效磷平均含量比市郊要低 1～4 倍，缺磷面积要比市郊大（表 3.4）。磷肥应当重点用在这些地区或田块；氮磷化肥配合施用，磷肥的比例应适当加大。

表 3.4　河南省部分市郊与邻县的土壤有效磷含量

地区	P_2O_5/(mg/kg)	P_2O_5 10 mg/kg以下的面积/%	取样点数	地区	P_2O_5/(mg/kg)	P_2O_5 10 mg/kg以下的面积/%	取样点数
安阳市近郊	32.5	21.6	48	许昌市郊区	20.0	43.8	155
安阳市郊区	18.5	30.1	172	许昌县	8.1	85.4	959
安阳县	13.2	41.6	894	漯河市郊区	24.5	28.0	50
洛阳市近郊	31.6	23.3	277	郾城县	9.7	66.4	995
洛阳市郊区	24.0	29.8	422	商丘市郊区	26.0	3.5	144
偃师县	14.0	32.9	425	商丘县	5.1	92.1	998

3.1.1.3　土壤钾(K_2O)的含量和分布

总的说来，全省农田土壤含钾比较丰富。据谭金芳（1996）在河南省 72 个县（市）采集1 056个土样的化验结果（表 3.5）土壤速效钾含量为 28.5～457.8 mg/kg，平均 135.5 mg/kg。缓效钾含量为 177.5～2 553.0 mg/kg，平均 863.3 mg/kg。从表 3.5 中可以看出，河南省土壤的供钾能力是偏高的，因为缓效钾小于 500 mg/kg 的土样仅占取样数的 12.3%，在 500～1 150 mg/kg 的占 73.3%，而大于1 150 mg/kg 的占 14.4%。

表 3.5　河南省土壤钾素状况

缓效钾			速效钾		
含量/(mg/kg)	土样数/个	比例/%	含量/(mg/kg)	土样数/个	比例/%
<60	—	—	<30	—	—
60～166	—	—	30～60	79	7.5
166～330	20	1.9	60～100	275	26.1
330～500	110	10.4	100～120	146	13.9
500～750	289	27.5	120～160	294	27.9
750～1 150	483	45.8	>160	260	24.6
>1 150	152	14.4	—	—	—
总计	1 054	100.0	总计	1 054	100.0

河南省土壤速效钾含量从北到南，从西到东呈递减趋势。从北到南，安阳市速效钾含量大都大于 120 mg/kg，许昌市多在 60～120 mg/kg，信阳地区多在 30～100 mg/kg，而且有 39.2%的土壤在 30～60 mg/kg，这反映了从北到南的递减趋势。从西到东，洛阳、三门峡市速效钾含量均在 120 mg/kg 以上，郑州市多在 60～120 mg/kg，商丘地区在 30～120 mg/kg，但 37.8%的土壤在 30～100 mg/kg，这说明了从西到东的递减趋势。河南省土壤速效钾状况分布目前是“两带三区”(表 3.6)。“两带”指沿京广线两侧小于100 mg/kg的狭长地带和相邻这一带的豫北—豫西—豫西南大于 100 mg/kg 的较开阔弯曲地带，“三区”指豫东区、豫东南区和豫南(信阳)区。沿京广线的狭长地带速效钾变化范围在 30～120 mg/kg，另一带是含量大于 120 mg/kg 的富钾带。豫东区速效钾主要在 30～100 mg/kg，是全省钾肥效果明显区；豫东南区土壤速效钾多大于 120 mg/kg，成为嵌在豫东和豫南的一个特殊区，可能主要是黏粒含量高的原因；豫南区速效钾多在 30～100 mg/kg，是全省土壤 30～60 mg/kg 集中分布区，它同京广带和豫东区是全省主要钾肥有效地带与区域。

表 3.6　全省土壤速效钾和缓效钾分布　　mg/kg

钾素	分布特点		地　点	主要含量范围	特殊地点
速效钾	两带	沿京广线两侧	郑州、许昌、漯河、驻马店	30～120	100～120 集中于许昌
		豫北—豫西—豫西南	安阳、濮阳、鹤壁、新乡、焦作、三门峡、洛阳、平顶山	>120	
	三区	豫东	开封、商丘	30～120	100～120 集中于永城
		豫东南	周口	>120	
		豫南	信阳	30～100	
缓效钾	一带	沿京广线两侧	郑州、许昌、漯河、平顶山、驻马店	500～1 150	
	四区	豫北	安阳、濮阳、新乡、鹤壁、焦作	750～1 150	>1 150 全省集中区
		豫东及豫东南	开封、商丘、周口	500～1 150	
		豫西及豫西南	洛阳、三门峡、南阳	>750	
		豫南	信阳	330～750	

全省土壤缓效钾可分为“一带四区”(表 3.6)。“一带”指的是沿京广线两侧的较开阔地带，缓效钾含量变化在 500～1 150 mg/kg，供钾水平较高。“四区”指的是豫北区、豫东及豫东南区、豫西及豫西南区和豫南区。豫北区缓效钾含量主要在 750～1 150 mg/kg，供钾水平高，其中有呈斑块状分布的 330～750 mg/kg 和大于1 150 mg/kg 的土壤，但面积不大；豫东及豫东南区缓效钾变化在 500～1 150 mg/kg，大于1 150 mg/kg 的土壤集中在永城和夏邑，少数分布于沈丘和太康，供钾水平较高；豫西及豫西南区缓效钾水平极高，均在 750 mg/kg 以上，是全省大于1 150 mg/kg 的主要集中区；豫南区缓效钾含量较低，主要变化在 330～750 mg/kg，是 330～500 mg/kg 的主要集中区，供钾水平中。

3.1.2 河南省农田土壤养分动态演变情况

通过七年(1998—2004年)定点定位的耕地地力质量监测结果表明(慕兰等,2007)(表3.7),施肥对土壤有机质、全氮、速效磷和速效钾的含量影响比较明显,常规施肥区的养分含量普遍比不施肥区高。施肥区耕层土壤有机质含量基本稳定,略有上升,而无肥区有机质含量则呈缓慢下降趋势;施肥区全氮、碱解氮、有效磷含量经回归分析无显著变化,但无肥区有下降趋势;与第二次土壤普查时相比,施肥区速效钾含量下降较为严重,下降了18.18 mg/kg,平均每年以1.05 mg/kg的速度下降。由于近年来在全省实施"沃土工程"和"补钾工程",下降速度得到有效遏制,正在逐步回升,而无肥区产量低,养分携出量少,速效钾变化相对稳定。与第二次土壤普查时对应点位相比,施肥区七年的平均值除速效钾含量有所下降外,其他各种养分含量均有明显提高(表3.7)。

表3.7 河南省监测点土壤耕层养分变化情况

年度	有机质/%		全氮/%		碱解氮/(mg/kg)		有效磷/(mg/kg)		速效钾/(mg/kg)	
	习惯施肥	不施肥	习惯施肥	不施肥	习惯施肥	不施肥	习惯施肥	不施肥	习惯施肥	不施肥
1998	1.41	1.41	0.101	0.101	86.55	86.55	18.02	18.02	110.57	110.57
1999	1.48	1.30	0.102	0.088	83.78	76.78	15.32	12.61	126.55	127.76
2000	1.42	1.24	0.094	0.086	86.09	78.25	20.82	16.22	117.56	112.55
2001	1.47	1.20	0.097	0.087	98.49	82.00	18.02	14.22	117.38	110.76
2002	1.46	1.18	0.100	0.085	85.79	69.00	19.16	12.65	118.98	108.97
2003	1.45	1.17	0.100	0.085	85.40	68.08	14.76	10.22	127.10	115.62
2004	1.46	1.18	0.101	0.084	89.54	68.21	15.52	11.47	121.61	114.37
平均	1.45	1.24	0.099	0.088	87.95	75.55	17.37	13.63	119.96	114.37
1986	1.21	n=41	0.079	n=40	67.39	n=20	5.91	n=41	138.90	n=41

注:1986年为各监测点第二次土壤普查时对应点位的养分含量;n为监测点数目。

3.1.2.1 土壤有机质演变动态

土壤有机质含量的变化是农田土壤用养管理的综合结果,也是肥力演变的重要标志。从全省七年的监测结果来看(表3.7),常规施肥区土壤有机质七年平均含量为1.45%,与第二次土壤普查(1986)对应点位1.21%相比,土壤有机质含量有了明显提高,提高了0.24个百分点,平均每年以0.014个百分点的速度上升。近18年来,有机肥的不断投入,以及化肥的大量施用导致生物产量的大幅度提高,是土壤有机质含量增加的主要原因。连续七年不施肥的无肥区,有机质含量则呈明显下降趋势,已略低于第二次土壤普查时的水平。

从全省来看,由于不同区域的土壤类型、施肥制度、轮作制度和种田技术水平等方面的不同，耕层养分含量变化也存在一定差异。就不同区域而言(慕兰等，2007)(图 3.1)，与第二次土壤普查时相比，除豫西南地区有机质含量基本持平外，其他各地区都有所提高。土壤有机质区域变化的总趋势是东部冲积平原土壤有机质含量低，西部地区有机质含量高，北部旱地土壤有机质含量低，豫南信阳稻区土壤有机质含量高，与第二次土壤普查时的土壤有机质含量的区域分布基本一致。

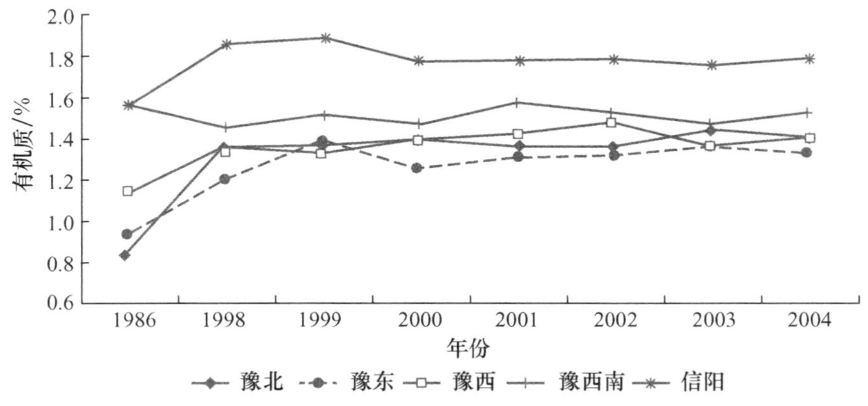

图 3.1　监测点不同区域有机质变化趋势

每一类型的土壤都是在其特定的自然环境下形成的。不同的土壤类型在不同母质、不同成土因素以及人类生产影响下，有机质含量状况差别很大。从不同土壤类型来看(慕兰等，2007)(图 3.2)，潮土、红黏土区有机质含量偏低，水稻土有机质含量最高。与第二次土壤普查时相比，红黏土、水稻土有机质含量基本持平，而潮土、黄褐土、褐土、砂姜黑土区均有不同程度的提高。

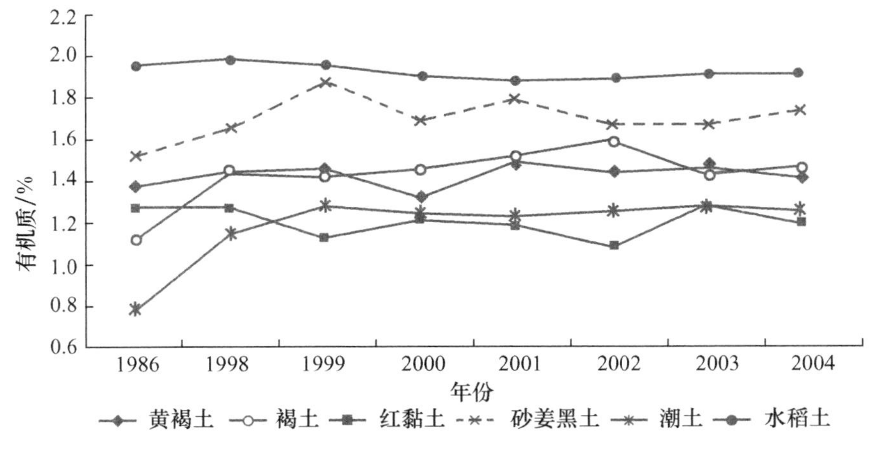

图 3.2　监测点耕层不同土壤类型有机质变化趋势

3.1.2.2　土壤全氮含量演变动态

七年的监测结果表明(慕兰等，2007)(表 3.7)，常规施肥区土壤全氮七年平均含量为

0.099%，与第二次土壤普查对应点位 0.079%相比，土壤全氮含量也有明显提高。18 年来全省土壤耕层氮素含量也呈上升趋势，这主要是由于第二次土壤普查后，随着氮素化肥投入的大量增加，也引起有机肥的投入量相应增加，致使土壤全氮储备有了大幅度提高，从而为粮食产量的提高奠定了肥力基础。连续七年不施肥的无肥区，土壤全氮含量则呈明显下降趋势。

从河南省监测点的不同区域来看(慕兰等，2007)(图 3.3)，与第二次土壤普查时相比，除豫西南全氮含量略有下降外，其他各地区都有所提高，河南省土壤全氮含量的区域分布状况与土壤有机质含量的区域分布大致相似，总的趋势也是从北到南，从东到西呈递增趋势，这与河南省土壤有机质的变化趋势相一致。就不同土壤类型而言(慕兰等，2007)(图 3.4)，水稻土全氮含量最高，潮土含量较低，这与土壤有机质的含量高低相一致，说明土壤全氮与有机质之间相关性好，经统计分析，土壤全氮与有机质变化存在极显著的正相关关系(r=0.933 3**)。

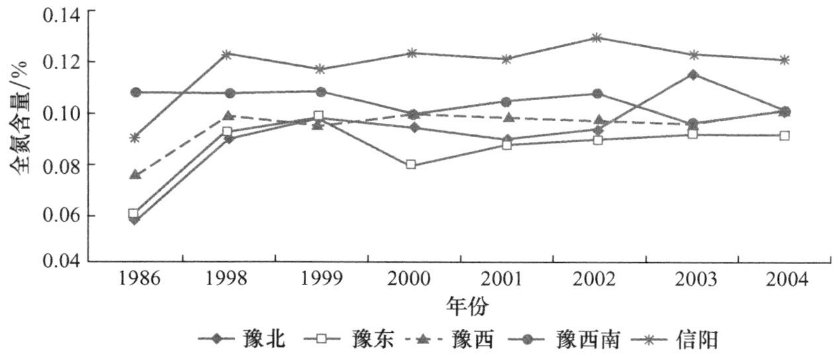

图 3.3 监测点不同区域土壤耕层全氮变化趋势

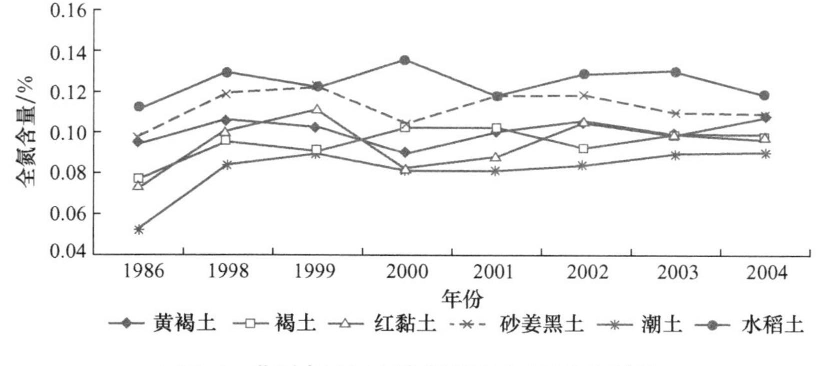

图 3.4 监测点不同土壤类型耕层全氮变化趋势

3.1.2.3 土壤有效磷含量演变动态

根据七年的监测结果(慕兰等，2007)(表 3.7)，常规施肥区土壤有效磷含量平均为 17.37 mg/kg，与第二次土壤普查对应点位平均值 5.91 mg/kg 相比，18 年来土壤有效磷含量有了大幅度提高，提高了 11.46 mg/kg，呈明显上升趋势，这与第二次土壤普查后大量施用磷素化肥有密切的关系。自 1986 年以来全省大力推广施用磷肥，“九五”、“十五”期间磷肥施用得到普及，1995—2004 年十年间耕地平均每年施用磷素化肥折纯(P_2O_5)已达到 178.7 kg/hm^2，为土壤中磷素的积累提供了物质基础。连续七年不施肥的无肥区，土壤有效磷含量下降趋势不很明显。

从河南省不同区域来看(慕兰等，2007)(图 3.5)，与第二次土壤普查时相比，各地区土壤有效磷含量都有大幅度提高，豫西南最高，年平均增加量已达到 19.01 mg/kg，其次为豫东 18.69 mg/kg、豫北 17.68 mg/kg，豫南最低为 12.40 mg/kg。就不同土壤类型而言(慕兰等，2007)(图 3.6)，与第二次土壤普查时相比，各土类的土壤有效磷含量均有较大幅度提高。以潮土区提高幅度最多，七年平均值比第二次土壤普查时提高了 13.73 mg/kg，其次为砂姜黑土区提高了 11.12 mg/kg。

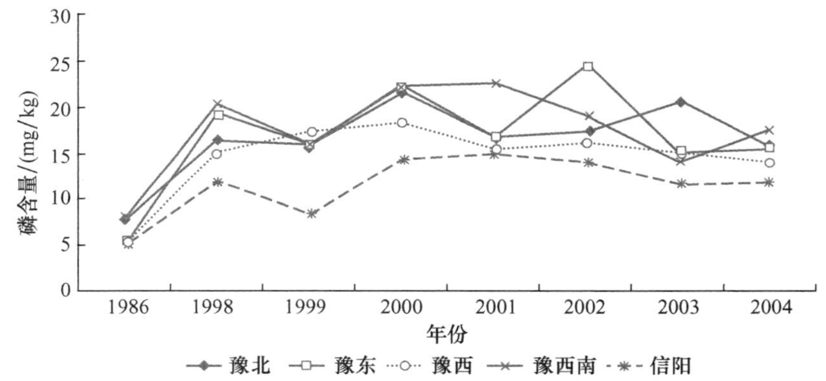

图 3.5 监测点不同区域土壤耕层有效磷变化趋势

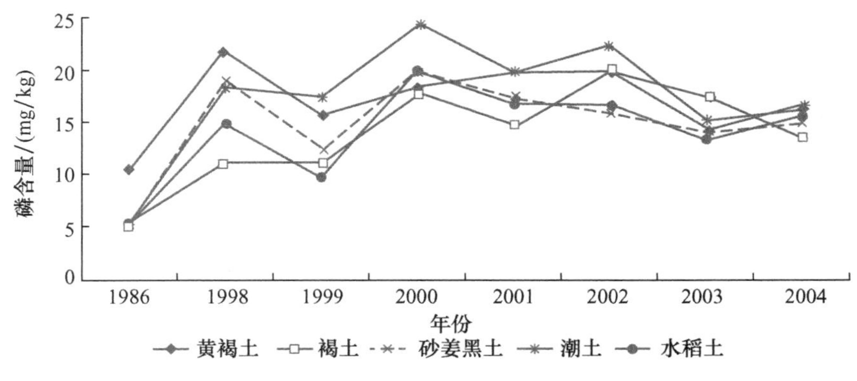

图 3.6 监测点不同土壤类型耕层有效磷变化趋势

3.1.2.4 土壤速效钾含量演变动态

从七年的监测结果可以看出(慕兰等，2007)(表 3.7)，七年常规施肥区土壤速效钾含量平均为 119.96 mg/kg，与第二次土壤普查对应点位平均值 138.9 mg/kg 相比，18

年来土壤速效钾含量下降幅度较大，下降了 18.94 mg/kg，平均每年以 1.05 mg/kg 的速度在下降。虽然近几年土壤钾素下降有所缓解，但钾素问题已成为河南省农田土壤肥力持续提高的关键因素。连续七年不施肥的无肥区，土壤速效钾含量呈下降趋势但不很明显。

从不同区域可以看出（慕兰等，2007）（图 3.7），与第二次土壤普查时相比，除豫西、豫南地区土壤速效钾含量有上升趋势外，其余各地区都明显下降，豫北地区下降最快。河南省土壤速效钾含量豫西最高，七年平均已达到 133.92 mg/kg，豫西南次之，为 123.26 mg/kg，豫东地区最低，为 108.99 mg/kg。从不同土壤类型来看（慕兰等，2007）（图 3.8），与第二次土壤普查时相比，土壤速效钾含量除褐土区、红黏土区基本持平外，其他各土类都有下降，以潮土区下降最快，降低了 42.68 mg/kg。

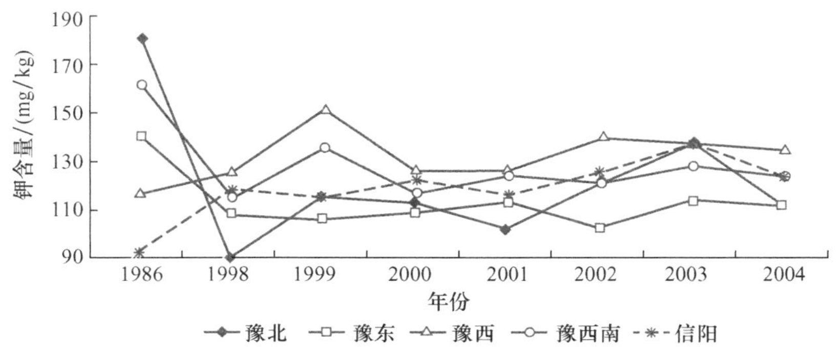

图 3.7 监测点不同区域土壤耕层速效钾变化趋势

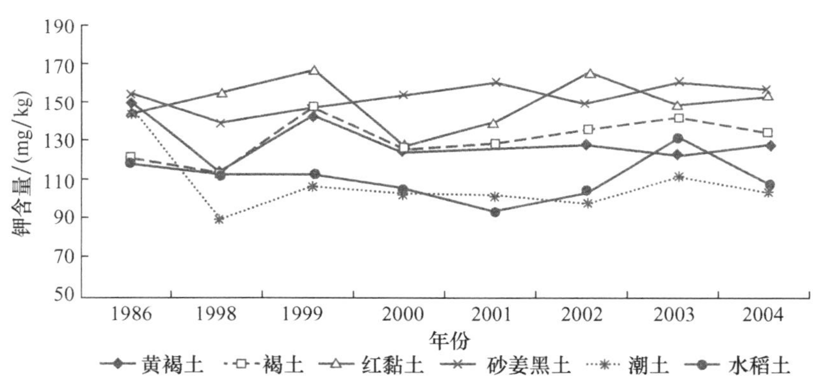

图 3.8 监测点不同土壤类型耕层速效钾变化趋势

几年来的监测结果表明，土壤缓效钾含量变化不大，平均为 782 mg/kg，土壤供钾潜力较大。

3.1.2.5 土壤微量元素含量演变动态

根据慕兰等（2007）的监测结果（表 3.8），与第二次土壤普查时相比，土壤中有效微量元素含量稳中有升，其中，土壤有效锌平均含量是1.05 mg/kg，低于0.5 mg/kg的土壤样品数占有效点数的5%，0.5～1 mg/kg的占55%，大于1 mg/kg的占40%，土壤有效锌含量整体水平不高，而且地域间变幅较大，土壤缺锌现象明显存在；土壤有效铜、铁、锰平均含量依次为1.45、16.49、18.79 mg/kg，不同土壤类型及同一区域土壤类型不同监测点之间土壤有效铜、铁、锰含量存在较大差异，但一般可满足作物需求；土壤有效硼平均含量是0.51 mg/kg，低于0.2 mg/kg的占7.32%，0.2～0.5 mg/kg的占53.66%，大于1 mg/kg的占39.02%，与第二次土壤普查时相比，虽有所提高，但缺硼现象普遍存在；土壤有效钼平均含量是0.101 mg/kg，其中只有七个点高于临界值(0.15 mg/kg)，与第二次土壤普查时相比，土壤有效钼平均含量虽然有所上升，但从整个河南省来看土壤缺钼面积还比较大。

表3.8 河南省土壤微量元素变化情况 mg/kg

年度	铜	锌	铁	锰	硼	钼
1986	1.21	0.66	15.90	17.03	0.39	0.077
2002	1.45	1.05	16.49	18.79	0.51	0.101

3.1.3 华北中部灌区小麦-玉米一体化亩产吨半粮田的土壤肥力指标研究

近年来通过在河南省浚县、温县、兰考超高产攻关田进行土壤采样分析，并基于2008—2009年课题开展的各项试验中对不同处理土壤肥力指标比较分析，提出了冬小麦-夏玉米一体化亩产吨半粮田的土壤主要肥力指标范围。

3.1.3.1 高产田与超高产田土壤养分含量差异比较

从表3.9可以看出，高产与超高产农田土壤全氮和土壤有机质含量没有明显差异，三个地点超高产田土壤全氮、有机质含量平均为1.08%、18.99 g/kg，高产田为1.05%、18.69 g/kg。土壤速效氮含量浚县差异较大，超高产田比高产田高22.87 mg/kg，温县高出17.61 mg/kg，而兰考没有差异。浚县、温县和兰考的土壤速效磷和速效钾差异都较大，分别高出28.11、18.59和12.12 mg/kg，44.24、83.30和57.61 mg/kg。由此可见，高产田与超高产田土壤养分差异主要在于速效养分。注重秸秆还田增施有机肥以增加土壤有机质含量，科学地进行水肥管理，提高土壤有效养分含量，是实现作物超高产的重要措施。根据近几年河南省浚县、温县、兰考等多个县市的小麦-玉米一体化的超高产农田土壤养分状况和生产实践证明，初步提出了超高产田土壤养分指标为耕层土壤全N 1.17%以上，有机质含量18.50 g/kg以上，速效氮100 mg/kg以上，速效磷36 mg/kg以上，速效钾178 mg/kg以上。达到该土壤养分肥力指标的田块，若再辅以配套的栽培管理技术在正常年份可以达到亩产吨半粮以上的产量。

3.1.3.2 高产田与超高产田土壤物理性状差异比较

从表3.10可以看出，超高产田土壤容重在0～10 cm和10～20 cm土层与高产田有明显差异，20～30 cm和30～40 cm土层差异逐渐减小。超高产田土壤容重0～10 cm、10～20 cm、20～30 cm和30～40 cm土层平均为1.40、1.47、1.50和1.57 g/cm^3，比高产田小0.02、0.03、0.02和0.01 g/cm^3。三个试验地点土壤比重有所差异，但同一地点不同土层之间、高产田与超高产田之间无明显差异。超高产田的土壤孔隙度普遍大于高产田，超高产田土壤孔隙度0～10 cm、10～20 cm、20～30 cm和30～40 cm土层平均为40.53%、36.87%、37.12%和34.02%，依次比高产田大3.64%、2.92%、2.57%和2.74%。超高产田土壤物理性状指标初步定为土壤容重0～10 cm土层1.35～1.44 g/cm^3、10～20 cm土层1.41～1.5 g/cm^3。土壤孔隙度0～10 cm土层33.39%～44.37%，10～20 cm土层35.66%～41.74%。

表3.9 华北中部灌区不同试验地点土壤养分含量差异

（河南农业大学）

试验地点	全N/%	有机质/(g/kg)	速效N/(mg/kg)	速效P/(mg/kg)	速效K/(mg/kg)
浚县超高产田	1.17	18.55	145.63	51.92	232.89
浚县高产田	1.03	18.03	122.77	23.82	188.65
温县超高产田	1.12	19.93	153.97	40.40	239.68
温县高产田	1.12	19.57	136.36	21.44	156.38
兰考超高产田	0.94	18.48	128.66	36.47	266.85
兰考高产田	0.99	18.47	127.96	24.35	209.24

表3.10 华北中部灌区不同试验地点土壤物理性状差异

（河南农业大学）

地点	层次/cm	容重/(g/cm^3)		比重		孔隙度/%	
		超高产田	高产田	超高产田	高产田	超高产田	高产田
浚县	0～10	1.35	1.39	2.42	2.35	44.37	42.25
	10～20	1.41	1.44	2.41	2.34	41.74	39.62
	20～30	1.50	1.44	2.44	2.27	40.33	39.58
	30～40	1.54	1.45	2.48	2.31	36.40	37.50
温县	0～10	1.40	1.42	2.27	2.21	39.84	33.99
	10～20	1.43	1.60	2.25	2.23	36.47	28.31
	20～30	1.46	1.55	2.23	2.23	34.36	30.54
	30～40	1.58	1.59	2.26	2.24	30.41	28.92
兰考	0～10	1.44	1.46	2.31	2.24	37.39	34.45
	10～20	1.50	1.50	2.31	2.23	35.66	33.93
	20～30	1.53	1.56	2.32	2.24	36.66	33.53
	30～40	1.59	1.63	2.34	2.24	35.25	27.41

3.1.3.3 高产与超高产土壤微生物学特性差异比较

从表 3.11 可以看出，高产田与超高产田的微生物数量存在较大差异。超高产田的土壤细菌、真菌、自生固氮菌和氨化细菌普遍高于高产田，而放线菌、纤维素分解菌和硝化细菌普遍低于高产田。不同地区土壤微生物数量差异较大。超高产田的土壤细菌、真菌、自生固氮菌和氨化细菌平均为 19.28×10^6、3.41×10^4、34.72×10^4 和 15.00×10^7 个/g 干土，分别比高产田高出 5.00×10^6、0.50×10^4、9.38×10^4 和 3.56×10^7 个/g 干土。超高产田放线菌、纤维素分解菌和硝化细菌数量平均为 14.89×10^5、42.14×10^2 和 44.52×10^4 个/g 干土。超高产田土壤微生物性状指标初步定为土壤细菌 $(11.80\sim25.77)\times10^6$ 个/g 干土，真菌 $(2.40\sim4.70)\times10^4$ 个/g 干土、放线菌 $(11.67\sim20.08)\times10^5$ 个/g 干土、自生固氮菌 $(25.49\sim35.21)\times10^4$ 个/g 干土、纤维素分解菌 $(20.34\sim81.22)\times10^5$ 个/g 干土、硝化细菌 $(40.72\sim44.60)\times10^4$ 个/g 干土、氨化细菌 $(3.91\sim22.15)\times10^7$ 个/g 干土。

表 3.11 华北中部灌区不同试验地点土壤微生物数量差异(0～20 cm 土层)

(河南农业大学)

地点	细菌 (10^6 个/g)	真菌 (10^4 个/g)	放线菌 (10^5 个/g)	自生固氮菌 (10^4 个/g 干土)	纤维素分解菌 (10^2 个/g 干土)	硝化细菌 (10^4 个/g 干土)	氨化细菌 (10^7 个/g 干土)
浚县超高产田	20.28	2.40	12.92	35.21	24.88	44.60	18.94
浚县高产田	12.32	2.27	17.75	25.90	14.95	71.24	15.62
温县超高产田	11.80	3.12	11.67	34.02	20.34	40.72	22.15
温县高产田	11.77	2.95	22.42	25.49	127.07	66.31	14.94
兰考超高产田	25.77	4.70	20.08	34.94	81.20	48.24	3.91
兰考高产田	18.77	3.50	28.75	24.64	7.67	35.57	3.77

3.1.4 华北中部高产灌区小麦-玉米一体化土壤肥力指标与施肥指标

谭金芳等 2004—2010 年根据河南省偃师、温县、济源、浚县、兰考、许昌、安阳、西平等 20 多个县市的小麦-玉米一体化的不同产量水平农田土壤养分状况、肥效试验和生产实践，初步提出了华北中部高产灌区的土壤养分肥力指标(表 3.12)，并在此基础上分析总结出了华北中部高产灌区小麦-玉米一体化的施肥指标(表 3.12)。

3.1.5 华北砂壤土区小麦-玉米一体化土壤肥力指标与施肥指标

赵炳梓等2008—2010年根据河南省砂壤质潮土区的小麦-玉米一体化的多年多点田间试验及农田土壤养分状况，总结提出了华北砂壤土区小麦-玉米一体化不同产量水平下土壤肥力指标与施肥指标（表3.13至表3.15）。

表3.12 华北中部高产灌区小麦-玉米一体化的土壤肥力指标与施肥指标

（河南农业大学）

两熟产量/(kg/hm^2)	土壤养分/(0～20 cm)		推荐施肥量/(kg/hm^2)		
			养分	小麦	夏玉米
15 000	有机质/(g/kg)	≥11.0	两季秸秆全量还田		
	全氮/(g/kg)	≥0.9	N	210～240	240～300
	碱解氮/(mg/kg)	≥60	P_2O_5	90～120	90～120
	有效磷/(mg/kg)	≥15	K_2O	75～105	120～150
	速效钾/(mg/kg)	≥120	微肥	$MnSO_4$ 30～45 底施	
12 000	有机质/(g/kg)	≥9.0	两季秸秆全量还田+有机肥		
	全氮/(g/kg)	≥0.8	N	180～240	210～270
	碱解氮/(mg/kg)	≥50	P_2O_5	90～120	90～120
	有效磷/(mg/kg)	≥15	K_2O	砂壤土酌量施钾肥	
	速效钾/(mg/kg)	≥100	微肥	$MnSO_4$ 拌种	

表3.13 华北砂壤土区小麦-玉米一体化土壤氮素肥力指标与施氮指标

（中国科学院南京土壤研究所）

产量水平/(kg/hm^2)		肥力等级	土壤碱解氮/(mg/kg)	氮肥(N)用量/(kg/hm^2)	
小麦	玉米			小麦	玉米
5 000～6 000	6 000～7 500	极低	<30	200～230	170～200
		低	30～80	170～200	140～170
		中	80～120	120～170	110～140
		高	120～160	80～120	80～110
		极高	>160	30～80	40～80
6 000～7 500	7 500～9 000	极低	<30	250～300	250～290
		低	30～80	210～250	230～250
		中	80～120	180～210	180～230
		高	120～160	140～180	140～180
		极高	>160	80～140	90～140

表 3.14 华北砂壤土区小麦-玉米一体化土壤磷素肥力指标与施磷指标

(中国科学院南京土壤研究所)

产量水平/(kg/hm²)		肥力等级	土壤速效磷/(mg/kg)	磷肥(P_2O_5)用量/(kg/hm²)
小麦	玉米			
5 000～6 000	6 000～7 500	极低	<7	165～220
		低	7～15	125～165
		中	15～30	90～125
		高	30～40	15～60
		极高	>40	0
6 000～7 500	7 500～9 000	极低	<7	250～300
		低	7～15	200～250
		中	15～30	150～200
		高	30～40	80～100
		极高	>40	0～50

表 3.15 华北砂壤土区小麦-玉米一体化土壤钾素肥力指标与施钾指标

(中国科学院南京研究所)

产量水平/(kg/hm²)		肥力等级	土壤速效钾/(mg/kg)	钾肥(K_2O)用量/(kg/hm²)	
小麦	玉米			小麦	玉米
5 000～6 000	6 000～7 500	低	<70	60	75
		中	70～100	30	60
		高	100～150	0	30
		极高	>150	0	0
6 000～7 500	7 500～9 000	低	<70	75	105
		中	70～100	60	75
		高	100～150	30	45
		极高	>150	0	0

3.2 华北南部补灌区小麦-玉米一体化土壤肥力指标与施肥指标研究

华北南部补灌区以河南省伏牛山、桐柏山东部，大别山北部的淮北平原低洼地区及南阳盆地中南部两熟制农田为代表，地处亚热带与暖温带的过渡地带，具有亚热带与暖温带的双重气候特征，属典型的大陆性季风型半湿润气候，阳光充足，热量丰富，雨量充沛，四季分明，温和湿润。总土壤面积为 127.2 万 hm²，占河南省土壤面积的 9.25%，其中耕地 156 万 hm^2，占河南省耕地面积的 13.94%。华北南部补灌区农作物总播种面积为 520.3 万 hm^2，其中粮食播种面积达 329.4 万 hm^2，占 63.3%；夏收粮食作物播种面积为 193.6 万 hm^2，占 37.2%；粮食作物总产1 842.3万 t，平均产量 9 510 kg/hm^2，夏收粮食作物总产1 184.8万 t，平均产量6 130.5 kg/hm^2。

3.2.1 华北南部补灌区土壤养分状况

3.2.1.1 麦田土壤养分状况

表 3.16 表明，麦田土壤极缺氮，土壤速效态氮(NH_4^+-N)在 6.9～36.1 mg/L(ASI 法，下同)，平均值为 16.2 mg/L，显著低于临界值水平，并且所有土壤样品测定值全部低于临界值。土壤速效磷在 0.2～65.6 mg/L，平均值为 16.4 mg/L，但土壤样品测定值中有 40.2%的样品磷的含量低于临界值。土壤速效钾在 38.1～274.0 mg/L，平均值为 64.81 mg/L，土壤样品测定值中有 79.4%的样品钾的含量低于临界值。农田土壤养分中微量营养元素 S、Zn、B 三元素也存在缺乏。土壤速效态硫在 0.6～37.0 mg/L，平均值为 8.5 mg/L，土壤样品测定值中 84.5%的土壤样品测定值低于临界值 12 mg/L。土壤速效锌在 0.7～8.7 mg/L，平均值为 1.6 mg/L，土壤样品测定值中 79.4%的土壤样品测定值低于临界值 2.0 mg/L。土壤速效硼在 0～1.77 mg/L，平均值为 0.39 mg/L，土壤样品测定值中 22.7%的土壤样品测定值低于临界值 0.2 mg/L。

表 3.16 华北南部补灌区麦田土壤速效养分含量范围及临界值指标

(河南省农业科学院)　　mg/L

项目	pH	NH_4^+	NO_3^-	P	K	S	Fe	Cu	Mn	Zn	B
最大值	7.12	36.1	28.1	65.6	274	37	176.8	13.7	168.3	8.7	1.77
最小值	4.71	6.9	0	0.2	38.1	0.6	7.2	2	3	0.7	0
平均值	5.57	16.19	8.46	16.38	64.81	8.49	107.52	3.79	57.41	1.64	0.39
中值	5.39	15.8	8.5	15.7	61.6	4.8	120.3	3.5	47.4	1.5	0.33
标准差	0.64	4.62	5.85	11.15	26.55	9.57	44.28	1.58	40.42	0.91	0.30
变异系数	11.50	28.55	69.10	68.10	40.97	112.78	41.18	41.63	70.40	55.56	76.35
百分比/%		100		40.2	79.4	84.5	0.04	0	0.05	79.4	22.7
临界值		50		12	78.2	12	10	1	5	2	0.2

注：本表数据为 ASI 法测定。百分比为低于临界值土样数占总土样数的百分比。

3.2.1.2 玉米田土壤养分状况

从表 3.17 可以看出，玉米田土壤极缺氮，土壤速效态氮(NH_4^+-N)在 5.2～38.2 mg/L，平均值为 15.3 mg/L，显著低于临界值水平，并且所有土壤样品测定值全部低于临界值。土壤速效磷在 0.2～87.5 mg/L，平均值为 18.8 mg/L，但土壤样品测定值中有25.0%的样品磷的含量低于临界值。土壤速效钾在38.1～223.3 mg/L,平均值为71.4 mg/L,土壤样品测定值中有68.2%的样品钾的含量低于临界值。农田土壤养分中中微量营养元素S、Zn、B三元素也存在缺乏。土壤速效态硫在0.6～44.1 mg/L,平均值为8.6 mg/L,土壤样品测定值中79.5%的土壤样品测定值低于临界值12 mg/L。土壤速效锌在0.7～5.1 mg/L,平均值为1.7 mg/L,土壤样品测定值中65.9%的土壤样品测定值低于临界值2.0 mg/L。土壤速效硼在0～3.2 mg/L,平均值为0.6 mg/L,土壤样品测定值中10.6%的土壤样品测定值低于临界值0.2 mg/L。

表3.17 华北南部补灌区玉米田土壤速效养分含量范围及临界值指标

(河南省农业科学院) mg/L

项目	pH	NH_4^+	NO_3^-	P	K	S	Fe	Cu	Mn	Zn	B
最大值	8.6	38.2	76.1	87.5	223.3	44.1	206.8	9.7	166.2	5.1	3.2
最小值	4.3	5.2	0.0	0.2	38.1	0.6	7.2	1.2	3.0	0.7	0.0
平均值	5.7	15.3	18.0	18.8	71.4	8.6	95.5	3.5	56.0	1.8	0.6
中值	5.5	15.0	14.4	18.9	69.4	3.3	104.0	3.3	48.9	1.7	0.5
标准差	0.8	6.0	14.5	9.6	20.2	10.9	45.5	1.1	34.4	0.8	0.5
变异系数	14.7	39.5	80.3	51.1	28.4	126.6	47.7	32.8	61.5	42.0	74.6
百分比/%		100		25	68.2	79.5	3	0	3.8	65.9	10.6
临界值		50		12	78.2	12	10	1	5	2	0.2

注:本表数据为ASI法测定。百分比为低于临界值土样数占总土样数的百分比。

华北南部补灌区有机质含量最高为0.9 %,最低为0.52%,平均含量为0.73%;大量营养元素土壤铵态氮、有效磷和速效钾含量范围分别为6.2～15.25 mg/L、10.7～37.6 mg/L和45.6～111.5 mg/L,平均含量为10.91、23.17和69.68 mg/L,S平均含量2.92 mg/L,含量范围为0.6～4.9 mg/L,微量元素Cu平均含量3.3 mg/L,含量范围为2.40～4.88 mg/L,Mn含量平均含量为47.86 mg/L、含量范围为25.1～71.9 mg/L,Zn平均含量为1.8 mg/L,含量范围为1.1～2.6 mg/L,Fe平均含量为114.8 mg/L,含量范围43.90～160.45 mg/L;而土壤pH为4.45～7.25,平均为5.1。

按照土壤养分综合系统评价法所设定的土壤养分含量临界值指标对华北平原南部补灌区土壤养分状况进行了评价。100%氮素缺乏,81.8%的农户缺乏钾素,100%的农户的地块缺乏硫素,63.6%的地块缺乏硼素和54.5%的农户地块缺乏锌素。

3.2.2 小麦、玉米生育期内土壤养分动态变化特征

目前,农田土壤普遍缺氮,氮是农业生产中最重要的养分限制因子。施入的肥料氮对土壤含氮量的影响决定于它在土壤中的净残留量。氮肥对土壤氮的矿化既无明显的净激发,也无明显的净残留,因此它在提高土壤全氮含量中的作用并不明显。与氮肥不同,有机肥料在土壤中大多有明显的净残留因此有助于土壤全氮量的提高。

农田生态系统养分平衡的盈亏,是决定土壤养分水平消长的根本原因,因此,农田养

分平衡是判断土壤养分水平发展趋向的根本依据。但是由于因素的复杂性，到目前为止，我们还只能定性地判断在农田养分平衡有盈余的时候，土壤养分水平将会增加，当有赤字的时候，土壤养分水平将下降。但这种定性的判断有时也会出现反常现象。如氮有盈余，但土壤氮素并不相应积累。为研究小麦生育期内土壤养分动态变化特征，小麦生育期内于越冬期、返青期、拔节期、孕穗期、灌浆期、成熟期采集每个重复小区耕层土壤样品，测定各样品的大、中和微量营养元素含量，玉米生育期分别于苗期、拔节期、抽雄期、灌浆期、成熟期采集每个重复小区耕层土壤样品，测定各样品的大、中和微量营养元素含量。揭示小麦、玉米不同生育期土壤速效养分含量动态变化特征。生育期土壤 NO_3^--N 变化如图 3.9 至图 3.12 所示。

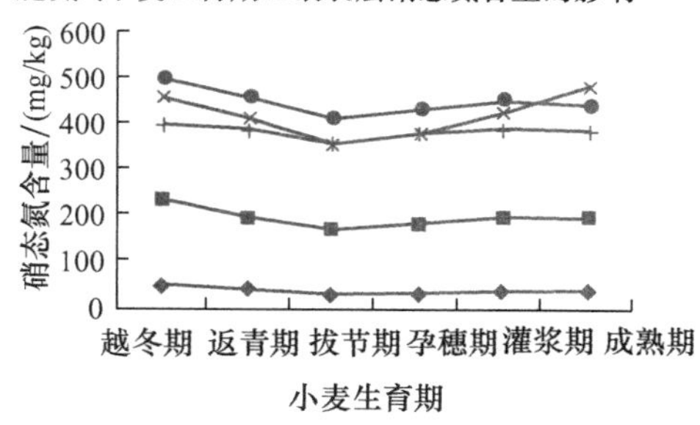

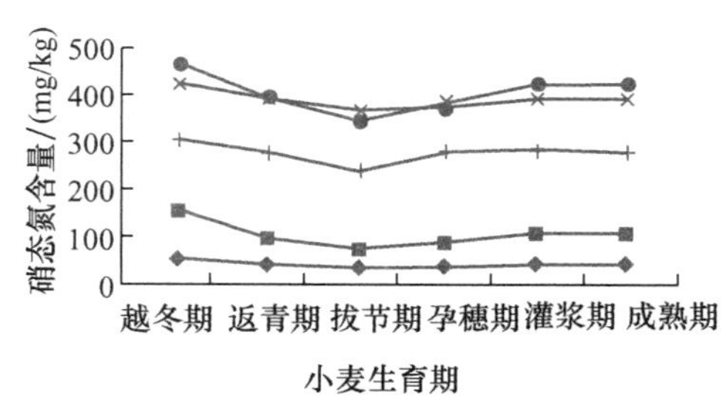

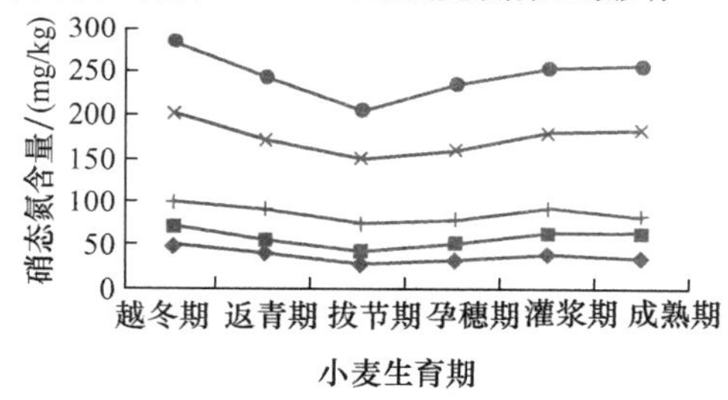

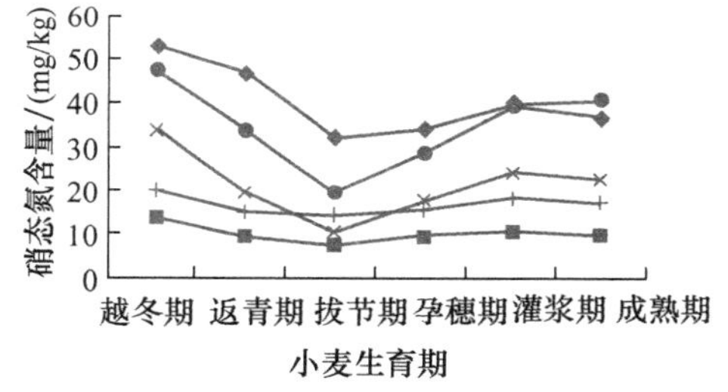

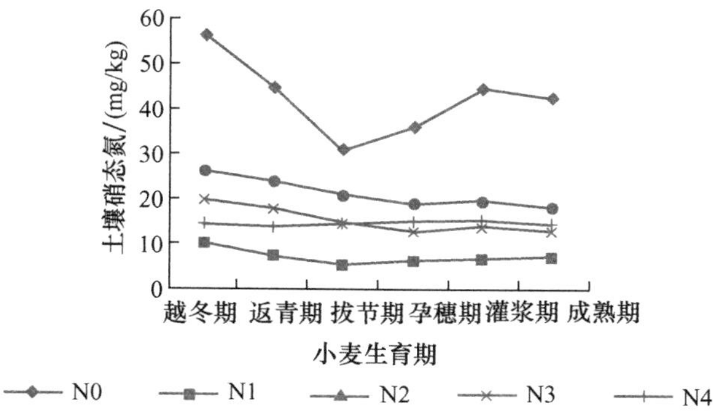

图 3.9 华北南部补灌区小麦生育期土壤 NO_3^--N 变化

（河南省农业科学院）

由图3.9、图3.10可以看出，冬小麦生育期间各土层的土壤 NO_3^--N含量基本上随施氮量的增加而升高，且各时期的土壤 NO_3^--N含量均以0～20 cm耕作层最高。在60 cm以上土体中 NO_3^--N含量很高，60 cm以下 NO_3^--N含量偏低。原因是砂姜黑土对养分的吸附能力较强，养分在土壤中移动较困难。

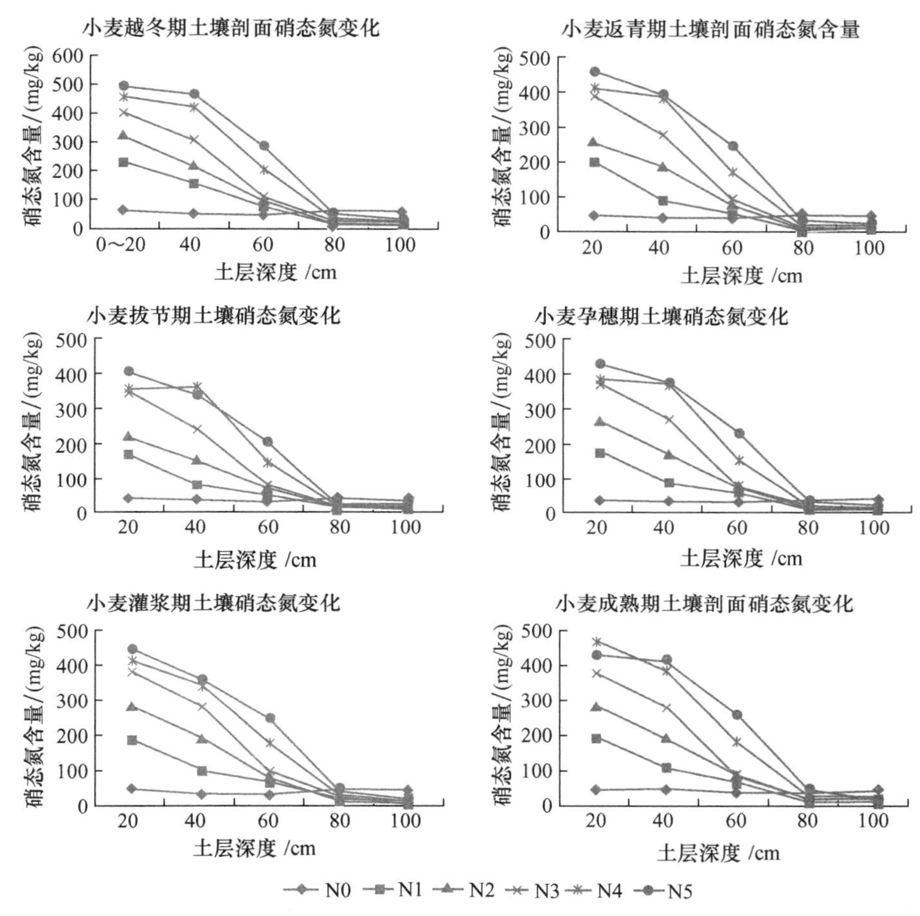

图3.10　华北南部补灌区小麦生育期土壤剖面土壤 NO_3^--N变化

（河南省农业科学院）

各土层硝态氮含量随小麦生育进程呈先降低后升高再降低的趋势，拔节期最低，随气温回升，小麦进入旺盛生长期，到孕穗期硝态氮含量最高，而后缓慢下降。

在高施氮条件下，配以磷肥或配以磷钾肥施用均可以降低土壤中 NO_3^--N累积量，并且在60 cm土体中以下低于不施肥处理。说明在砂姜黑土类型土壤中 NO_3^--N的移动性比较小，砂姜黑土对 NO_3^--N吸附比较大。

图3.11、图3.12表明，夏玉米生育期间各土层的土壤 NO_3^--N含量基本上随施氮量的增加而升高，且各时期的土壤 NO_3^--N含量均以0～20 cm耕作层最高。在60 cm以上土体中 NO_3^--N含量很高，60 cm以下 NO_3^--N含量偏低。原因是砂姜黑土对养分的吸附能力较强，养分在土壤中移动较困难。

夏玉米生育期间土壤 NO_3^--N 含量总体上呈高—低—高—低的变化趋势，增施氮肥明显增加土壤 NO_3^--N 含量。

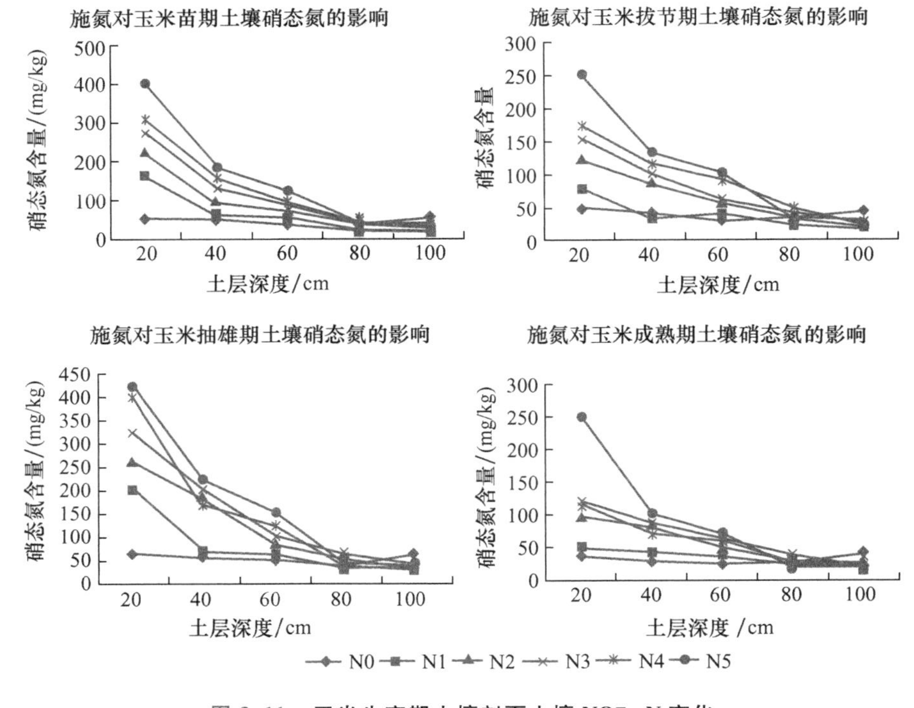

图 3.11　玉米生育期土壤剖面土壤 NO_3^--N 变化

（河南省农业科学院）

越来越多的调查表明，河南省小麦、玉米的肥料施用，特别是氮肥的施用，存在很大的问题。过多的氮肥施用不仅没有增加小麦、玉米子粒产量，反而在一定程度上限制作物高产潜力发挥，降低养分利用效率；过多的不能被作物吸收利用的养分以各种形式残留在土壤中或者直接损失到环境中，直接或间接地威胁着生态环境的安全。华北南部补灌区小麦玉米生产中存在许多不合理的施肥现象。宝德俊等(2006)对河南新乡和遂平两地冬小麦-夏玉米轮作田氮肥施用量的调查表明，冬小麦平均氮肥施用量为 165～295 kg/hm^2 和 135～330 kg/hm^2，夏玉米平均氮肥施用量分别为 135～295 kg/hm^2 和 120～270 kg/hm^2，冬小麦-夏玉米整个轮作周期平均氮肥施用量分别为 300～590 kg/hm^2 和 275～600 kg/hm^2。华北南部补灌区施肥状况突出地表现为三个不平衡：一是区域之间的不平衡，一些高产区单季小麦或玉米施氮量高达 300 kg/hm^2，但有些地区则不足 150 kg/hm^2。二是肥料比例不平衡，其中又包括两个方面。有机肥用量不足而化肥用量比例较高；化肥中氮、磷肥比例高而钾肥与微量元素的施用较少。三是作物之间不平衡，重小麦而轻玉米。因施肥不合理导致小麦、玉米生产中出现一些严重的资源与环境问题：尽管华北南部补灌区地区小麦、玉米施肥量近年仍呈增加趋势，作物产量并未随施氮量的增加而增加，而是保持在稳定水平；华北南部补灌区地区氮肥利用率也不高，据调查，中高产田由于氮肥过量投入，冬小麦-夏玉米轮作生产体系中氮肥利用率常不足

25%。华北南部补灌区地区小麦-玉米轮作田土壤养分的循环与平衡失调，土壤无机氮素、有效磷积累明显，引起环境风险增加。

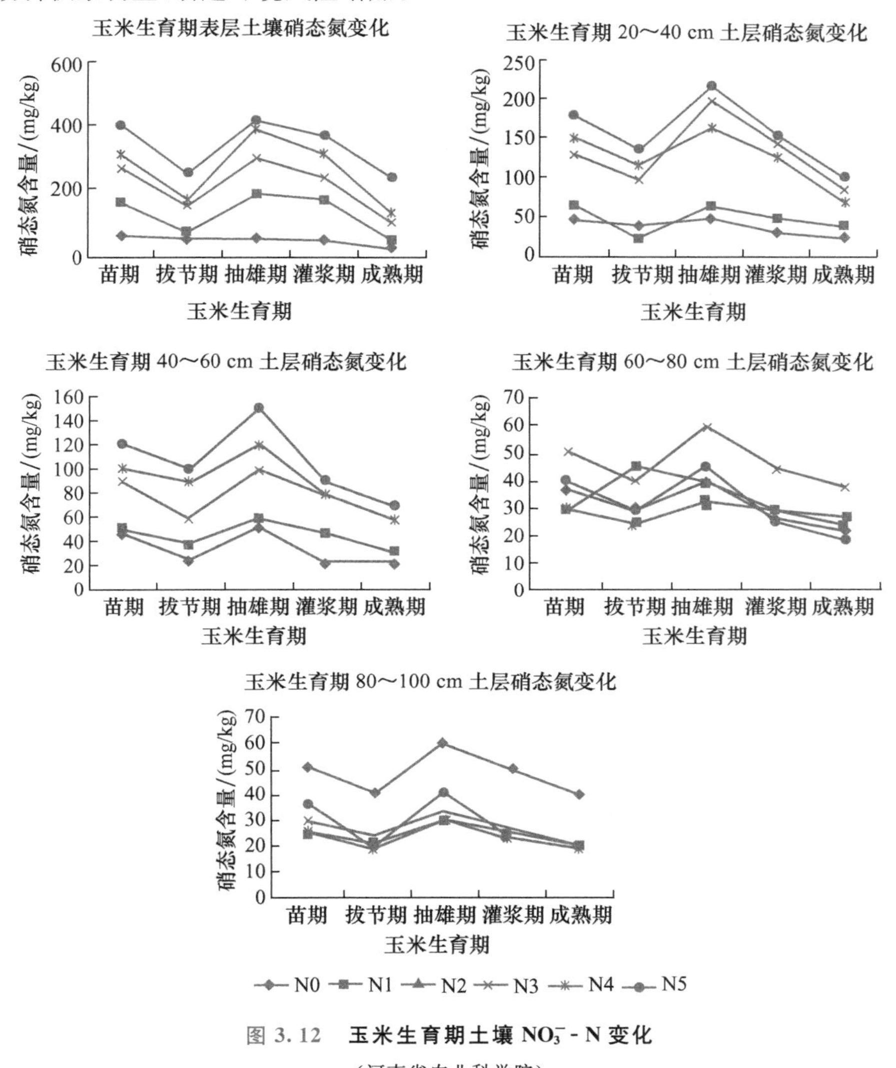

图 3.12 **玉米生育期土壤 NO_3^--N 变化**

（河南省农业科学院）

3.2.3 华北南部补灌区小麦-玉米一体化土壤肥力指标与施肥指标

土壤中养分含量水平和丰缺状况是合理施肥的依据，是作物高产、优质的基础。作物生长发育所需要的营养元素在土壤中的存在形态及含量直接关系到养分利用率的高低及作物对养分的吸收状况，因此根据土壤养分丰缺指标和平衡施肥技术，使各种营养元素的供应均衡合理，减少过量施肥造成的浪费和对环境的不良影响，提高作物产量和品质，从而达到增产增收节支的目的。为此 2008—2010 年布置了冬小麦和夏玉米肥效田间试验，对小麦-玉米一体化土壤有效磷、有效钾丰缺指标进行了研究，并在此基础上总结提出了相应的土壤肥力指标与施肥指标(表 3.18、表 3.19)。

表 3.18 华北南部补灌区小麦-玉米一体化土壤磷素肥力指标与施磷指标

(河南省农业科学院)

产量水平/(kg/hm²)		肥力等级	土壤速效磷/(mg/kg)	磷肥(P_2O_5)用量/(kg/hm²)	
小麦	玉米			小麦	玉米
5 000～6 000	6 000～7 500	极低	<6	120～150	90～105
		低	6～12	90～105	75～90
		中	12～21	75～90	45～60
		较高	21～38	45～60	30～45
		高	>38	0～30	0～30
6 000～7 500	7 500～9 500	极低	<6	135～150	105～120
		低	6～12	105～120	90～105
		中	12～21	90～105	75～90
		较高	21～38	60～75	45～60
		高	>38	15～30	0～15

表 3.19 华北南部补灌区小麦-玉米一体化土壤钾素肥力指标与施钾指标

(河南省农业科学院)

产量水平/(kg/hm²)		肥力等级	土壤速效钾/(mg/kg)	钾肥(K_2O)用量/(kg/hm²)	
小麦	玉米			小麦	玉米
5 000～6 000	6 000～7 500	极低	<67.4	90～120	120～150
		低	67.4～106	75～90	90～120
		中	106～140	30～60	60～90
		高	>140	0～30	30～45
6 000～7 500	7 500～9 500	极低	<67.4	135～150	160～180
		低	67.4～106	100～120	135～150
		中	106～140	90～100	90～120
		高	>140	15～45	30～60

3.3 华北东部高产灌区小麦-玉米一体化土壤肥力指标研究

华北东部灌区——山东是我国优质粮食生产基地，该地区自然生态条件和农业生产条件优越，地处黄淮海平原，土地肥沃，光热资源丰富，农田水利建设良好，机械化程度高，动力资源充足。小麦、玉米是当地两大主要粮食作物，产量高、面积大，属国家农产品种植区域规划中优质小麦、玉米的优势产区。鉴于多年的高投入、高产出的耕作方式，大多高产粮田中土壤中各种养分相对较丰富，限制性因子已不明显，单靠增加肥料投入数量难以起到大的增产作用，况且部分地区由于肥料的过量施入，造成了生态环境污染，需要对施用的肥料进行合理运筹和施肥技术的改进，以提高肥料利用率，实现粮食增产和环境改善的双赢。依据冬小麦、夏玉米相对稳定的轮作模式及其栽培生理的互补规律，将两季作物作为一个栽培整体来考虑，前后茬栽培技术衔接，对小麦玉米周年农艺措施进行统筹安排，实行良种良法配套，可以实现产量和经济效益、环境效益的整体提升，从而达到节约成本、发挥最大效益的目的。

3.3.1 常用的土壤肥力指标

土壤肥力是土壤的基本属性和本质特征，是土壤为植物生长供应和协调养分、水分、空气和热量的能力，是土壤物理、化学和生物学性质的综合反应。土壤肥力因素包括水、肥、气、热四大因素，具体指标有土壤质地、紧实度、耕层厚度、土壤结构、土壤含水量、田间持水量、土壤排水性、渗透性、有机质、全磷、全钾、速效氮、速效磷、缓效钾、速效钾、缺乏性微量元素全量和有效量、土壤通气性、土壤热量、土壤侵蚀状况、pH 值、CEC 等。依据拟定的土壤肥力指标，对土壤肥力水平进行的等级评定称为土壤肥力分级。分级的目的是掌握不同土壤的增产潜力，揭示出它们的优点和存在的缺陷，为施肥、改良土壤提供科学依据。

在农业生产中，通常用高产或低产来说明一块地的肥力，这是很不全面的，必须有一些主要的鉴定指标和范围，而常用的土壤肥力指标及大体范围可参考以下几项：

1. 土壤质地

土壤质地是指土壤大小土粒的搭配情况，以一定体积的土壤中，不同直径土壤颗粒的重量，所占土壤重量的百分数表示。黏土的直径小于 0.001 mm 土粒的含量大于 30%；壤土的直径为 0.01～0.05 mm 土粒的含量大于 40%；砂土的直径为 0.05～1.0 mm土粒的含量大于 50%。

2. 土壤孔隙度

土壤孔隙是指土粒间的距离，表示土壤的渗水透气能力，用土壤孔隙占土壤总体积的百分数表示。一般旱地和水田孔隙都能达到 55%～60%。如果单指空气孔隙，一般通气好的水田，能达到 12%～14%，通气好的旱田为 15%～22%。孔隙度过大过小，都会影响保水和通气性能，使根系生长发育不良。

3. 土壤酸碱度

适宜大多数作物的酸碱度(pH)值为6.5～7.5。

4. 土壤有机质

以百分数(%)表示，一般认为，有机质含量高的土壤供肥能力大。大田：有机质含量高于5%的为高肥力，有机质含量为3%左右的为中上等肥力，有机质含量低于1%的为低等肥力。

5. 土壤全氮

代表土壤供氮能力，以百分数(%)表示。产量水平低的，全氮量小于0.01%；中等水平产量的，全氮量为0.04%～0.1%；产量高水平的，含氮量一般高于0.1%。

6. 土壤有效磷

代表土壤供磷能力，以mg/kg为单位来表示，一般条件下，土壤有效磷含量低于5 mg/kg的，为严重缺磷；土壤有效磷含量为5～15 mg/kg的，属缺磷，土壤有效磷含量为15～30 mg/kg的，属中等水平。土壤有效磷含量大于30 mg/kg的，属高水平。

7. 土壤速效钾

代表土壤供钾能力，以mg/kg为单位来表示，一般来说，土壤速效钾含量低于40 mg/kg，为严重缺钾；土壤速效钾含量为40～90 mg/kg，属缺钾，土壤速效钾含量为90～120 mg/kg，属中等水平。土壤速效钾含量大于120 mg/kg，属高水平。

3.3.2 华北东部高产灌区小麦-玉米一体化的土壤肥力指标

对于华北东部灌区小麦-玉米一体化高产粮田，在满足基本灌溉水分条件下，轮作制度下产量水平一般为，小麦产量在8 250 kg/hm^{2}以上，玉米在9 750 kg/hm^{2}以上，而相应的土壤肥力指标也有特殊要求。根据近几年多点大田试验及生产实践，初步总结出了小麦-玉米一体化高产的基本肥力参考指标。

3.3.2.1 土壤物理指标

应具有良好的土壤结构和通气性，土壤质地应为轻壤土，土层厚度大于2 m，地下水位大于3 m，耕层厚度在25 cm以上，土壤容重在1.2～1.4 g/cm^3，直径为0.01～0.05 mm土粒的含量大于45%，土壤总孔隙度在50%以上，通气孔隙大于10%，土壤持水量为60%～70%，土壤含水量：0～20 cm为18%，20～50 cm为18%～20%，土壤排水性好，无明显的侵蚀现象。

3.3.2.2 土壤化学指标

土壤pH值在6.3～7.8，有机质含量在12 mg/kg以上，全氮含量>1.0%，全磷含量在1.6 g/kg以上，全钾含量在1.8 g/kg以上，碱解氮含量>120 mg/kg，有效磷含量>30 mg/kg，速效钾含量>120 mg/kg，阳离子交换量>20 cmol/kg，土壤主要微量元素有效含量：铜>2.0 mg/kg，锌>1.0 mg/kg；铁>4.5 mg/kg；锰>15.0 mg/kg；

硼＞1.0 mg/kg，钼＞0.2 mg/kg。具有足够的速效养分，是实现高产的重要指标，其中碱解氮、有效磷、速效钾是主要的土壤肥力参考指标，下面是小麦和玉米的有效氮磷钾综合肥力指标（表 3.20 至表 3.22）。从不同生态区域划分，华北东部灌区不同高产地区的速效氮磷钾肥力指标也有所差别。

表 3.20 华北东部高产灌区小麦-玉米土壤肥力指标

（山东省农业科学院） mg/kg

肥力等级	作物	肥力指标		
		碱解氮	有效磷	速效钾
较高	小麦	127～172	32～58	103～154
较高	玉米	123～172	33～64	129～176

表 3.21 华北东部高产灌区的北部平原区小麦-玉米一体化土壤肥力指标

（山东省农业科学院） mg/kg

土壤肥力	作物	肥力指标		
		碱解氮	有效磷	速效钾
较高	小麦	125～159	28～50	114～162
较高	玉米	114～135	29～57	126～176

表 3.22 华北东部高产灌区的南部平原区小麦-玉米一体化土壤肥力指标

（山东省农业科学院） mg/kg

土壤肥力	作物	肥力指标		
		碱解氮	有效磷	速效钾
较高	小麦	129～150	42.9～73	112～172
较高	玉米	117～156	26～49	109～150

3.3.2.3 土壤生物学肥力指标

具有优势的土壤生物活性，这决定于土壤微生物种类、数量及土壤酶的种类和活性。小麦/玉米高产田的土壤微生物细菌比例需较高，含量达 600 万个/g 干土以上，且氨化细菌占细菌总量的 70%，脲酶活性在 0.6 NH_4-N mg/(g 干土 · d)以上，土壤中磷酸酶、过氧化氢酶、酰胺酶等活性较高，土壤呼吸强度在 20 CO_2 mg/(100 g 干土 · d)左右。此外，该土壤肥力条件下，若不施肥应具有正常高产粮食产量水平的 50%～60%及以上的生产能力。

3.4 华北西北部补灌区小麦-玉米一体化土壤肥力指标与施肥指标研究

3.4.1 山西农业生产概况和典型区域施肥现状调查

3.4.1.1 山西农业生产概况

山西省位于华北地区的西北部，全省土地总面积15.6万km^2，属于温带大陆性季风气候。按干湿程度分类，大部分地区为半干旱气候，仅中高山区和晋东南为半湿润气候。结合本省农业生产和各地地形、地貌等环境因素的差异，全省划分为六个气候区：晋北温带寒冷半干旱气候区、恒山、五台山、芦芽山、吕梁山山地暖温带冷温半湿润气候区、忻州、太原盆地暖温带冷温重半干旱气候区、晋西暖温带轻半干旱气候区、晋东南暖温带冷温半湿润气候区、晋南暖温带温和重半干旱气候区。就种植制度而言，山西省多为一年一熟制，晋南的临汾市和运城市为一年两熟制，以冬小麦-夏玉米轮作为主，是山西重要的商品粮生产基地，也是本项目的研究区域和成果推广应用区域。该区年平均气温12.0～13.7℃，≥10℃积温3 900～4 600℃，无霜期180～210 d，年降雨量480～570 mm。土壤类型主要有褐土、石灰性褐土和潮土。

据2008年山西统计局资料，山西省常用耕地面积为325.961万hm^2，总播种面积为365.315万hm^2。农用化肥消费量按纯养分计，氮(N)为41.1万t、磷(P_2O_5)为19.0万t、钾(K_2O)为6.9万t，每公顷化肥施用量955.3 kg。粮食播种面积为302.821万hm^2，粮食总产1 007万t。玉米、小麦是山西省两大农作物，玉米种植面积为127.047万hm^2，占粮食播种面积的42.0%；玉米总产量为640万t，占粮食总产的63.6%，玉米平均产量为5 040 kg/hm^2；小麦种植面积为71.227万hm^2，占粮食播种面积的23.5%；小麦总产为220万t，占粮食总产的21.9%，小麦平均产量为3 091 kg/hm^2。可见，玉米、小麦能否高产直接影响国家或山西省的粮食安全战略，开展小麦、玉米的高产高效管理的研究和示范将为国家和山西省的粮食安全战略和农业可持续发展提供理论支撑和实践指导。

3.4.1.2 华北西北部补灌区小麦-玉米一体化典型村农户施肥调查

养分管理是小麦-玉米轮作生产的重要组成部分，在强调粮食安全、农业可持续发展的当今，小麦-玉米轮作养分管理的目标呈多元化，不仅要提高产量、改善品质、提高经济效益，还要减少环境风险。了解和掌握当前土壤养分的空间变异状况和农民的施肥现状是科学、合理管理养分的前提。王宏庭于2004年对晋南小麦-玉米轮作种植典型区的临汾市尧都区乔李镇南麻村3 598亩地的土壤养分状况和484多农户的施肥进行了调查分析，结果显示：一是土壤中NH_4^+-N变异最大，变异系数达81.3%，其次为S、P、OM，变异系数变幅在 34.3%～54.2%，Ca、Mg、K、Cu、Fe、Mn、Zn 养分变异系数的变幅为 13.4%～27.7%，变异较小；二是钾肥和微量元素肥料施用很少，氮磷肥的施用存在一定的变幅，氮肥施用量(N)年平均为(182.0±90.3)kg/hm^2，变异系数为 49.6%，磷肥(P_2O_5)施用量年平均为(143.7±62.1)kg/hm^2，变异系数为 43.2%。氮、磷肥的施用均表现为不足与过量现象并存。另据杨博等分析结果表明，农户的氮肥用量占总肥料用量的 60%，磷大约占 30%，而钾肥仅占 10%。

综上所述，华北西北部补灌区小麦-玉米轮作体系中养分管理既存在养分不平衡的问题，同时也存在施肥不足和施肥过量的问题，施肥不足，作物生长所需的养分得不到充分供应，影响了作物的生长，无法获得高产，进而影响农民的收益。而施肥过量，一方面表现为投入增加、生产效益低下，造成资源的浪费；另一方面，对环境产生了负面影响。因此，开展小麦-玉米一体化施肥关键技术研究，建立一套适合小麦-玉米轮作制度下的施肥指标体系及高效施肥技术模式，将为保障国家粮食安全、发展高产高效生态安全的农业生产、并为不断提升测土施肥技术水平提供重要的技术支撑。

3.4.2 华北西北部补灌区小麦-玉米一体化养分管理的理论和实践探索

3.4.2.1 小麦/玉米的养分限制因子及当季肥料利用率研究

冬小麦、夏玉米的肥料施用效益及其肥料利用率，受土壤条件、气候条件等因素的影响，由表 3.23 结果显示，当前冬小麦、夏玉米的养分限制因子仍表现为氮、磷、钾，冬小麦平均产量6 987 kg/hm^2 的水平下，减氮、减磷、减钾分别占最佳处理 OPT 产量的 75.4%、85.3%和 90.1%，氮、磷、钾的农学效率为 9.4、6.2 和 4.2 kg/kg，当季肥料施用的利用率分别为 38.7%、9.5%和 18.7%，形成 100 kg 子粒吸收氮、磷、钾量分别为 2.9、0.9 和 2.6 kg；夏玉米平均产量 7 503 kg/hm^2 的水平下，减氮、减磷、减钾分别占最佳处理 OPT 产量的 77.2%、92.4%和 94.7%，氮、磷、钾的农学效率为 7.9、5.2 和 2.1 kg/kg，当季肥料施用的利用率分别为 36.2%、13.1%和 19.9%，形成 100 kg 子粒吸收氮、磷、钾量分别为 2.6、0.8 和 2.4 kg。

表 3.23 华北西北部补灌区小麦、玉米当季肥料效率、利用率和养分吸收特性

(山西省农业科学院)

作物	OPT 产量/	相对产量/%			农学效率/(kg/kg)			肥料利用率/%			100 kg 子粒吸收量/kg		
	(kg/hm^2)	OPT—N	OPT—P	OPT—K	N	P_2O_5	K_2O	N	P_2O_5	K_2O	N	P_2O_5	K_2O
冬小麦	6 987	75.4	85.3	90.1	9.4	6.2	4.2	38.7	9.5	18.7	2.9	0.9	2.6
夏玉米	7 503	77.2	92.4	94.7	7.9	5.2	2.1	36.2	13.1	19.9	2.6	0.8	2.4

3.4.2.2 冬小麦-夏玉米一体化三年六茬定位养分管理的产量变化及其肥料利用率

基于土壤测试提出小麦-玉米轮作合理的施肥量，按照当地田间管理习惯开展了三

年六茬(三个轮作)的定位养分观测,表 3.24 结果显示,最佳施肥量处理 OPT 无论在单季还是轮作均可获得最高产量,而不同缺素处理的产量均有不同程度的减产效应。连续不施肥(CK),土壤的养分供应能力随种植茬数的增加而降低(2007 年夏玉米季除外),由第一季的 67.5%降低到第六季的 38.9%,减氮处理(OPT－N)也有相同的趋势,减产幅度较大。减磷处理(OPT－P)大体上随种植茬数也呈降低趋势,由第一季的 93.4%降低到第六季的 81.3%,减钾或减锌处理随种植茬数降低不明显。

由表 3.25 的肥料利用率结果可知,小麦的当季肥料利用率随种植茬数呈增加趋势,氮肥利用率增加最为明显。小麦-玉米轮作的肥料利用率也有相同的趋势,三年六茬的氮、磷、钾肥料利用率分别为 56.9%、19.2%和 14.9%。以上结果表明,小麦-玉米轮作体系中氮、磷、钾养分的管理应区别对待,氮肥在每个生长季均需施用,磷肥、钾肥或锌肥则可考虑整个轮作季施用即可。

表 3.24 华北西北部补灌区小麦-玉米一体化三年六茬定位养分管理的作物相对产量变化

(山西省农业科学院) %

处理	2005—2006 年相对产量		2006—2007 年相对产量		2007—2008 年相对产量	
	冬小麦	夏玉米	冬小麦	夏玉米	冬小麦	夏玉米
OPT	100aA	100aA	100aA	100aA	100aA	100aA
OPT－N	71.1cB	62.8cC	46.1cC	69.2bB	35.0dD	39.2dC
OPT－P	93.4bA	90.6bB	81.5bB	98.2aA	87.0cC	81.3cB
OPT－K	93.1bA	94.8bAB	95.6aA	98.3aA	96.0abAB	91.4aAB
OPT－[illegible]	96.1abA	99abA	96.6aA	94.2aA	92.0bcBC	97.8abA
CK	67.5cB	54.4dD	44.1cC	71.4bB	37.0dD	38.9dC

注:OPT(N375、P_2O_5 150、K_2O 200、$ZnSO_4$ 15)、小麦季 N 180 kg/hm^2、玉米季 N 195 kg/hm^2,磷钾肥和锌肥及小麦季 1/2N 于底施,小麦季 1/2N 在小麦拔节期追施,玉米季 N 在玉米大喇叭口期追施。2007 年玉米季降雨量偏高,达 273 mm,占全年降雨量的 72.4%。小写字母为 5%水平检验,大写字母为 1%水平检验。

表 3.25 华北西北部补灌区小麦-玉米一体化三年六茬定位养分管理的肥料利用率变化

(山西省农业科学院) %

年份	小麦季肥料利用率			小麦-玉米轮作肥料利用率		
	N	P	K	N	P	K
2005—2006	32.6	7.6	3.7	38.6	13.5	9.0
2006—2007	69.3	11.8	11.0	62.5	17.3	21.6
2007—2008	78.1	11.7	7.5	69.8	26.7	14.2
2005—2008	—	—	—	56.9	19.2	14.9

3.4.2.3 长期定位钾肥和秸秆还田技术研究

由表 3.26 结果显示,在施用氮磷肥的基础上,长期施用钾肥和秸秆还田均有明显的增产效果,秸秆还田结合施钾增产效果最好,增产率达 17.6%。无论是否秸秆还田,施用钾肥平均增产 10.2%以上,同样,无论是否施钾,秸秆还田也平均增产 6.6%。因此,施用钾肥和秸秆还田都是冬小麦增产的措施,尤其是二者结合。从施用钾肥的农学效率看，无论是否秸秆还田，每千克 K_2O 均可以增产 3.6 kg 以上的小麦子粒，施钾结合秸秆还田的效果更好，每千克 K_2O 增产小麦子粒 3.9 kg。

表 3.26 华北西北部补灌区长期施钾和秸秆还田的增产效果(16 年平均值)

(山西省农业科学院)

项目	NP	NPK－NP		NPSt－NP		NPKSt－NP		NPKSt－NPSt		NPKSt－NPK	
	产量	增产量	增产率/%	增产量	增产率/%	增产量	增产率/%	增产量	增产率/%	增产量	增产率/%
平均产量/(kg/hm^2)	5 521	544	10.3%	353	6.7%	944	17.6%	591	10.2%	399	6.6%
钾肥(K_2O)农学效率/(kg/kg)		3.6		3.9		3.9		3.9		3.9	

注：St 指本田小麦秸秆还田，下同。

从表 3.27 看出，长期施用钾肥和秸秆还田对土壤速效钾和缓效钾均有影响。与 NP 处理相比，2008 年 NPK、NP＋St、NPK＋St 处理的土壤速效钾、缓效钾含量均显著提高；与 NP＋St 处理相比，NPK、NPK＋St 处理土壤速效钾、缓效钾含量也均有显著提高；但 NPK＋St 与 NPK 处理间速效钾含量差异不显著，缓效钾含量达显著差异。与试验开始前的初始值比较，NP 处理由于长期得不到钾素养分的补充，钾素养分一直处于亏缺状况，致使土壤速效钾和缓效钾含量分别以每年 2.06 mg/kg 和 9.38 mg/kg 的速度下降；NP＋St 处理是在 NP 处理基础上进行秸秆还田，补充一定量的钾素养分，减缓了对土壤钾素养分的耗竭，但土壤速效钾和缓效钾含量有所下降，分别下降 15.7%和 6.2%。NPK 处理是在 NP 处理基础上每年施用钾肥(K_2O 150 kg/hm^2)，满足了冬小麦生长的需要，土壤速效钾和缓效钾含量均提高了 50 mg/kg，年均积累量均达 3.13 mg/kg；NPK＋St 处理的土壤钾素平衡处于盈余状态，土壤速效钾和缓效钾含量以每年 3.38 mg/kg 和 7.19 mg/kg 的速度增加，表明施钾结合秸秆还田有利于土壤-作物体系的钾素循环和土壤钾素肥力的提高。

表 3.27 华北西北部补灌区长期施钾和秸秆还田对土壤速效钾、缓效钾的影响

(山西省农业科学院)

年份	处理	土壤速效 K 含量		土壤缓效 K 含量	
		mg/kg	增减率/%	mg/kg	增减率/%
1992	初始值	140	—	1 050	—
2008	NP	107c	－23.6	900d	－14.3
	NPK	190a	35.7	1 100b	4.8
	NP＋St	118b	－15.7	985c	－6.2
	NPK＋St	194a	38.6	1 165a	11.0

3.4.3 华北西北部补灌区小麦-玉米一体化的施肥指标

通过多年的潜心研究，提出了小麦-玉米一体化管理不同产量水平的土壤肥力指标和

施肥指标，是指导小麦-玉米轮作制度下农民合理施肥，实现高产、高效、生态安全、农业可持续发展多重目标的前提条件和保证。具体的指标内容详见表3.28至表3.31。

表3.28　华北西北部补灌区小麦-玉米养分吸收规律

（山西省农业科学院）　　kg/hm²

小麦产量水平	养分吸收量			玉米产量水平	养分吸收量		
	N	P_2O_5	K_2O		N	P_2O_5	K_2O
4 500	126	36	106	4 500	110	25	90
6 000	189	44	139	6 000	145	42	125
7 500	205	59	195	7 500	177	55	144
				9 000	194	62	160
				10 500	210	68	170

表3.29　华北西北部补灌区小麦-玉米一体化土壤氮素肥力指标与施氮指标

（山西省农业科学院）

有机质/(g/kg)	全氮/(g/kg)	小麦目标产量/(kg/hm²)			玉米目标产量/(kg/hm²)			
		4 500	6 000	7 500	6 000	7 500	9 000	10 500
>30	>2.0	120	150	180	120	150	180	210
20～30	1.5～2.0	150	180	210	150	180	210	210
10～20	1.0～1.5	180	210	240	150	180	210	225
6～10	0.5～1.0	200	225	240	180	210	225	225
<6	<0.5	225	240	255	180	210	225	240

表3.30　华北西北部补灌区小麦-玉米一体化土壤磷素肥力指标与施磷指标

（山西省农业科学院）

产量水平/(kg/hm²)	肥力等级	有效磷/(mg/kg)	施磷量(P_2O_5)/(kg/hm²)	
			冬小麦	夏玉米
4 500	极低	<7	120	120
	低	7～14	90	90
	中	14～30	60	60
	高	30～40	30	30
	极高	>40	0	0
6 000	极低	<7	150	120
	低	7～14	120	90
	中	14～30	90	60
	高	30～40	60	30
	极高	>40	0	0

续表 3.30

产量水平/(kg/hm²)	肥力等级	有效磷/(mg/kg)	施磷量(P_2O_5)/(kg/hm²)	
			冬小麦	夏玉米
7 500	极低	<7	150	150
	低	7～14	120	120
	中	14～30	90	90
	高	30～40	60	60
	极高	>40	0	0
9 000	极低	<7	180	180
	低	7～14	150	150
	中	14～30	120	120
	高	30～40	90	90
	极高	>40	60	60

表 3.31 华北西北部补灌区小麦-玉米一体化土壤钾素肥力指标与施钾指标

（山西省农业科学院）

产量水平/(kg/hm²)	肥力等级	速效钾/(mg/kg)	施钾量(K_2O)/(kg/hm²)	
			冬小麦	夏玉米
4 500	极低	<50	120	120
	低	50～90	90	90
	中	90～120	60	60
	高	120～150	0	45
	极高	>150	0	0
6 000	极低	<50	120	150
	低	50～90	90	120
	中	90～120	75	90
	高	120～150	60	60
	极高	>150	0	0
7 500	极低	<50	150	150
	低	50～90	120	120
	中	90～120	90	90
	高	120～150	60	60
	极高	>150	0	0
9 000	极低	<50	200	150
	低	50～90	150	120
	中	90～120	100	90
	高	120～150	60	60
	极高	>150	0	0

在临汾市襄汾县开展了该技术示范与推广，小麦平均产量达 6 828 kg/hm²，玉米平均产量达 9 219 kg/hm²，小麦和玉米产量分别较农民习惯施肥增产 12.0% 和 15.3%，氮肥利用率分别提高 11.3% 和 10.8%。

3.5 华北北部灌区小麦－玉米一体化土壤肥力指标与施肥指标研究

华北北部灌区以河北省中南部平原区有灌溉条件的两熟制农田为代表。该区处于暖温带半湿润半干旱大陆性季风气候带，年平均气温 12～13℃，年均降水量 500～600 mm，年日照时数2 800～3 100 h，无霜期 190～205 d。0℃以上的积温为 4 800～5 200℃（王道波等，2005），且降水集中，雨热同季，1～2 月平均气温 3℃以下，春季 3～5 月平均气温 12～16℃，7 月平均气温 20～29℃。3～6 月太阳辐射较强，7～9 月气温较高、降水充沛，适宜多种农作物生长（龚宇等，2009；史印山等，2008）。常年小麦玉米两熟轮作制面积 230 万 hm²，是我国重要的粮食生产基地。土壤主要有石灰性褐土、潮褐土、潮土、脱潮土、盐化潮土（姚祖芳等，1991）等，是全国小麦三大集中产地之一，也是河北省粮食高产稳产地区。

3.5.1 高产土壤供肥特征

在小麦－玉米两熟轮作制高产地块，作物土壤持续供氮能力的大小与不施肥的年限密切相关。小麦－玉米轮作季土壤供氮能力与不施氮的年限呈显著负相关，复相关系数 R^2 为0.934 5，用公式表示：$y=-35.25x+339$，其中，x 表示不施氮的年限顺序号，y 表示土壤供氮能力（图 3.13）。水浇地条件，不施氮肥情况下，第一季作物，不论是小麦还是玉米，当季自然供氮能力达 129～174 kg/hm²，相对产量可达充足施氮处理的 81.3%～87.2%；小麦玉米轮作季当年土壤氮素供应能力达 283.5～330 kg/hm²，相对产量达 70.5%～89.2%；在第二年继续不施氮肥条件下，土壤供氮能力急剧下降，可降至 252 kg/hm²，相对产量降至 73.4%，第三周期轮作季供氮能力下降到 232.5 kg/hm²，相对产量降至 67.4%；第四周期土壤供氮力降至 204 kg/hm²，相对产量降至 66.2%。也就是说，在开始不施氮肥的 1～3 年，供氮能力下降速度较快，3 年下降 32.4%，第四年，产量就降至较低水平。土壤在玉米季的供氮能力大大高于小麦季的供氮能力，与华北北部灌区玉米季水热资源更为丰富有关。因此，高产田需要连年施用适宜量的氮肥以保持和增进土壤氮的持续供氮能力，才能取得高产稳产（表 3.32）。

在一定时期内，土壤中的磷库是相对稳定的。磷肥施入土壤后的损失途径也较少，尽管它在土壤中也极易被固定或吸持而降低活性，但是，当土壤缺磷时，难溶性磷酸盐会逐步释放出来供作物吸收利用，磷的累积利用率因而仍然很高（鲁如坤，1998；沈善敏等，1998）。

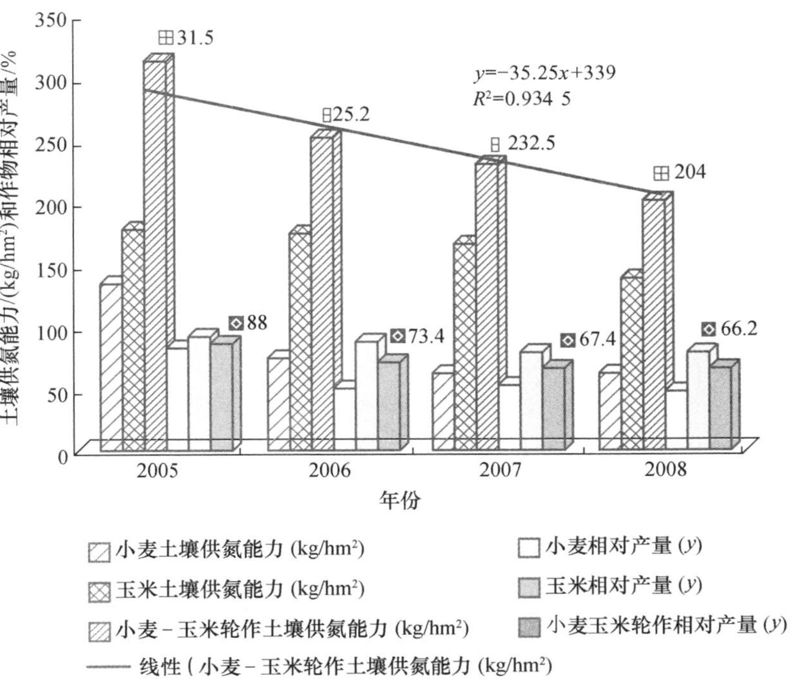

图 3.13 华北北部高产灌区小麦-玉米轮作体系土壤供氮能力变化

（河北省农林科学院）

表 3.32 华北北部高产灌区小麦-玉米轮作体系化土壤供氮能力

（河北省农林科学院）

地点	轮作周期	作物吸氮量/(kg/hm²)			相对产量/%		
		小麦	玉米	总计	小麦	玉米	总计
藁城宜安	2008 玉米-2009 小麦	156.0	174.0	330.0	87.2	93.0	89.2
宁晋段庄	2008 玉米-2009 小麦	103.5	163.5	267.0	53.9	81.0	70.5
辛集马兰	2005 小麦-玉米	136.5	178.5	315.0	83.9	93.0	88.0
	2006 小麦-玉米	76.5	175.5	252.0	50.8	89.4	73.4
	2007 小麦-玉米	64.5	168.0	232.5	52.7	81.1	67.4
	2008 小麦-玉米	63.0	141.0	204.0	48.6	82.2	66.2
辛集马庄	2008 小麦-玉米	129.0	160.5	289.5	81.3	83.7	82.1

注：相对产量=不施氮处理产量/充足养分供应产量×100%。

高产田磷的储量相对丰富。在不施磷第一年，与施磷的处理相比，产量没有显著差异，不施磷肥处理相对施 P_2O_5 120 kg/hm² 处理的产量为 97.2%，第二个小麦-玉米轮作周期后，相对产量为 93.5%，也没有很大的下降幅度。也就是说，在氮钾肥供应充足的前提下，华北北部灌区的高产地块，连续两个轮作周期不施磷，小麦玉米仍然能够获得较高的产量（表 3.33）。

表 3.33 磷肥对华北北部高产灌区小麦-玉米轮作体系产量的影响

（河北省农林科学院）

处理/(kg/hm²)	2007 年/(kg/hm²)				2008 年/(kg/hm²)			
	小麦	玉米	总产	相对产量/(%)	小麦	玉米	总产	相对产量/(%)
不施磷	7 452.64	9 602.67	17 055.31	97.2	7 210.64	9 288.16	16 498.80	93.5
P_2O_5 120	7 785.00	9 770.58	17 555.58	100	7 890.69	9 763.80	17 654.53	100

在玉米季，随着生育期的延长，土壤速效磷含量呈波浪式降低。0～60 cm 土层，速效磷含量随时间推移逐渐减少，在大喇叭口期略有提高后又降低，一是与玉米播种前磷肥的投入和磷在土壤中移动性较小有关；二是与随着玉米生长气温升高，前茬小麦秸秆逐渐腐熟，土壤中磷的矿化磷不断释放，土壤中速效磷的累积量超过作物的吸收，从而增加了土壤中速效磷含量；三是由于玉米生长前期生物量较小需要养分少，而后期随生物量积累越来越多需要从土壤中吸收的养分也多；60～90 cm 土层中速效磷含量随植株生长逐渐下降，直到成熟，这与磷在土壤中的移动性较小和作物生长吸收有关（图 3.14）。作物吸收钾的 60%～70% 存在于茎秆中，通过秸秆还田可以将绝大部分钾归还于土壤，供下茬作物吸收利用（邢素丽，2007，2008）。

3.5.2 华北北部高产灌区小麦-玉米一体化土壤肥力指标与施肥指标

经测算，在华北北部高产灌区，每生产 100 kg 小麦子粒平均需纯 N 2.42 kg，P_2O_5 0.79 kg，K_2O 2.68 kg，氮、磷、钾养分吸收比例在 3.06∶1∶3.4；每生产 100 kg 玉米子粒平均需纯 N 2.48 kg，P_2O_5 0.66 kg，K_2O 2.42 kg，氮、磷、钾养分吸收比例在 3.76∶1∶3.67；整个小麦玉米轮作周期，每生产 100 kg 小麦子粒和 100 kg 玉米子粒，需纯N 4.9 kg，P_2O_5 1.45 kg，K_2O 5.1 kg，氮、磷、钾吸收比例为 3.38∶1∶3.52（表 3.34、表 3.35）。

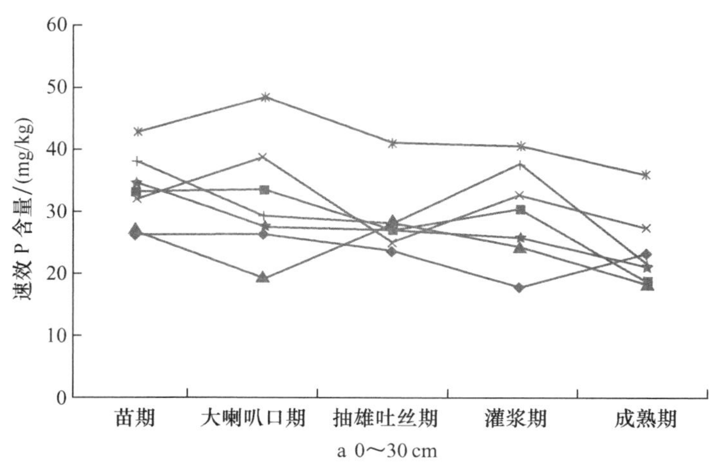

a 0～30 cm

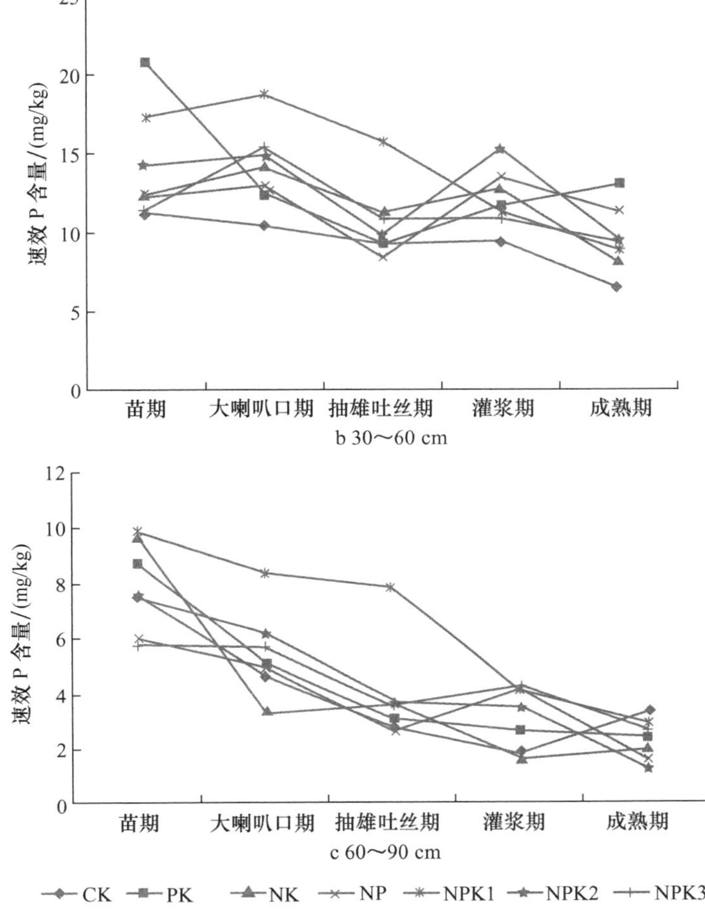

图 3.14　**华北北部灌区各土层速效磷含量随玉米生育时期的动态变化**

(河北省农林科学院)

表 3.34　**华北北部高产灌区小麦-玉米一体化养分吸收量分析(2008)**

(河北省农林科学院)

地点	作物	样品	产量	100 kg 子粒吸收养分量/kg			单位面积养分吸收量/(kg/hm²)		
				N	P_2O_5	K_2O	N	P_2O_5	K_2O
藁城	小麦	子粒	8 503.6	2.003	0.706	0.482	170.3	60.0	41.0
		秸秆	9 766.7	0.413	0.065	2.245	40.3	6.3	219.3
		总	18 270.3	2.416	0.771	2.727	210.7	66.4	260.2
	玉米	子粒	10 125	1.555	0.445	0.38	157.4	45.1	38.5
		秸秆	11 237.4	1.05	0.212	2.21	118.0	23.8	248.3
		总	21 362.4	2.605	0.657	2.59	275.4	68.9	286.8
	小麦-玉米两季	子粒	18 628.6	5.021	1.428	5.317	486.1	135.3	547.1

续表 3.34

地点	作物	样品	产量	100 kg 子粒吸收养分量/kg			单位面积养分吸收量/(kg/hm²)		
				N	P_2O_5	K_2O	N	P_2O_5	K_2O
辛集	小麦	子粒	8 445.8	2.032	0.73	0.427	171.6	61.7	36.1
		秸秆	9 966	0.407	0.075	2.15	40.6	7.5	214.3
		总	18 411.8	2.439	0.805	2.577	212.2	69.1	250.3
	玉米	子粒	10 020.7	1.419	0.46	0.37	142.2	46.1	37.1
		秸秆	11 020.5	0.99	0.2	2.05	109.1	22.0	225.9
		总	21 041.2	2.409	0.66	2.42	251.3	68.1	263.0
	小麦－玉米两季	子粒	18 466.5	4.848	1.465	4.997	463.5	137.3	513.3
宁晋	小麦	子粒	8 375.6	2.01	0.722	0.493	168.3	60.5	41.3
		秸秆	9 700.6	0.384	0.065	2.25	37.3	6.3	218.3
		总	18 076.2	2.394	0.787	2.743	205.6	66.8	259.6
	玉米	子粒	9 700.23	1.419	0.465	0.354	137.6	45.1	34.3
		秸秆	10 230.23	1.02	0.2	1.895	104.3	20.5	193.9
		总	18 075.83	2.439	0.665	2.249	242.0	65.6	228.2
	小麦－玉米两季	子粒	18 075.83	4.833	1.452	4.992	447.6	132.3	487.8

表 3.35　华北北部高产灌区小麦－玉米氮、磷、钾养分吸收量及比例

（河北省农林科学院）

作物	100 kg 子粒吸收养分量平均/kg			单位面积养分吸收量平均/(kg/hm²)			养分吸收比例
	N	P_2O_5	K_2O	N	P_2O_5	K_2O	$N:P_2O_5:K_2O$
小麦	2.42	0.79	2.68	209.5	67.4	256.7	3.06∶1∶3.40
玉米	2.48	0.66	2.42	256.2	67.5	259.3	3.76∶1∶3.67
小麦－玉米两季	4.90	1.45	5.10	465.7	135.0	516.1	3.38∶1∶3.52

生产相等量 100 kg 的玉米子粒氮吸收量要略高于小麦吸氮量，差异 0.06 kg；P_2O_5 吸收量稍低于小麦，差异 0.13 kg，K_2O 吸收量小麦略高，差异 0.26 kg。

在华北北部灌区已有定位试验数据表明钾对小麦的增产幅度平均值在 7%，而对玉米的增产幅度平均值可以达到 21%，也就是说，钾肥对玉米的增产幅度大大高于小麦。但是从小麦和玉米对钾的吸收量看，小麦钾吸收量比玉米钾吸收量要高。有两个原因，一是小麦吸收的钾主要积聚在秸秆中，二是目前华北北部灌区小麦机收时留茬高度一般在 25 cm。从全年看，麦茬钾和全部的玉米秸秆钾又还田回归到土壤中，小麦生产季土壤钾素包括还田秸秆钾素较为丰富。小麦收获后有大约 2/3 的小麦秸秆钾和子粒钾又被带出土壤，因此玉米生长季要及时补充钾肥。

华北北部灌区典型高产地块，小麦产量在每公顷8 300 kg 水平，玉米产量在9 700 kg 水平，小麦玉米轮作周期产量在每公顷18 000 kg 水平条件下，单位面积的养分吸收量为：小麦，纯 N 205.6～210.7 kg/hm^2，平均 209.5 kg/hm^2；P_2O_5 66.4～68.9 kg/hm^2，平均 67.4 kg/hm^2；K_2O 250.3～260.2 kg/hm^2，平均 256.7 kg/hm^2。玉米，纯 N 242～275.4 kg/hm^2，平均 256.2 kg/hm^2；P_2O_5 65.6～68.9 kg/hm^2，平均 67.5 kg/hm^2；K_2O 228.2～286.8 kg/hm^2，平均 259.3 kg/hm^2。小麦玉米两季作物，总的单位面积养分吸收量为：纯 N 447.6～486.1 kg/hm^2，平均 465.7 kg/hm^2；P_2O_5 132.3～137.3 kg/hm^2，平均 135 kg/hm^2；K_2O 487.8～547.1 kg/hm^2，平均 516.1 kg/hm^2。

以往试验也说明氮肥磷钾肥在适宜范围内存在互相促进作用（梅雷，2010），因此无论是高产田还是低产田都需要考虑氮、磷、钾平衡施用。

综合土壤、养分吸收以及耕作制度条件，河北北部灌区高产土壤施肥指标推荐为华北北部灌区小麦玉米轮作周期产量在每公顷18 000 kg 水平，土壤施肥指标推荐为：小麦玉米季全年施入纯 N 480 kg～510 kg/hm^2。其中小麦季 210～240 kg/hm^2，玉米季 240～300 kg/hm^2；全年施入 P_2O_5 135～150 kg/hm^2，小麦季施入 85%～90%，玉米季施入 10%～15%；全年施入 K_2O 180～225 kg/hm^2，小麦季施入 1/3～1/2，玉米季施入 1/2～2/3。小麦机收留茬 25 cm，玉米秸秆全量还田。

参考文献

[1] 陈新平，张福锁，崔振岭，等. 小麦-玉米轮作体系养分资源管理理论与实践. 北京：中国农业大学出版社，2006.

[2] 陈新平，张福锁. 小麦-玉米轮作体系养分资源综合管理理论与实践. 北京：中国农业大学出版社，2006.

[3] 丁鼎志. 河北土种志. 石家庄：河北科学技术出版社，1992.

[4] 范贵国，张莉，李天书，等. 氮、磷、钾肥料施用量对玉米产量和效益的影响. 贵州农业科学，2007(4)：79～80.

[5] 郭红梅，王宏庭，王斌，等. 氮肥运筹对玉米产量、氮肥利用率及其环境的影响// 农业持续发展中的植物养分管理（国际会议论文集）. 南昌：江西人民出版社，2008，383～389.

[6] 郭红梅，王宏庭，王斌，等. 氮肥运筹对玉米产量及经济效益的影响. 山西农业科学，2008，36(11)：67～70.

[7] 郭庆法，王庆成，汪黎明. 中国玉米栽培学. 上海：上海科学技术出版社，2004.

[8] 郭庆法. 中国玉米栽培学. 上海：上海科学技术出版社，2004.

[9] 韩燕来，葛东杰，谭金芳，等. 施氮量对豫北潮土区不同肥力麦田氮肥去向及小麦产量的影响. 水土保持学报，2007，21(5)：151～154.

[10] 韩燕来,刘新红,谭金芳,等. 不同小麦品种钾素营养特性的差异. 麦类作物学报,2006,26(1):99～103.
[11] 韩燕来,汪强,介晓磊,等. 潮土区高产麦田钾肥适宜基追比研究. 河南农业大学学报,2001,35(2):115～117.
[12] 贺冬梅,张崇玉. 不同水氮磷钾耦合条件下玉米干物质与养分累积动态变化. 干旱地区农业研究,2008(3):124～127.
[13] 加拿大钾磷研究所北京办事处. 土壤养分状况系统研究法. 北京:中国农业科学技术出版社,1992.
[14] 金善宝. 中国小麦学. 北京:中国农业出版社,1996.
[15] 李秋梅,陈新平,张福锁,等. 冬小麦－夏玉米轮作体系中磷钾平衡的研究. 植物营养与肥料学报,2002,8(2):152～156.
[16] 李宗新,董树亭,胡昌浩,等. 有机无机肥互作对玉米产量及耕层土壤特性的影响. 玉米科学,2004,12(3):100～102.
[17] 娄运生,徐本生,杨建堂,等. 玉米秸配施氮磷肥对其腐解及潮土供氮磷特性的影响. 土壤肥料,1998(2):22～25.
[18] 马元喜,等. 小麦的根. 北京:中国农业出版社,1999.
[19] 慕兰,郑义,申眺,等. 河南省主要耕地土壤肥力监测报告. 中国土壤与肥料,2007(2):17～22.
[20] 潘庆民,于振文,王月福. 公顷产 9 000 小麦氮素吸收分配的研究. 作物学报,1999,25(5):541～547.
[21] 山东农业科学院. 中国玉米栽培学. 上海:上海科学技术出版社,1986.
[22] 山西省统计局. 山西统计年鉴. 北京:中国统计出版社,2008.
[23] 沈善敏,廉鸿志,张璐,等. 肥残效及农业系统养分循环再利用中长期试验. 植物营养与肥料学报,1998,4(4):339～344.
[24] 史印山,王玉珍,池俊成,等. 河北平原气候变化对冬小麦产量的影响. 中国生态农业学报,2008,16(6):1444～1447.
[25] 孙克刚,李丙奇,和爱玲,等. 砂姜黑土区麦田土壤有效磷丰缺指标及推荐施磷量研究. 干旱地区农业研究,2010,28(2):159～161,182.
[26] 孙克刚,李丙奇,和爱玲. 砂姜黑土区麦田土壤有效钾施肥指标及小麦施钾研究. 华北农学报,2010,25(2):212～215.
[27] 谭金芳,韩燕来,介晓磊,等. 轻壤质潮土氮肥基追比对小麦产量与品质的影响. 土壤通报,2003,34(5):436～439.
[28] 谭金芳,介晓磊,韩燕来,等. 潮土区超高产麦田供钾特点与小麦钾素营养研究. 麦类作物学报,2001,21(1):45～50.
[29] 谭金芳. 河南省土壤钾素状况研究. 土壤通报,1996,27(4):165～167.
[30] 谭金芳. 作物施肥原理与技术. 北京:中国农业大学出版社,2003.
[31] 王宏庭,段运平,王斌,等. 并单 5 号玉米栽培与施肥技术研究. 山西农业科学,2009,37(1):41～44.

[32] 王宏庭,金继运,王斌,等. 山西褐土长期施钾和秸秆还田对冬小麦产量和钾素平衡的影响. 植物营养与肥料学报,2010,16(4):801～808.

[33] 王宏庭,王斌,赵萍萍,等. 种植方式、密度、施肥量对玉米产量、效益及肥料利用率的影响. 玉米科学,2009,17(5):104～107.

[34] 王宏庭. 农田养分信息化管理研究与应用. 博士论文,中国农业科学院研究生院,2005.

[35] 王庆成,刘开昌. 山东夏玉米高产栽培理论与实践. 玉米科学,2004,12(专刊):60～65.

[36] 王绍中,田云峰,郭天财,等. 河南小麦栽培学(新编). 北京:中国农业科学技术出版社,2010.

[37] 王晓娟,贾志宽,梁连友,等. 旱地有机培肥对玉米产量和水分利用效率的影响. 西北农业学报,2009,18(2):93～97.

[38] 王宜伦,杨素芬,韩燕来,等. 钾肥运筹对砂质潮土冬小麦产量、品质及土壤钾素平衡的影响. 麦类作物学报,2008,28(5):861～866.

[39] 翁定河. 沿海旱地玉米施用有机肥对土壤肥力的影响. 江西农业学报,2007,19(5):66～68.

[40] 邢素丽,李春杰,韩宝文,等. 壤质潮土长期施钾对小麦玉米轮作制钾吸收的影响. 华北农学报,2008,23(增刊):274～278.

[41] 邢素丽,刘孟朝,韩宝文. 12 年连续施用作物秸秆和钾肥对土壤钾素含量和分布的影响. 土壤通报,2007,38(3):486～490.

[42] 徐明岗,卢昌艾,李菊梅,等. 农田土壤培肥. 北京:科学出版社,2009.

[43] 杨莉琳,胡春胜. 太行山山前平原高产区精准施肥指标体系研究. 中国生态农业学报,2002,10(2):71～75.

[44] 杨力. 小麦优质高效栽培. 济南:山东科学技术出版社,2006.

[45] 杨俐苹,金继运,白由路,等. 土壤养分综合评价法和平衡施肥技术及其产业化. 磷肥与复肥,2001,16(4):63～65.

[46] 姚祖芳,赵振勋. 河北省土壤图集. 北京:农业出版社,1991.

[47] 张洪程,许轲,戴其根. 超高产小麦吸氮特性与氮肥运筹的初步研究. 作物学报,1998,24(6):935～940.

[48] 张慧,王锋有,刘乙俭,等. 不同施肥条件下玉米养分吸收规律及优化配方施肥技术研究. 杂粮作物,2008(2):118～120.

[49] 张起君. 玉米高产开发原理与技术. 济南:山东科学技术出版社,1992.

[50] 朱新开,郭文善,周君良,等. 氮素对不同类型专用小麦营养和加工品质调控效应. 中国农业科学,2003,36(6):640～650.

[51] Wang Hong-ting, He Ping, Wang Bin, et al. Nutrient management within a wheat-maize rotation system. Better Crops with Plant Food, 2008, 92(3):12～14.

第4章

华北小麦-玉米一体化高效施肥关键技术

根据华北六大生态类型区各地实际情况，通过周年养分动态监测并结合施肥效益评价，有所侧重地进行了养分优化平衡增效技术、减氮简化增效技术、肥料与农艺协同增效技术、单作肥料合理运筹增效技术等高效施肥关键技术创新研究，为华北小麦-玉米一体化高效施肥技术模式构建提供依据。

4.1 养分优化平衡增效技术研究

平衡施肥是当今世界作物生产中施肥技术发展趋势，是提高作物产量的重要技术措施，研究小麦、玉米土壤养分限制因子，根据作物需肥规律、土壤供肥特点与肥料特性实施平衡施肥，对于作物高产高效施肥和农业可持续发展具有重要意义。

4.1.1 华北小麦-玉米养分种类优化增效技术研究

通过轮作条件下肥料配施多点定位试验与调查分析相结合的方法研究了华北不同生态类型区养分限制因子。

4.1.1.1 华北中部高产灌区小麦-玉米轮作土壤养分限制因子研究

1. 超高产夏玉米养分限制因子研究

2007年和2008年通过大田试验研究了超高产夏玉米养分限制因子和植株养分吸收积累规律。研究表明(表4.1)，夏玉米各施肥处理产量均比CK有不同程度的增加，2007年增产幅度为7.27%～15.88%，2008年增产幅度为2.07%～12.07%，两年均以氮、磷、钾肥配施(OPT)产量最高,达到超高产水平;两年施氮处理分别增产 8.03%和 9.80%,施磷处理增产 4.04%和 6.38%,施钾处理增产 7.22%和 7.05%,OPT 与 OPT－N、OPT－K处理产量达到差异显著水平,表明施氮肥、钾肥能显著提高夏玉米的产量,氮和钾是超高产夏玉米养分的主要限制因子。

表 4.1 肥料配施对超高产夏玉米产量及成产因子的影响

(河南农业大学)

处理	2007				2008			
	穗粒数/个	百粒重/g	平均产量/(kg/hm^2)	相对产量/%	穗粒数/个	百粒重/g	平均产量/($kg \cdot hm^2$)	相对产量/%
OPT	577.13a	32.73a	12 051.2a	100.00	494.74a	34.33a	13 246.3a	100.00
OPT－N	507.85bc	32.28a	11 155.7b	92.57	471.57ab	32.48b	12 063.9b	91.07
OPT－P	533.55ab	33.20a	11 582.9ab	96.11	455.16b	33.25ab	12 451.8ab	94.00
OPT－K	537.21ab	32.11a	11 239.5b	93.26	479.08a	32.89ab	12 373.8b	93.41
CK	483.57c	31.70a	10 400.0c	86.30	452.79b	32.10b	11 819.4b	89.23

注:同列不同字母表示差异达 0.05 显著水平。

综合两年的试验结果(表 4.2),超高产夏玉米的单位养分增产量分别为:氮 3.8 kg/kg、磷 7.0 kg/kg、钾 7.0 kg/kg。两年的肥料当季回收率都较低,平均值氮肥为 16.99%、磷为 13.62%、钾为 16.80%,肥料当季回收率低可能主要是由于土壤肥力和基础产量高所致。每生产 100 kg 夏玉米经济产量(OPT)需吸收的养分比例 N∶P_2O_5∶K_2O 平均为 2.40∶1∶2.73,钾的吸收量最大。

表 4.2 氮、磷、钾养分农学效率及回收率

(河南农业大学)

年份	养分	农学效率/(kg/kg)	百千克经济产量吸收养分量/kg	养分回收率/%
2007	N	3.73	1.62	18.05
	P_2O_5	5.20	0.69	14.55
	K_2O	6.76	1.83	18.34
2008	N	3.94	1.62	15.93
	P_2O_5	8.83	0.66	12.70
	K_2O	7.27	1.86	15.25

2. 高产夏玉米养分限制因子研究

2006 年在大田条件下研究了九种元素肥料对夏玉米产量、土壤有效养分含量及氮磷钾养分积累量的影响。由表 4.3 可以看出,各施肥处理都比 CK 增产,增产率 4.0%～19.2%,OPT－N 比 CK 增产 4.0%,但差异不显著,除 OPT－N 外的所有施肥处理增产均达到显著水平,增产幅度为 7.0%～19.2%,可见高产玉米农田各肥料配施氮肥增产效果明显。可见,氮肥对高产夏玉米产量的影响最大,高产夏玉米施用氮肥增产率达到

12.4%，施用磷肥增产5.0%，其他元素肥料增产幅度为-1.9%～4.8%。从产量指标看，氮肥是高产玉米生产中的主要限制因素。

表4.3 不同肥料配施对夏玉米产量及构成因子的影响

（河南农业大学）

处理号	穗粒数/个	百粒重/g	平均产量/(kg/hm²)	增产率/%
OPT	620.40	27.29	11 078.1abc	16.9
OPT－N	544.27	26.75	9 852.6ef	4.0
OPT－P	563.47	25.73	10 524.0cd	11.1
OPT－K	621.87	26.55	10 984.3abc	15.9
OPT－Mn	610.33	25.40	10 659.0bcd	12.5
OPT－Zn	604.47	26.75	10 660.5bcd	12.5
OPT－S	589.10	26.17	11 169.6ab	17.9
OPT－B	571.13	26.03	10 718.6abcd	13.1
OPT－Fe	636.73	26.62	11 296.1a	19.2
OPT－Cu	577.60	24.66	10 571.4cd	11.6
CK0	529.13	25.41	9 474.6f	—

与OPT相比，OPT－N、OPT－P、OPT－K、OPT－Mn、OPT－Zn、OPT－B和OPT－Cu等处理的产量均有不同程度的下降，除OPT－N与OPT产量达到显著水平外，其他均差异不显著，说明氮肥显著影响产量，而磷肥、钾肥、锰肥、锌肥、硼肥和铜肥的施用对产量影响不大。OPT－S和OPT－Fe比OPT分别增产0.83%和2.0%，但差异均不显著，这说明当季施用硫肥和铁肥反而不利于超高产夏玉米产量的提高，考虑到肥料成本，高产夏玉米生产可不用硫肥和铁肥。

夏玉米在播种密度一定的条件下，其产量高低主要取决于穗粒数和百粒重，由表4.3可以看出，各施肥处理的穗粒数均比对照处理多，增加幅度在2.8%～20.3%。各施肥处理的百粒重均大于对照，增加幅度在1.0%～7.4%，由此可见，各施肥处理对夏玉米的穗粒数影响较大，产量增加主要是靠增加穗粒数来实现。

表4.4表明，各施肥处理对玉米收获后的土壤速效养分含量有一定影响。OPT－N与CK的有效氮含量最低，比播种前降低5.30 mg/L左右，而OPT有效氮含量比OPT－N高13.60 mg/L，比播种前高8.30 mg/L，其他施氮肥处理比OPT－N高3.13～7.70 mg/L。OPT－P与CK的有效磷含量相近，明显低于其他施磷肥处理，比播种前略有上升；OPT比OPT－P的有效磷含量高6.80 mg/L，比播种前高8.40 mg/L。OPT－K和CK土壤有效钾含量亦明显低于其他施钾肥处理，OPT的有效钾含量比OPT－K、CK分别高了20.40和21.50 mg/L，比播种前高18.00 mg/L，其他施钾肥处理比OPT－K高9.50～20.03 mg/L。可见，高产玉米田施用氮、磷、钾肥能明显提高土壤有效氮、有效磷和有效钾含量。各处理土壤有效S含量和有效Fe含量均低于播种前，而各处理的土壤有效Cu、有效Mn、有效Zn和有效B含量均不同程度地略高于播种前，施用中微量

元素肥料对相应的土壤有效养分含量影响不大。可见,高产玉米田施用氮、磷和钾肥能够显著提高土壤速效养分含量,要保持土壤养分平衡或提高土壤肥力必须重视氮磷钾肥的合理施用。

表 4.4 不同肥料配施对土壤速效养分的影响

(河南农业大学) mg/L

处理号	有效氮	有效磷	速效钾	有效硫	有效铁	有效铜	有效锰	有效锌	有效硼
OPT	37.90	18.40	100.13	4.40	10.13	3.53	6.97	1.60	0.99
OPT－N	24.30	12.57	96.30	4.53	9.07	3.33	5.33	1.57	0.95
OPT－P	29.90	11.60	99.73	4.20	9.47	3.43	6.37	1.83	1.07
OPT－K	28.50	13.97	79.70	4.10	10.60	3.47	7.67	1.67	1.00
OPT－Mn	32.00	14.80	94.67	3.70	9.63	3.63	6.13	1.53	1.07
OPT－Zn	24.10	14.90	97.33	4.40	10.83	3.30	6.60	1.30	1.06
OPT－S	27.77	14.53	92.60	3.83	11.20	3.37	6.27	1.40	1.05
OPT－B	29.37	14.90	89.67	4.20	10.90	3.57	5.37	1.67	0.86
OPT－Fe	27.43	15.13	89.20	4.20	10.27	3.50	7.20	1.73	1.06
OPT－Cu	27.90	15.80	96.00	4.60	10.30	2.80	5.43	1.43	1.65
CK0	24.47	11.77	78.57	4.30	9.43	2.30	6.60	1.20	1.13

注:本表数据为 ASI 法测定。

综上所述,本试验条件下,氮肥是高产玉米的主要限制因子,施用氮肥可显著增产,且能提高土壤有效氮含量,其次是磷肥,其他中微量元素肥料增产效果不明显。高产夏玉米施肥的重点是氮肥的合理施用,这与农民的施肥习惯基本一致,但要保持土壤养分平衡或提高土壤肥力必须重视磷、钾肥的配合施用。

本试验中,施用中微量元素肥料对相应的土壤有效养分含量影响不明显,多数土壤微量元素含量高于播种前,这可能与夏季高温多雨的环境条件使土壤微量元素有效化有关。李月华等(2005)报道秸秆直接还田可提高土壤速效氮、速效磷和速效钾含量,补充土壤有效铁等微量元素,改善土壤肥力性状,解决土壤养分不平衡问题。本试验地多年来秸秆全量还田,补充了中微量元素,这也可能是中微量元素效果不明显的原因。不同地区、不同肥力土壤以及不同作物的土壤限制因子不同,在中低产田的作物土壤限制因子可能较多,且能显著影响产量和土壤有效养分含量,全面摸清不同肥力土壤上各种作物的养分限制因子对科学施肥具有重要作用。

3. 超高产冬小麦养分限制因子研究

2006 年 10 月至 2007 年 6 月,通过大田试验研究了不同肥料配施对超高产冬小麦产量及养分积累量的影响。结果表明(表 4.5),与 CK 处理相比,各施肥处理产量都有所增加,增产率为 1.27%～12.89%。FHN 处理产量最高,为 8 903.40 kg/hm^2,增产率为 12.89%。与 OPT 处理相比,FHN 处理增产 1.6%,但产量差异不显著,而 FHN 处理施肥量远高于 OPT 处理施肥量,表明推荐施肥比攻关田施肥节肥增效。OPT 处理比 OPT－N、OPT－P、OPT－K 处理分别增产 9.7%、5.8%、6.7%,其中 OPT 处理与

OPT－N、OPT－K 处理产量差异达到显著水平，表明施用氮肥、钾肥能显著提高冬小麦的产量，N、K 是超高产冬小麦土壤养分主要限制因素，且 N＞K，可见氮肥和钾肥对超高产冬小麦具有很重要的作用。

表 4.5　肥料配施对冬小麦产量及构成要素的影响

（河南农业大学）

处理	有效穗数/(10^4/hm^2)	穗粒数/(粒/穗)	千粒重/g	产量/(kg/hm^2)	相对产量/%	增产率/%	纯收益/(元/hm^2)
OPT	819.08a	35.56a	43.67a	8 760.00a	100	11.07	12 390
OPT－N	672.04c	32.10b	41.61a	7 986.60c	91.17	1.27	11 970
OPT－P	794.41ab	31.13b	42.57a	8 246.70ab	94.48	4.95	12 195
OPT－K	747.04b	33.38ab	41.83a	8 211.60b	93.74	4.12	11 730
FP	777.63ab	33.08ab	41.57a	8 688.30ab	99.18	10.16	12 345
FHN	750.99ab	32.11b	41.58a	8 903.40a	101.64	12.89	11 085
CK	636.51c	31.28b	41.01a	7 886.70c	90.03	—	—

注：FHN 为超高产攻关施肥，FP 为农民习惯施肥。N：3.6 元/kg，P_2O_5：6.5 元/kg；K_2O：3.7 元/kg，小麦：1.6 元/kg。

表 4.6 表明，超高产条件下的化肥利用效率相对偏低，N、P_2O_5、K_2O 的农学效率分别为 3.68、5.37 和 9.14 kg/kg；养分回收率分别为 30.86%、12.29% 和 29.13%；每生产 100 kg 冬小麦需吸收的 N、P_2O_5、K_2O 的量分别为 3.16、1.03 和 4.17 kg。

表 4.6　冬小麦(OPT)农学效率和养分回收率

（河南农业大学）

元素	农学效率/(kg/kg)	百千克产量吸收养分量/kg	养分回收率/%
N	3.68	3.16	30.86
P_2O_5	5.37	1.03	12.29
K_2O	9.14	4.17	29.13

综上所述，施用氮肥、钾肥能显著提高冬小麦的产量，N、K 是超高产冬小麦土壤养分主要限制因素，且 N＞K。

4.1.1.2　华北南部补灌区土壤养分限制因子研究

小麦-玉米轮作土壤中，100% 的地块缺乏氮素，81.8% 的地块缺乏钾素，100% 的农户的地块缺乏硫素，63.6% 的地块缺乏硼素，54.5% 的地块缺乏锌素。生产上应重点加强氮、钾、硫、硼、锌元素的协调供应。

据孙克刚等多年来在华北南部补灌区多点设置的小麦平衡施肥试验表明在氮磷钾配施时，缺氮时，氮肥贡献为 35.9%～54.4%，平均贡献率为 40.4%；缺磷时，磷肥贡献为 12.5%～33.3%，平均贡献率为 23.2%；缺钾时，钾肥贡献为 14.9%～25.4%，平均贡献率为 20.0%。每千克氮肥增产小麦 10.3～15.5 kg，平均增产 12.1 kg。每千克 P_2O_5

增产小麦 13.2～19.3 kg，平均增产 16.3 kg；每千克 K_2O 增产小麦 8.2～11.7 kg，平均增产 9.7 kg。通过以上分析看出，决定小麦产量因素第一为氮素，其次为磷素，第三为钾素。

玉米平衡施肥试验表明在氮磷钾配施时，缺氮时，氮肥贡献为 14.4%～46.9%，平均贡献率为 35.3%；缺磷时，磷肥贡献为 7.0%～18.7%，平均贡献率为 11.7%；缺钾时，钾肥贡献为 5.0%～30.5%，平均贡献率为 18.2%。每千克氮肥增产玉米 13.2～14.0 kg，平均增产 13.6 kg。每千克 P_2O_5 增产玉米 9.5～15.4 kg，平均增产 12.5 kg；每千克 K_2O 增产玉米 8.6～13.5 kg，平均增产 11.1 kg。通过以上分析看出，决定玉米产量因素第一为氮素，其次为磷素，第三为钾素。

确定合理的氮肥施用量是小麦高产高效的重要措施。2008 年在驻马店布置小麦氮肥用量试验。试验表明冬小麦产量随着氮肥使用量的增加而增加，但过量施用氮肥反而造成冬小麦产量的降低。由肥料效应方程计算出小麦最高产量施肥量为 198.5 kg/hm^2，产量为7 790.9kg/hm^2，最佳产量施肥量为 152.1 kg/hm^2，小麦产量为7 603.6 kg/hm^2。

玉米产量随氮肥施用量的增加而增加，而后随氮肥施用量的增加产量又有所下降。氮肥施用水平分别为 0、70、140、210、280 和 350 kg/hm^2；玉米的产量分别为：5 664、6 653、7 628、8 420、8 286和8 080 kg/hm^2。每千克氮素增产玉米为：14.1、14.0、13.1、9.4 和 6.9 kg。

由肥料效应方程计算出最高产量施肥量为 270.59 kg/hm^2，玉米产量为8 444.08 kg/hm^2。最佳产量施肥量为 224.08 kg/hm^2，玉米产量为8 262.0 kg/hm^2。

4.1.1.3 华北东部高产灌区土壤养分限制因子

小麦-玉米轮作土壤中，影响作物产量的养分因子按高低排序为 N＞K＞P，氮素不足仍然是影响作物产量的最主要养分因子，钾肥施用也有较明显的效果，土壤磷素供应充足。微量元素中锌、硼不足问题较为突出，生产上应注意氮、钾及微量元素的平衡施用，减少磷肥的施用。

4.1.1.4 华北西北部灌区土壤养分限制因子及长期施钾效应研究

表 4.7 结果显示，当前冬小麦、夏玉米的养分限制因子仍表现为氮、磷、钾，冬小麦平均产量6 987 kg/hm^2 的水平下，减氮、减磷、减钾分别占最佳处理 OPT 产量的 75.4%、85.3%和 90.1%，氮、磷、钾的农学效率为 9.4、6.2 和 4.2 kg/kg，当季肥料施用的利用率分别为 38.7%、9.5%和 18.7%，形成 100 kg 子粒吸收氮、磷、钾量分别为 2.9、0.9 和 2.6 kg；夏玉米平均产量为7 503 kg/hm^2 的水平下，减氮、减磷、减钾分别占最佳处理 OPT 产量的 77.2%、92.4%和 94.7%，氮、磷、钾的农学效率为 7.9、5.2 和 2.1 kg/kg，当季肥料施用的利用率分别为 36.2%、13.1%和 19.9%。

华北西北部灌区小麦-玉米轮作中土壤中，影响小麦-玉米轮作产量养分因子的按高低排序为 N＞P＞K，氮磷肥施用效果显著；微量元素锌、锰的不足的问题较为突出，生产上注重氮、磷元素的供应以及微量元素肥料锌锰肥的配合施用是关键。

表 4.7　冬小麦、夏玉米当季肥料效率、利用率和养分吸收特性

（山西省农业科学院）

作物	n	OPT 产量/(kg/hm²)	相对产量/%			农学效率/(kg/kg)			肥料利用率/%		
			OPT－N	OPT－P	OPT－K	N	P_2O_5	K_2O	N	P_2O_5	K_2O
冬小麦	10	6 987	75.4	85.3	90.1	9.4	6.2	4.2	38.7	9.5	18.7
夏玉米	11	7 503	77.2	92.4	94.7	7.9	5.2	2.1	36.2	13.1	19.9

基于土壤测试提出小麦-玉米轮作合理的施肥量，按照当地田间管理习惯开展了三年六茬（三个轮作）的定位养分观测，表 4.8 结果显示：最佳施肥量处理 OPT 无论在单季还是轮作均可获得最高产量，而不同缺素处理的产量均有不同程度的减产效应。连续不施肥（CK0），土壤的养分供应能力随种植茬数的增加而降低（2007 年夏玉米季除外），由第一季的 67.5%降低到第六季的 38.9%，减氮处理（OPT－N）也有相同的趋势，减产幅度较大。减磷处理（OPT－P）大体上随种植茬数也呈降低趋势，由第一季的 93.4%降低到第六季的 81.3%，减钾或减锌处理随种植茬数降低不明显。

表 4.8　冬小麦-夏玉米轮作三年六茬定位养分管理的相对产量变化

（山西省农业科学院）　　%

处理	2005—2006 年相对产量		2006—2007 年相对产量		2007—2008 年相对产量	
	冬小麦	夏玉米	冬小麦	夏玉米	冬小麦	夏玉米
OPT	100aA	100aA	100aA	100aA	100aA	100aA
OPT－N	71.1cB	62.8cC	46.1cC	69.2bB	35.0dD	39.2dC
OPT－P	93.4bA	90.6bB	81.5bB	98.2aA	87.0cC	81.3cB
OPT－K	93.1bA	94.8bAB	95.6aA	98.3aA	96.0abAB	91.4aAB
OPT－Zn	96.1abA	99abA	96.6aA	94.2aA	92.0bcBC	97.8abA
CK0	67.5cB	54.4dD	44.1cC	71.4bB	37.0dD	38.9dC

注：OPT（N375、P_2O_5 150、K_2O 200、$ZnSO_4$ 15）、小麦季 N 180 kg/hm²、玉米季 N 195 kg/hm²，磷钾肥和锌肥及小麦季 1/2N 于底施，小麦季 1/2N 在小麦拔节期追施，玉米季 N 在玉米大喇叭口期追施。2007 年玉米季降雨量偏高，达 273 mm，占全年降雨量的 72.4%。小写字母为 5%水平检验，大写字母为 1%水平检验。

由表 4.9 的肥料利用率结果可知，小麦的当季肥料利用率随种植茬数呈增加趋势，氮肥利用率增加最为明显。小麦-玉米轮作的肥料利用率也有相同的趋势，三年六茬的氮磷钾肥料利用率分别为 56.9%、19.2%和 14.9%。以上结果表明，小麦-玉米轮作体系中氮磷钾养分的管理应区别对待，氮肥在每个生长季均需施用，磷肥、钾肥或锌肥则可考虑整个轮作季施用即可。

在华北北部高产灌区小麦-玉米轮作中土壤中，影响小麦-玉米轮作产量提高的限制因子按高低排序是 N＞P＞K，土壤缺硫、微量元素锌、锰的不足的问题较为突出。

表 4.9 冬小麦-夏玉米轮作三年六茬定位养分管理的肥料利用率变化

（山西省农业科学院） %

年份	小麦季肥料利用率			小麦-玉米轮作肥料利用率		
	N	P	K	N	P	K
2005—2006	32.6	7.6	3.7	38.6	13.5	9.0
2006—2007	69.3	11.8	11.0	62.5	17.3	21.6
2007—2008	78.1	11.7	7.5	69.8	26.7	14.2
2005—2008				56.9	19.2	14.9

4.1.2 华北小麦-玉米轮作前后茬氮、磷、钾高效运筹技术研究

研究中统筹考虑小麦、玉米两季作物的需肥特点和土壤养分供应特点，提出了氮肥、磷肥、钾肥在两季作物的用量与分配比例。该技术解决了原来施肥中存在的小麦-玉米施肥只考虑当季作物，不考虑养分周年供应规律的缺点，有效地提高了肥料利用率和农作物产量。

4.1.2.1 华北中部高产灌区

速效氮肥的运筹方式，小麦季施入轮作周期总肥料量的 45%，玉米季施入 55%；磷肥运筹方式，小麦玉米并重；钾肥运筹方式，小麦轻玉米重，小麦季施入轮作周期总肥料量的 40%，玉米季施入 60%。

4.1.2.2 华北东部高产灌区

速效氮肥的运筹方式，小麦与玉米并重；磷肥运筹方式，小麦重玉米轻，小麦、玉米分配比例为 7∶3；钾肥运筹方式，小麦轻玉米重，小麦、玉米分配比例为 3∶7。

4.1.2.3 华北北部灌区

氮肥小麦轻玉米重，小麦季施入轮作周期总肥料量的 45%，玉米季施入 55%；磷肥的运筹是小麦重玉米轻，小麦季施入轮作周期总肥料量的 85%～90%，玉米季施入10%～15%；钾肥的运筹是小麦重玉米轻，小麦季施入 30%～50%，玉米季施入 50%～70%。

4.1.3 华北小麦-玉米有机与无机肥协同增效技术研究

近年来，随着我国化肥工业迅速发展和农村经济与劳动力结构的变化，农作物施肥结构也发生了很大变化，演绎出重用地轻养地、重化肥轻有机肥的现象，有机肥施用量逐年减少，有机肥与无机肥施用比例严重失调，单施化肥易使土壤盐化板结，降低耕地质量，不利于作物生长和利用。

有机肥有良好的土壤培肥作用。每年施 9 t/hm^2（干重）农家草圈肥，可以对土壤中增加有机质、全氮、全磷、全钾分别为2 250、28.8、60.3 和77.4 kg/hm^2（徐明岗等，2009）。有机肥可以稳步提升土壤有机质含量，增加耕层土壤速效氮磷钾含量、土壤蓄水保墒能力和作物产量。

在河北宁晋，小麦－玉米轮作季每单季施入 3 t 烘干鸡粪（含氮率 2.137%，折合纯氮 64.11 kg/hm^2），化学肥料纯 N 施用总量 360 kg/hm^2，小麦季和玉米季平均分配，小麦季底施 1/2，拔节孕穗期追施 1/2，玉米季播种后开沟底施 1/2，大喇叭口期追施 1/2；P_2O_5 总用量 240 kg/hm^2，小麦季用量 165 kg/hm^2，玉米季用量 75 kg/hm^2，全部底施；K_2O 总用量 210 kg/hm^2，小麦季用量 90 kg/hm^2，底施 1/2，拔节孕穗期追施 1/2，玉米季用量 120 kg/hm^2，底施 1/2，大喇叭口期追施 1/2（表 4.10）。

表 4.10 **2008—2009 年有机增效技术试验方案**

（河北省农林科学院） kg/hm^2

处理	周年施氮量	小麦季	玉米季
处理 1（对照）	N0	N0	N0
处理 2（化肥 1）	N360	N180	N180
处理 3（化肥 2）	N480	N240P90K90	N240P75K120
处理 4（化肥 1＋有机肥）	N360＋有机肥 N	N180P90K90＋有机肥	N180P75K120＋有机肥
处理 5（化肥 2＋有机肥）	N480＋有机肥 N	N240P90K90＋有机肥	N240P75K120＋有机肥

表 4.11 表明，有机与无机肥配施可显著提高小麦、玉米的产量，以“N 360＋有机肥 N”处理全年产量最高，达19 317 kg/hm^2，其次是“N480＋有机肥 N”，化肥 N 360 产量最低。增施有机肥后，比单施化肥大大提高了肥料利用率，玉米季氮肥利用率达到 40.3%，小麦季氮肥利用率达 53.2%，全年氮肥利用率达 54.6%。

表 4.11 **2008—2009 年有机增效技术综合效益分析**

（河北省农林科学院）

处理		子粒产量/(kg/hm^2)	相对产量/%	植株氮积累量/(kg/hm^2)	氮肥利用率/%
2008 玉米	对照	8 143.5	81.3	163.5	—
	化肥 1	9 090.0	90.7	205.5	18.4
	化肥 2	9 288.0	92.7	214.5	23.2
	化肥 1＋有机肥	10 021.5	100.0	249.0	40.1
	化肥 2＋有机肥	9 034.5	90.2	225.0	22.5
2009 小麦	对照	5 011.5	53.9	108.0	—
	化肥 1	7 006.5	75.4	160.5	29.1
	化肥 2	8 110.5	87.3	187.5	33.1
	化肥 1＋有机肥	9 295.5	100.0	220.5	53.2
	化肥 2＋有机肥	8 389.5	90.3	193.5	31.6

续表 4.11

处 理		子粒产量/(kg/hm²)	相对产量/%	植株氮积累量/(kg/hm²)	氮肥利用率/%
合计	对照	13 155.0	68.1	271.5	—
	化肥 1	16 096.5	83.3	366.0	26.3
	化肥 2	17 398.5	90.1	402.0	27.2
	化肥 1＋有机肥	19 317.0	100.0	468.0	54.6
	化肥 2＋有机肥	17 424.0	90.2	418.5	30.6

由表 4.12 结果显示，在施用氮磷肥的基础上，长期施用钾肥和秸秆还田均有明显的增产效果，秸秆还田结合施钾增产效果最好，增产率达 17.6%。无论是否秸秆还田，施用钾肥平均增产 10.2%以上，同样，无论是否施钾，秸秆还田也平均增产 6.6%。因此，施用钾肥和秸秆还田都是冬小麦增产的措施，尤其是二者结合。从施用钾肥的农学效益看，无论是否秸秆还田，每千克 K_2O 均可以增产 3.6 kg 以上的小麦子粒，施钾结合秸秆还田的效果更好，每千克 K_2O 增产小麦子粒 3.9 kg。

表 4.12 长期施钾和秸秆还田的增产效果(16 年平均值)

(山西省农业科学院)

指标	NP	NPK－NP		NPSt－NP		NPKSt－NP		NPKSt－NPSt		NPKSt－NPK	
	产量	增产量	增产率/%	增产量	增产率/%	增产量	增产率/%	增产量	增产率/%	增产量	增产率/%
平均产量/(kg/hm²)	5 521	544	10.3	353	6.7	944	17.6	591	10.2	399	6.6
钾肥农学效率/(kg/kg)		3.6		3.9		3.9		3.9		3.9	

注：St 指本田小麦秸秆还田，下同。

表 4.13 显示，长期施用钾肥和秸秆还田对土壤速效钾和缓效钾均有影响。与 NP 处理相比，2008 年 NPK、NP＋St、NPK＋St 处理的土壤速效钾、缓效钾含量均显著提高；与 NP＋St 处理相比，NPK、NPK＋St 处理土壤速效钾、缓效钾含量也均有显著提高；但 NPK＋St 与 NPK 处理间速效钾含量差异不显著，缓效钾含量达显著差异。与试验开始前的初始值比较，NP 处理由于长期得不到钾素养分的补充，钾素养分一直处于亏缺状况，致使土壤速效钾和缓效钾含量分别以每年 2.06 mg/kg 和 9.38 mg/kg 的速度下降；NP＋St 处理是在 NP 处理基础上进行秸秆还田，补充一定量的钾素养分，减缓了对土壤钾素养分的耗竭，但土壤速效钾和缓效钾含量有所下降，分别下降 15.7% 和 6.2%。NPK 处理是在 NP 处理基础上每年施用钾肥(K_2O 150 kg/hm²)，满足了冬小麦生长的需要，土壤速效钾和缓效钾含量均提高了 50 mg/kg，年均积累量均达 3.13 mg/kg；NPK＋St 处理的土壤钾素平衡处于盈余状态，土壤速效钾和缓效钾含量以每年 3.38 mg/kg和 7.19 mg/kg 的速度增加，表明施钾结合秸秆还田有利于土壤－作物体系的钾素循环和土壤钾素肥力的提高。

表 4.13 长期施钾和秸秆还田对土壤速效钾、缓效钾的影响

（山西省农业科学院）

年份	处理	土壤速效钾含量		土壤缓效钾含量	
		mg/kg	增减率/%	mg/kg	增减率/%
1992	初始值	140	—	1 050	—
2008	NP	107 c	−23.6	900 d	−14.3
	NPK	190 a	35.7	1 100 b	4.8
	NP+St	118 b	−15.7	985 c	−6.2
	NPK+St	194 a	38.6	1 165 a	11.0

该研究是针对秸秆还田措施广泛接受、有机肥施用较少的前提开展的，目标是保证小麦-玉米轮作总产达到或超过 16 500 kg/hm^2 的前提下，通过施用有机肥或秸秆还田措施结合化肥施用达到增产、节本、增收、生态安全、可持续发展的目的。

4.2 氮肥减施简化增效技术研究

氮通常被认为作物产量的首要限制因子，目前我国平均氮肥利用率只有 30%～40%。氮肥利用率低下不仅造成资源浪费，而且会导致严重的环境污染。因此，关于提高氮肥利用率以及减少与氮肥施用有关的环境负效应等方面问题一直是国内外研究的重点。控释肥因具有养分释放与作物吸收同步的特点而成为提高氮肥利用效率和减少环境污染的有效途径之一。许多研究表明，控释肥不仅能满足高产优质的需要，还具有作物全生育期肥料一次性基施和节省追肥所需的劳动力投入、减少肥料用量、提高氮肥利用率并减少环境污染等优点。

4.2.1 华北小麦-玉米大田专用缓控释氮肥减施简化施肥技术研究

4.2.1.1 华北中部高产灌区简化施肥技术研究

2007 年和 2008 年在河南省浚县农科所试验地进行超高产夏玉米简化施肥技术研究，试验共设四个处理，即 T0（不施氮肥）、T1（一次性施肥，ZP 型夏玉米专用缓/控释复合肥料（20-6-8）在五叶期一次性开沟施入）、T2（常规尿素二次施肥，氮肥苗肥 50%＋大喇叭口期 50%）和 T3（常规尿素三次施肥，氮肥苗肥 30%＋大喇叭口期 30%＋吐丝期 40%）。施肥量由国际植物营养研究所（IPNI）北京办事处对试验田土壤测试后根据目标产量推荐，N 为 300 kg/hm^2，P_2O_5 为 90 kg/hm^2，K_2O 为 120 kg/hm^2，T0、T2 和 T3 的磷肥、钾肥全部在五叶期开沟施入土壤，沟深 10 cm 左右，距离播种行 10～15 cm，大喇叭口期和吐丝期追施尿素采用穴施，距离玉米 10～15 cm，穴深 10 cm 左右。试验用单质化肥

品种分别为尿素(含 N 46%)、过磷酸钙(含 P_2O_5 12%)和氯化钾(含 K_2O 60%)。

从表 4.14 可以看出,施氮处理比 T0 显著增产,增产幅度为 10%~15%,两年均以 T3 处理产量最高。T1 比 T0 增产 13%~14%,比 T2 增产 3%~4%,比 T3 减产 1%~2%,与二次施氮和三次施氮产量差异不显著,表明施用缓/控释肥料一次性施肥能显著提高夏玉米产量,实现二次或三次施肥的产量,节省追肥劳动成本(夏玉米后期追肥极为不便,人工追肥成本 900 元/hm^2)。表 4.14 还表明,不同施氮次数增产主要取决于穗粒数的提高,2007 年和 2008 年,T1、T3 穗粒数比 T2 分别增加了 9%、12%和 2%、4%,可见,夏玉米各生育阶段氮素协调供应有利于穗粒数的提高。

表 4.14 不同处理对夏玉米产量及产量构成因素的影响

(河南农业大学)

年份	处理号	穗粒数/个	百粒重/g	平均产量/(kg/hm^2)	增产率/%
2007	CRF	579.35	33.06	12 132.59	13.16
	N1	531.32	33.17	11 753.64	9.62
	N2	594.64	33.52	12 322.18	14.92
	N0	500.09	30.63	10 721.98	
2008	CRF	505.25	34.61	13 724.03	13.76
	N1	494.74	34.16	13 246.32	9.80
	N2	513.49	34.61	13 894.06	15.17
	N0	471.57	32.48	12 063.90	

综合两年的试验结果(表 4.15),超高产夏玉米的氮肥农学效率 T3 处理最大,平均为 5.72 kg/kg,T1 处理次之平均为 5.12 kg/kg,T2 处理最小为 3.69 kg/kg,T1 比 T2 处理高 1.43 kg/kg,差异达到显著水平;T1 和 T3 处理的氮肥利用率平均为 21.00%和 25.82%,比 T2 处理分别提高了 5%和 10%,2008 年差异达到显著水平;氮肥偏生产力、1 t经济产量氮素吸收量与氮肥利用率的趋势一致,均为 T3>T1>T2。可见,夏玉米施用缓/控释氮肥和吐丝期追施氮肥,实现氮肥适当后移保证灌浆期的氮素供应可提高氮肥利用效率。

高肥力土壤上,采用 0∶10 的氮素速缓配比,或 2∶8 速缓比的大田专用缓控释复合肥一次施用,与采用普通尿素相比,在减少 10%~20%的氮肥时,施肥次数从四次减少为两次,可获得大体相同的产量目标;在中肥力土壤上,采用速缓比为 3∶7 或 4∶6 的缓控释复合肥一次施用,与采用普通尿素相比,施肥次数从四次减少为两次,在减少10%~20%的氮肥时,获得大体相同的产量目标。

表 4.15 超高产夏玉米氮肥利用效率

（河南农业大学）

年份	处理	氮肥农学效率/(kg/kg)	氮肥利用率/%	氮肥偏生产力/(kg/kg)	每吨产量氮素吸收量/(kg/t)
2007	T1	4.70a	22.08ab	40.44a	19.03a
	T2	3.44b	17.50b	39.18a	18.48a
	T3	5.33a	25.17a	41.07a	19.49a
2008	T1	5.53a	19.93b	45.75a	17.27b
	T2	3.94b	14.74c	44.15b	16.72b
	T3	6.10a	26.48a	46.31a	18.47a

4.2.1.2 华北南部补灌区控释肥效应研究

连续三年在驻马店市驿城区水屯镇新坡村、驻马店市遂平县和兴乡和兴农场、驻马店市农科所农场设置控释肥料试验。小麦播种量为 128 kg/hm^2，玉米播种密度均为 75 000株/hm^2。

设置控释尿素全量（CRU100%，一次施用 N 180 kg/hm^2）、普通尿素全量（PU 1 000%，底施 N 180 kg/hm^2）、控释尿素全量的 70%（CRU 70%，一次施用 N 126 kg/hm^2）、普通尿素全量的 70%（PU70%，底施 N 126 kg/hm^2）、普通复合肥底施 600 kg/hm^2（15 - 15 - 15）＋加追尿素 195 kg/hm^2、金正大控释 BB（24 - 12 - 12）肥用量为普通复合肥总养分量（48）的 80%一次底施 626.25 kg/hm^2 和对照（无氮处理）。按当地农民习惯作为基肥施入普通过磷酸钙和加拿大产氯化钾各 75 kg/hm^2。

表 4.16 表明小麦施用氮肥增产效果显著，控释尿素 100%、控释尿素 70%比不施氮处理（CK）小麦增产 36.9%～53.6%、19.6%～30.7%；普通尿素 100%、普通尿素 70%处理比不施氮处理（CK）小麦增产 20.0%～36.1%、11.1%～22.2%。控释 BB 肥处理比不施氮处理（CK）提高 36.6%～40.3%。

控释尿素 100%处理、控释尿素 70%处理分别比相对的等氮量普通尿素增产 11.5%～14.0%、6.1%～8.8%，经统计达到 1%的显著性水平。说明氮素同等用量时控释尿素增产效果显著。同时试验还表明：普通尿素 100%和控释尿素 70%之间差异不显著。说明控释尿素氮素用量比普通尿素氮素用量减少 1/3 时，冬小麦产量不减产。金正大 BB 肥优于普通尿素，BB 肥处理比普通尿素 100%处理产量分别提高了 3.1%～6.6%，说明金正大 BB 肥配比合理。

表 4.17 表明，施用控释尿素显著提高了氮肥利用率，控释尿素的氮肥利用率均显著高于普通尿素，控释尿素 100%、控释尿素 70%处理比等氮量的普通尿素的氮肥利用率分别高出 10.7～13.2、9.4～13.8 个百分点。BB 肥处理比普通尿素 100%处理氮肥利用率分别提高了 10.0 和 12.5 个百分点。

表 4.16 控释肥在小麦上的增产效果

（河南省农业科学院）

年份	处 理	水屯镇新坡村			和兴乡和兴农场		
		产量/(kg/hm²)	较 CK 增产量/(kg/hm²)	增产率/%	产量/(kg/hm²)	较 CK 增产量/(kg/hm²)	增产率/%
2006	控释尿素 100%	7 980	2 295	40.4	8 295	2 235	36.9
	普通尿素 100%	7 125	1 440	25.3	7 275	1 215	20.0
	控释尿素 70%	7 080	1 395	24.5	7 245	1 185	19.6
	普通尿素 70%	6 585	900	15.8	6 735	675	11.1
	CK	5 685	0	0.0	6 060	0	0.0
年份	处 理	水屯镇新坡村			驻马店市农科所农场		
		产量/(kg/hm²)	较 CK 增产量/(kg/hm²)	增产率/%	产量/(kg/hm²)	较 CK 增产量/(kg/hm²)	增产率/%
2007	控释尿素 100%	8 175	2 475	43.4	8 265	2 655	47.3
	普通尿素 100%	7 305	1 605	28.2	7 410	1 800	32.1
	控释尿素 70%	7 230	1 530	26.8	7 335	1 725	30.7
	普通尿素 70%	6 690	990	17.4	6 750	1 140	20.3
	控释 BB 肥	7 785	2 085	36.6	7 815	2 205	39.3
	CK	5 700	—	—	5 610	—	—
年份	处 理	水屯镇新坡村			驻马店市农科所农场		
		产量/(kg/hm²)	较 CK 增产量/(kg/hm²)	增产率/%	产量/(kg/hm²)	较 CK 增产量/(kg/hm²)	增产率/%
2008	控释尿素 100%	8 055	2 625	48.3	8 295	2 895	53.6
	普通尿素 100%	7 185	1 755	32.3	7 350	1 950	36.1
	控释尿素 70%	7 065	1 635	30.1	7 005	1 605	29.7
	普通尿素 70%	6 495	1 065	19.6	6 600	1 200	22.2
	控释 BB 肥	7 575	2 145	39.5	7 575	2 175	40.3
	CK	5 430	—	—	5 400	—	—

夏玉米施用氮肥亦有明显的增产效果(表 4.18)，玉米产量随氮肥用量增加而提高。控释尿素 100%、控释尿素 70%比不施氮处理(CK)玉米增产 17.2%～51.3%、6.6%～43.9%；普通尿素 100%、普通尿素 70%处理比不施氮处理(CK)增产 8.4%～45.5%、1.3%～30.7%。控释 BB 肥处理比不施氮处理(CK)提高 37.0%～48.9%。

表 4.17 控释肥在小麦上的氮肥利用率

（河南省农业科学院） %

年份	处 理	水屯镇新坡村		和兴乡和兴农场	
		氮肥利用率	比普通尿素提高	氮肥利用率	比普通尿素提高
2006	控释尿素 100%	42.4	11.1	46.0	12.8
	普通尿素 100%	31.3		33.2	
	控释尿素 70%	41.1	10.0	44.8	9.4
	普通尿素 70%	31.1		35.4	
	CK	—		—	
年份	处 理	水屯镇新坡村		驻马店市农科所农场	
		氮肥利用率	比普通尿素提高	氮肥利用率	比普通尿素提高
2007	控释尿素 100%	46.1	10.7	48.6	13.1
	普通尿素 100%	35.4		35.5	
	控释尿素 70%	45.1	13.8	46.9	13.6
	普通尿素 70%	31.3		33.3	
	控释 BB 肥	45.4		47.0	
	CK	—		—	
年份	处 理	水屯镇新坡村		驻马店市农科所农场	
		氮肥利用率	比普通尿素提高	氮肥利用率	比普通尿素提高
2008	控释尿素 100%	45.4	11.3	48.5	13.2
	普通尿素 100%	34.1		35.3	
	控释尿素 70%	43.3	10.1	44.1	9.4
	普通尿素 70%	33.2		34.7	
	控释 BB 肥	44.5		47.8	
	CK	—		—	

控释尿素 100%处理、控释尿素 70%处理分别比相对的等氮量普通尿素增产 5.5%～8.5%、5.2%～10.9%，经统计达到 1%的显著性水平。说明氮素同等用量时控释尿素增产效果显著。普通尿素 100%和控释尿素 70%之间差异不显著，说明控释尿素氮素用量比普通尿素氮素用量减少 1/3 时，玉米产量不减产。

将控释尿素与普通尿素掺混施用取得较好的增产效果。小麦试验表明以“控释尿素 70%＋普通尿素 30%”为最佳处理，比普通尿素 100%增产小麦1 110～1 605 kg/hm^2，产量提高了 16.1%～23.4%，比控释尿素 100%增产 420～540 kg/hm^2，提高了 5.5%～7.1%。将控释尿素与普通尿素掺混施可显著提高氮肥利用率，以“控释尿素 70%＋普通尿素 30%”的氮肥利用率最高，为 51.53%～54.5%，与等氮量的 100%普通尿素相比提高了 22.26%～24.3%；比控释尿素 100%提高了 6.7%～9.3%。

表 4.18 控释肥在玉米上的施用效果

（河南省农业科学院）

年份	处理	水屯镇新坡村			和兴乡和兴农场		
		产量/(kg/hm²)	较CK增产量/(kg/hm²)	增产率/%	产量/(kg/hm²)	较CK增产量/(kg/hm²)	增产率/%
2006	CRU100%	6 660	975	17.2	6 375	1 065	20.1
	PU100%	6 165	480	8.4	6 045	735	13.8
	CRU70%	6 060	375	6.6	6 045	735	13.8
	PU70%	5 760	75	1.3	5 700	390	7.3
	CK	5 685	—	—	5 310	—	—

年份	处理	水屯镇新坡村			驻马店市农科所农场		
		产量/(kg/hm²)	较CK增产量/(kg/hm²)	增产率/%	产量/(kg/hm²)	较CK增产量/(kg/hm²)	增产率/%
2007	CRU100%	8 715	2 955	51.3	8 850	2 655	47.3
	PU100%	8 055	2 295	39.8	8 160	2 550	45.5
	CRU70%	7 995	2 235	38.8	8 070	2 460	43.9
	PU70%	7 215	1 455	25.3	7 335	1 725	30.7
	CRBBF	8 235	2 475	43.0	8 355	2 745	48.9
	CK	5 760	—	—	5 610	—	—

年份	处理	驻马店市农科所农场		
		产量/(kg/hm²)	较CK增产量/(kg/hm²)	增产率/%
2008	CRU100%	7 920	2 535	47.1
	PU100%	7 230	1 845	34.3
	CRU70%	7 200	1 815	33.7
	PU70%	6 495	1 110	20.6
	CRBBF	7 380	1 995	37.0
	CK	5 385	—	—

控释尿素与普通尿素掺混施用在夏玉米上的试验亦表明“控释尿素70%＋普通尿素30%”为最佳处理，比普通尿素100%增产945～1 245 kg/hm²，提高了16.02%～17.86%，比控释尿素100%增产330～555 kg/hm²，提高了5.0%～6.6%。

4.2.1.3 华北北部补灌区减氮增效技术研究

华北北部灌区是我国华北平原重要的粮食产区，冬小麦-夏玉米一年两季轮作是主要的大宗作物种植体系，粮食单产和化肥的投入量都非常高，常年单季平均施氮量高达 N 450～600 kg/hm^2，钾肥施入量很少或基本不施。这种长期不平衡的施肥习惯，导致土壤中主要养分 N、P、K 失衡(李秋梅，2002)。

一般小麦播种前玉米秸秆全部粉碎还田。玉米秸秆施入土壤后，前期在矿化过程中，不仅不释放氮素，反而消耗了土壤中的原有速效氮素。玉米秸秆和氮磷肥配合施用，既可以克服化学氮肥前期猛后期不足的供肥特点，又可以提高氮肥的有效性(娄运生等，1998)。为避免玉米秸秆施入土壤后对作物幼苗产生的不良影响，应配施足量的氮肥，以保证作物幼苗对氮的需要。

在辛集马庄农场高产地块，全年施入纯 N 420 kg/hm^2，小麦季施入 180 kg/hm^2，玉米季施入 240 kg/hm^2，并在小麦季和玉米季都基追各半施用，小麦季磷钾用量 P_2O_5 120 kg/hm^2，K_2O 90 kg/hm^2，玉米季不施磷肥，钾肥用量为 K_2O 120 kg/hm^2，钾肥基追各半，小麦玉米两季产量达到18 750 kg/hm^2，节省氮肥用量 22.2%，平均单季氮肥利用率达 41.1%，节省肥料成本 443.52 元/hm^2，提高粮食产投比 1.1(表 4.19、表 4.20)。

小麦季基追并重，有利于促进冬前大蘖的形成，增加群体亩穗数。玉米季在大口期追施，利于取得较高产量和提高肥料利用率。由于全年减少了施肥总量，在小麦收获后玉米种植前要及时补充土壤氮素储存。

表 4.19 不同施肥量和基追比对小麦玉米产量的影响 (2008—2009)

(河北省农林科学院) kg/hm^2

处理	纯氮用量							产量		
	全年	小麦			玉米			小麦	玉米	总产量
	总量	总量	基肥	追肥	总量	基肥	追肥			
对照	0	0	0	0	0	0	0	5 548.5	7 179.0	12 727.5c
推荐量二次追肥型	420	180	0	180	240	0	240	7 135.5	8 727.0	15 862.5bc
推荐量轻基重追型	420	180	45	135	240	60	180	8 280.0	9 796.5	18 076.5ba
推荐量基追并重型	420	180	90	90	240	90	90	9 010.5	9 739.5	18 750.0a
习惯量二次追肥型	540	240	0	240	300	0	300	8 775.0	10 201.5	18 976.5a
习惯量轻基重追型	540	240	60	180	300	100.5	199.5	8 602.5	9 825.0	18 427.5ba
习惯量基追并重型	540	240	120	120	300	150	150	9 133.5	9 690.0	18 823.5a

注：小麦追肥在拔节期，玉米追肥在大喇叭口期。

表 4.20 华北北部灌区推荐施氮量与习惯施氮量的综合效益分析(2008—2009)

(河北省农林科学院)

处理	肥料相对用量/(kg/hm²)	植株氮吸收量/(kg/hm²)			氮肥利用率/%			肥料投入/(元/hm²)	粮食产出/(元/hm²)	产投比
		小麦	玉米	全年	小麦	玉米	平均			
对照	0	114.0	154.5	268.5	—	—	—	1 659.93	21 192.87	12.8
推荐量二次追肥型	77.8	159.0	193.5	352.5	19.3	21.7	20.5	3 212.25	26 395.41	8.2
推荐量轻基重追型	77.8	180.0	220.5	400.5	27.9	36.7	32.3	3 212.25	30 067.65	9.4
推荐基追并重型	77.8	193.5	241.5	435.0	33.4	48.7	41.1	3 212.25	31 154.16	9.7
习惯量二次追肥型	100	190.5	244.5	435.0	25.8	50.0	37.9	3 655.77	31 558.05	8.6
习惯量轻基重追型	100	187.5	216.0	403.5	24.7	34.0	29.4	3 655.77	30 638.55	8.4
习惯量基追并重型	100	202.5	213.0	415.5	29.8	32.2	31.0	3 655.77	31 269.27	8.6

注:粮食和化肥的市场价格为小麦 1.62 元/kg,玉米 1.70 元/kg,纯 N 3.70元/kg;P_2O_5 4.50 元/kg;K_2O 5.33 元/kg。

在华北西北部补灌区,在保证等养分投入(N18-P8-K8)的条件下肥料一次性底施,全部施用缓控肥料的产量达 7 215 kg/hm²,较传统肥料增产 9.2%,缓控肥料与传统肥料按 8∶2混合施用的产量达 7 451 kg/hm²,较传统肥料增产 12.2%,缓控肥料与传统肥料按6∶4 混合施用的产量达 7 491 kg/hm²,较传统肥料增产 12.9%,均表现出一定的减氮空间。

4.2.2 秸秆还田新鲜有机肥激发减氮增效技术研究

秸秆还田是当前黄淮海平原处理秸秆的主要方法,针对秸秆直接还田有可能导致作物减产的现状,通过在秸秆还田的基础上加适量活性有机质(比如鸡粪),利用活性有机质的激发效应达到减氮增效的效果。

在总施肥量中加 17%的活性有机质代替部分氮肥,无论在何种施肥水平下,小麦玉米的总产量每亩均超过1 100 kg 的考核指标,同时提高肥料回报率;加入的活性有机质在 6%或 3%时,在高施肥量水平下对小麦和玉米产量均表现出激发增产效应;如果分别考虑有机肥对小麦和玉米产量的激发效果,即使在活性有机质含量只有 6%或 3%时,同样表现出对小麦产量的激发效应,尤其当施肥量高于 200 kg/hm² 时,而对玉米产量的激发效应主要为施用量为 17%时才产生,秸秆还田条件下的小麦减产有可能通过加入少量活性有机质来改善。

4.3 肥料与农艺协同增效技术研究

4.3.1 水肥耦合增效技术研究

针对华北水资源短缺，小麦生育期间降水少，玉米生育期间降水变率大等问题，以节水高产为目标，以提高作物水肥利用效率为核心，在节水栽培条件下，充分利用作物的水肥耦合特性，研究确定实现小麦-玉米两茬单产18 000 kg/hm^2 的水肥优化耦合技术，达到高产和资源高效利用的最终目标。

4.3.1.1 华北西北部补灌区

华北西北部补灌区水氮耦合规律为：①小麦季低灌水量条件下(900 m^3/hm^2)，中氮(210 kg/hm^2)可以达到 6.9 t/hm^{2}的产量；②小麦季中灌水量条件下(1 200 m^3/hm^2)，中高氮(210、270 kg/hm^2)分别可达 6.9、7.0 t/hm^2 的产量；③小麦季高灌水条件下(1 500 m^3/hm^2)，中低氮(150、210 kg/hm^2)可达 6.9 t/hm^{2}的产量；④夏玉米低灌水量条件下(900 m^3/hm^2)，高氮(270 kg/hm^2)可以达到 10 t/hm^{2}的产量；⑤夏玉米中灌水量条件下(1 200 m^3/hm^2)，中高氮(210、270 kg/hm^2)也可达 10 t/hm^{2}的产量；⑥夏玉米高灌水条件下(1 500 m^3/hm^2)，中低氮(150、210 kg/hm^2)可达 10 t/hm^{2}的产量。从肥料利用率看，夏玉米以高水低氮的利用率最高，达 46.2%，较农民习惯提高 23.0%，中水中肥的肥料利用率可达 38%，较农民习惯提高 11%。

4.3.1.2 华北北部灌区

提出在施氮量较低的情况下，可适当加大灌溉量，会有利于提高小麦产量，同时不至于对环境造成较大的影响；而在施氮量较高的情况下，适度减少灌溉量，进行亏缺灌溉可提高小麦产量，也就是说，适当提高肥料用量可提高作物抵御干旱胁迫的能力。施肥量较低情况下，灌溉措施采用充分灌溉模式，施肥量较高情况下，采用适度亏缺灌溉模式。

在河北藁城市河北省农科院堤上试验站研究不同氮肥用量以及不同上下茬氮肥配比与水分耦合对小麦玉米全年产量的效应。水分处理设限水灌溉与适量灌溉两个水平：限水灌溉，一般年份小麦灌播前水、拔节水，玉米灌出苗水，全年总灌水量2 025 m^3/hm^2；适量灌溉，一般年份小麦灌播前水、拔节水、开花水、玉米灌出苗水、抽雄扬花水，全年总灌水量3 375 m^3/hm^2。氮肥设三个施肥水平：纯 N 240、360 和 480 kg/hm^2，每施肥水平又增设小麦玉米上下茬平分型、前重型、后重型不同的分配比例(表 4.21)。

试验结果显示当全年施氮量 360 kg/hm^2，上下茬平分型施肥处理小麦玉米全年产量最高，为 17 958 kg/hm^2 和18 200 kg/hm^2。不同施氮量以及不同的上下茬分配与灌水量存在协同效应。在适宜氮量和上下茬比例条件，一定灌水条件下，增加产量，反之，产量减少(图 4.1 至图 4.4)。

表 4.21 冬小麦-夏玉米上下茬氮肥分配比例设置(2009)

(河北省农林科学院) kg/hm²

处理	小麦施氮量	玉米施氮量	全年施氮量
N240 平分型	120	120	240
N240 前重型	240	0	240
N240 后重型	0	240	240
N360 平分型	180	180	360
N360 前重型	120	240	360
N360 后重型	240	120	360
N480 平分型	240	240	480
N480 前重型	180	300	480
N480 后重型	300	180	480

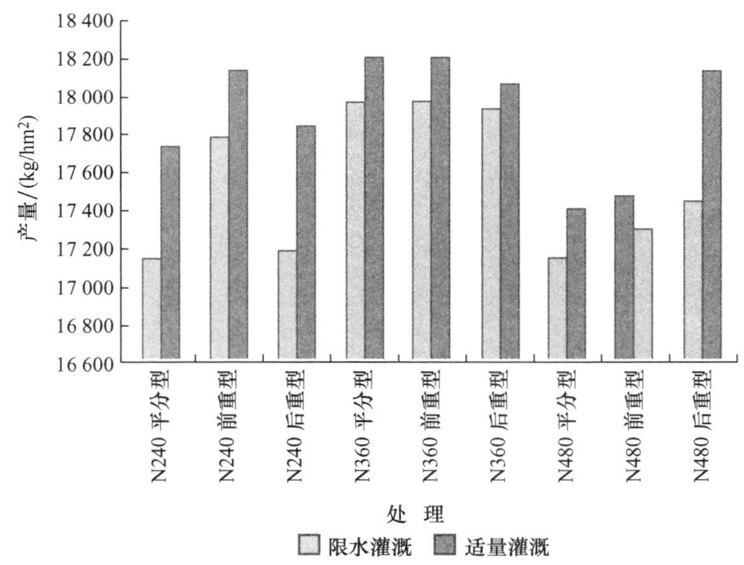

图 4.1 不同施氮量和灌水对小麦-玉米全年产量影响

(河北省农林科学院)

后重型适量灌溉条件下,N 240 kg/hm²、N 360 kg/hm²、N 480 kg/hm² 后重型处理小麦玉米全年产量分别为17 809.5、18 048和18 118.5 kg/hm²,表现为在一定范围内,随灌水增加,施氮量增加,全年产量也相应增加;也就是说,水量适宜和充足灌溉条件下,玉米季增加施氮量有助于全年产量增加。

后重型限水灌溉条件下,N 240 kg/hm²、N 360 kg/hm²、N 480 kg/hm² 后重型处理小麦玉米全年产量分别为 17 164.5、17 925和17 427 kg/hm²,表现为施氮量 N 360 kg/hm²

产量最高，超过这一限度，产量降低。也就是说，水量有限条件下，应适当减少氮肥用量。

前重型施肥处理，适量灌溉和限水灌溉都表现 N 240 kg/hm^2 前重型产量最高，分别为17 773.5 kg/hm^2 和18 115.5 kg/hm^2，表明前重型施肥全年施氮量要适当减少，可以获得较高产量。也就是说，氮肥在小麦季重施，可以大大节约氮肥和灌水量，提高氮肥和水分的利用效率。

总体来看，在小麦全年水氮适宜条件下，氮肥上下茬平分是获得最高产量的施肥方式。

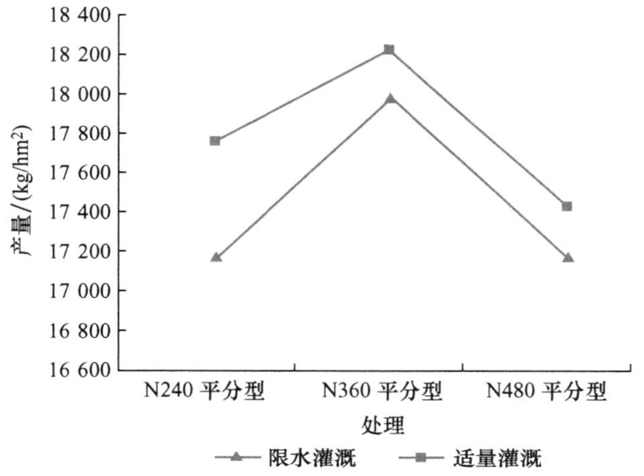

图 4.2 不同平分型施肥和灌水条件对小麦玉米全年产量的效应

（河北省农林科学院）

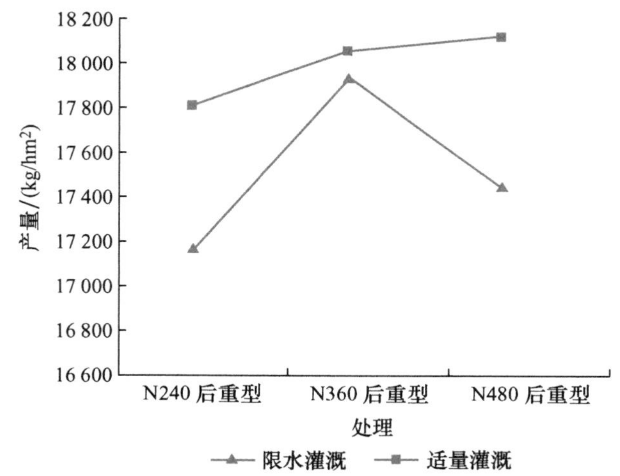

图 4.3 不同后重型施肥和灌水对小麦－玉米全年产量影响

（河北省农林科学院）

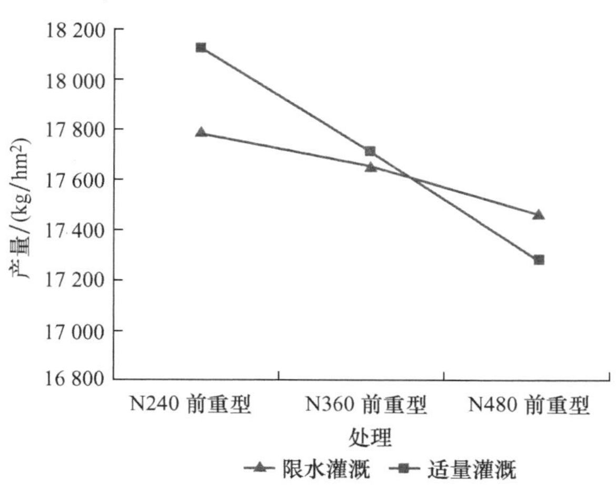

图 4.4 不同前重型施肥和灌水对小麦-玉米全年产量影响

（河北省农林科学院）

4.3.2 肥料与作物品种优化配合增效技术研究

4.3.2.1 华北西北补灌区

研究提出临麦 8050、舜麦 1718、良星 99、石麦 15、衡观 35、晋麦 81、济麦 19 等均是当地的适种品种，具高产潜力，产量均达到 7 500～9 000 kg/hm^2 的水平，但不同品种的产量存在差异，抗逆性也表现不一。从产量的结果看，良星 99 的产量表现最高，从抗逆性(霜冻)的效果看，石麦 15 表现最好。就夏玉米的品种结果看，先玉 335、郑单 958、并单 5、并单 1、晋单 32、晋单 54、强盛 16、登海 3 号等品种是适种的品种，产量水平同样存在差异，对肥料施用的敏感程度也存在差异，从应用范围看，先玉 335、郑单 958、、晋单 54 等品种较广泛。因此，在合理施肥的前提下，筛选适种品种，是充分发挥生物学特性的关键，良种要有良方才能达到高产、高效的目标。

4.3.2.2 华北中部灌区

选用 18 个主栽小麦品种，分别在习惯施氮水平（180 kg/hm^2）和高量施氮水平（300 kg/hm^2）下研究了不同小麦品种氮素营养特性，并根据不施氮时的小麦产量和不同施氮水平下的农学效率对供试小麦品种进行了分类，提出了不同类型品种的施肥建议。

结果表明，在习惯施氮水平下，供试品种分为四类，它们是①高效高响应型，代表性的品种为矮抗 58；②低效低响应型，代表性品种为矮丰 3 号；③低效中响应型，代表性品种为兰考矮早 8、豫麦 49、豫农 202、新麦 18、偃展 4110、百农 3217；④高效中响应型，豫农 949、豫麦 66、豫麦 21、洛旱 6 号、豫麦 2 号、郑麦 9023、周麦 16、豫麦 34、豫麦 49-198、周麦 18。在高量施氮水平下，供试小麦品种分为四类，它们是：①高效高响应型，豫麦 34、周麦 18、周麦 16、矮抗 58；②低效低响应型，代表性品种为矮丰 3 号；③高效中响应型，偃展4110、豫麦2号、百农3217；④中效高响应型，兰考矮早8、新麦18、豫麦21、豫农202、郑麦9023、豫麦66、豫麦49、豫麦49-198、洛旱6号、豫农949。

高效高响应品种是生产上相应施氮水平下优先选用的品种，其次是高效中响应型、中效高响应型品种、低效高响应型。低效低响应型品种应在生产上予以淘汰。高效中响应型品种应注意降低氮肥用量，中效高响应型、低效高响应型品种应适当增加氮肥用量，充分发挥氮肥的增产效应。

4.4 小麦/玉米单作肥料合理运筹增效技术研究

4.4.1 冬小麦钾肥后移高效施肥技术

黄淮海平原小麦的主产区，分布着约170万 hm^2 的砂质潮土，该土壤质地轻、漏水漏肥，土壤速效钾和缓效钾水平均较低，钾素不足是该类土壤上重要的限制因子之一，冬小麦施钾具有显著的增产效应。钾在作物光合、呼吸、蛋白质合成及糖运输等生理过程中起着重要的调节作用。近年来，随着复种指数的增加和有机肥施用量的减少，土壤钾素亏缺严重，围绕小麦钾肥合理施用技术问题，前人虽进行过较多的研究，但主要侧重于研究施钾效应及施钾增产的生理机制、钾肥适宜用量或钾肥与其他肥料配合的效应，而关于不同施钾时期的作用效果及机理则研究相对较少，且研究多在盆栽或微区条件下开展，或侧重于比较不同施钾时期在增产、养分吸收或维持土壤钾素平衡方面的效应差异。长期以来，该区小麦生产中钾肥施用方式仍是作基肥，王宜伦等就钾肥分次施用对小麦增产和维持土壤钾素平衡的效果进行了研究，但在钾肥分次施用的生理基础有待于进一步探讨，为此作者研究了施钾时期对小麦旗叶叶绿素荧光特性及保护酶等生理指标的影响，为砂质潮土地区合理施用钾肥提供理论依据。

试验于河南省南乐县近德固乡佛善村进行，前茬作物为玉米，试验地土壤为砂壤质潮土，0～20 cm土层的土壤理化性状为：有机质13.59 g/kg，全氮0.96 g/kg，速效磷18.20 mg/kg，速效钾66.93 mg/kg，缓效钾831.78 mg/kg，pH值为7.84。试验设三个处理，T1：不施钾肥；T2：钾肥（K_2O）用量120 kg/hm^2，全部基施；T3：钾肥（K_2O）用量120 kg/hm^2，1/2基施＋/2拔节期追施。试验田各小区面积为24 m^2，随机区组排列，重复三次。各小区另施入氮肥（N）210 kg/hm^2、磷肥（P_2O_5）75 kg/hm^2，肥料施用方式是：氮肥60％基施，40％于拔节期施用，磷肥全部基施。基肥的施用是于小区划好后撒施，将肥料翻耕入土，耙匀；拔节肥是开沟条施，施后灌水。供试氮肥品种为尿素，磷肥品种为过磷酸钙，钾肥选用氯化钾。供试小麦品种为矮抗58，基本苗225×10^4株/hm^2。小麦管理过程中浇四次水（底墒水、越冬水、拔节水、抽穗水），生育期内除草、病虫害管理等其他田间管理措施参照高产小麦技术规程进行。

4.4.1.1 施钾时期对冬小麦产量及构成要素的影响

由表4.22可以看出，与T1相比，施钾处理小麦产量均显著提高；其中T3的增产效果又优于T2。从产量构成要素分析，施用钾肥处理(T2,T3)由于显著提高了小麦的亩穗数、穗数数和千粒重，因而表现出较好的增产效应；而T3与T2相比，二者在亩穗数方面虽无显著差异，但前者具有较高的穗粒数和千粒重，因而表现出更好的增产作用。

表4.22 施钾时期对冬小麦产量及产量要素的影响

(河南农业大学,2010)

处理	有效穗数/(个/hm^2)	穗粒数/个	千粒重/g	产量/(kg/hm^2)	增产率/%
T1	5.841×10^6b	31.3c	39.4c	6 189c	—
T2	5.971×10^6a	32.4b	41.2b	6 914b	11.62
T3	5.968×10^6a	34.1a	43.8a	7 532a	21.60

4.4.1.2 施钾时期对旗叶叶绿素荧光特性的影响

PSⅡ的光化学效率(Fv/Fm)表示最大光化学量子产量，反映ΦPSⅡ反应中心内部光能转换效率，是度量光抑制程度的重要指标。ΦPSⅡ表示实际光化学量子产量，它反映PSⅡ反应中心在部分关闭情况下的实际原初光能捕获效率。从整体来看(表4.23)，从开花前一周之后，Fv/Fm呈先增加后降低的趋势，其中在花后20 d之后快速下降；而ΦPSⅡ从开花前一周开始呈逐渐降低的趋势，其中花后20 d之后快速下降。上述二指标均呈现T3>T2>T1，并且各处理间差异均达到显著水平，说明T3处理对光能转换效率较高。

表4.23 施钾时期对冬小麦旗叶叶绿素荧光参数的影响

(河南农业大学,2010) d

叶绿素荧光参数	处理	开花后天数				
		−8	0	10	20	30
F_v/F_m	T1	0.834c	0.859c	0.862c	0.852c	0.45c
	T2	0.863b	0.889b	0.905b	0.888b	0.52b
	T3	0.887a	0.924a	0.934a	0.929a	0.54a
ΦPSⅡ	T1	0.738c	0.683c	0.639c	0.612c	0.269c
	T2	0.772b	0.727b	0.663b	0.631b	0.306b
	T3	0.795a	0.749a	0.692a	0.653a	0.321a
qP	T1	0.872c	0.803c	0.748c	0.735c	0.606c
	T2	0.909b	0.837b	0.774b	0.763b	0.704b
	T3	0.928a	0.861a	0.827a	0.798a	0.758a
NPQ	T1	0.447a	0.563a	0.631a	0.735a	0.867a
	T2	0.426b	0.536b	0.594b	0.702b	0.816b
	T3	0.402c	0.512c	0.573c	0.665c	0.754c

注：同列数字后不同小写字母表示处理之间在0.05水平上差异显著，下同。

光化学猝灭系数(qP)反映的是天线色素吸收的光能用于光化学电子传递的份额，该参数在一定程度上反映了反应中心的开放程度；非光化学猝灭系数(NPQ)反映 PSⅡ天线色素吸收的光能不能用于光化学电子传递，而以热的形式耗散掉的部分。在花前一周之后 qP 呈下降趋势，而 NPQ 则呈增加趋势，与叶片逐渐衰老的进程相吻合。不同处理相比，qP 呈现 T3＞T2＞T1 的趋势，而 NPQ 呈现 T1＞T2＞T3 的趋势，且各处理之间差异达显著水平，说明 T3 处理最有利于减少非辐射能量的耗散，而把所捕获的光能较充分地用于光合作用。

4.4.1.3 施钾时期对旗叶叶绿素 SPAD 值和叶片可溶性蛋白的影响

叶绿素是光合作用中的重要色素，在光合作用原初反应中担负着捕获与传递太阳光量子的功能，在一定范围内，叶绿素含量越高，光合作用越强。图 4.5 表明，开花期之后旗叶叶绿素 SPAD 值总体呈下降趋势，其中自开花 20 d 后快速下降。不同处理相比，旗叶叶绿素 SPAD 值变化趋势有所差异，T1 在开花后叶绿素含量即呈显著下降趋势，而施钾处理(T2，T3)在花后 20 d 内叶绿素含量则相对较为稳定，说明施钾可减缓叶绿素的分解，推迟叶绿素的快速下降的时间。两个施钾处理相比，T3 处理旗叶叶绿素 SPAD 值在花后高于 T2 处理，说明钾肥 1/2 基施＋1/2 拔节期追施处理最有利于提高叶绿素含量和减缓叶绿素的分解。

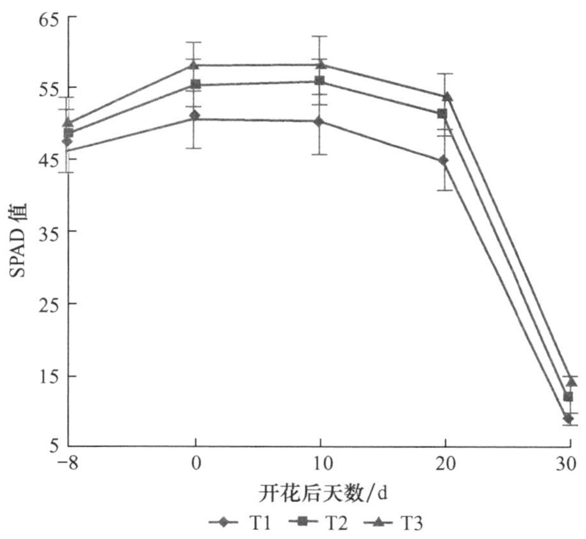

图 4.5 施钾时期对冬小麦旗叶 SPAD 值的影响

(河南农业大学，2010)

蛋白质是生命的物质基础，叶片中可溶性蛋白 50％左右是光合作用的关键酶 RuBP 羧化酶，因此可溶性蛋白被广泛用作表征叶片衰亡和光合潜力的指标。图 4.6 表明，不同处理之间小麦旗叶可溶性蛋白在开花后变化规律呈现较大差异。T1 处理可溶性蛋白含量在开花前一周升高，之后即快速下降，而施钾处理(T2，T3)可溶性蛋白含量在花后

10 d 相对稳定，开花 10 d 后才开始快速下降，且数量上一直显著高于 T1。两个施钾处理（T2，T3）可溶性蛋白含量变化规律基本一致，但 T3 旗叶可溶性蛋白含量高于 T2，说明钾肥 1/2 基施+1/2 拔节期追施处理最有利于旗叶在灌浆期保持较高可溶性蛋白含量，以保证后期代谢作用的顺利进行。

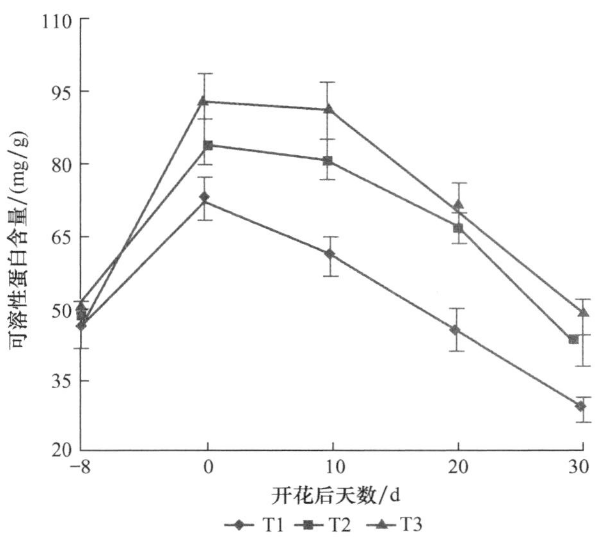

图 4.6 施钾时期对冬小麦叶片可溶性蛋白含量的影响

（河南农业大学，2010）

4.4.1.4 施钾时期对旗叶丙二醛(MDA)含量和 SOD 酶活性的影响

MDA 是膜脂过氧化作用的最终产物，是膜系统受害的重要标志之一。由图 4.7 可知，旗叶 MDA 含量在开花后 0～10 d 急剧上升，随后上升速率趋于缓慢。不同处理相比，T2、T3 旗叶 MDA 含量在同时期均低于 T1，反映施钾对叶片的膜脂过氧化作用有一定的缓解作用，其中，T3 MDA 含量又低于 T2 处理，说明分次施钾的膜脂过氧化水平最低，有利于延缓叶片衰老。

超氧化物歧化酶(SOD)是细胞内自由基清除系统中的关键酶，对于植物防御活性氧的伤害，维持细胞膜的结构和功能具有重要的作用。由图 4.8 可以看出，开花后旗叶 SOD 活性的变化总体先上升后下降，其中 SOD 活性的增加可能与该酶主动防御自由基的伤害有关，当活性氧的产生超出该酶的防御能力，该酶活性即开始下降。不同处理之间该酶活性的变化有一定的差异，T1 处理 SOD 活性在开花后 10 d 后即开始迅速下降，而施钾处理在 0～20 d 内保持相对稳定，20 d 后才开始快速下降。与 T2 相比，T3 叶片中 SOD 的活性一直保持相对较高的水平，表明分次施钾处理更有利于防御氧自由基的伤害，这与该处理叶片具有较低 MDA 水平的特点也是相吻合的。

本研究提出，将传统上的将钾肥一次基施改为基追各半或基追 7∶3 施用。其中基肥撒施，随耕作翻入土壤，追肥于拔节前趁墒开沟条施于行间或施后灌水。相同施钾水平下，与目前普遍采用的施用方式全部基施相比，钾肥 1/2 基施+1/2 拔节期追施的增产

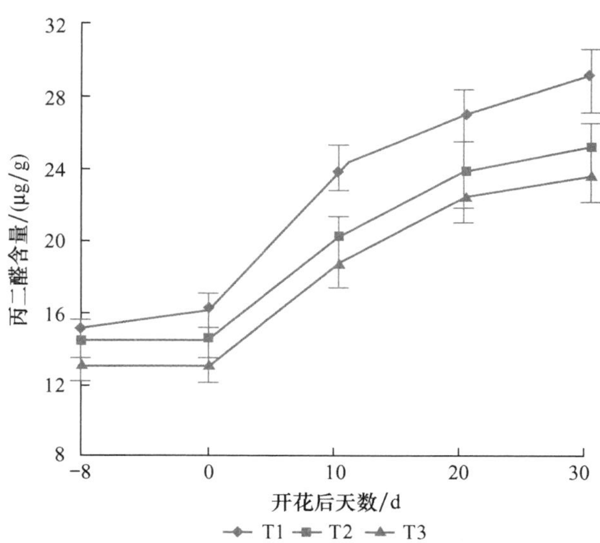

图 4.7　施钾时期对小麦旗叶 MDA 含量的影响

（河南农业大学，2010）

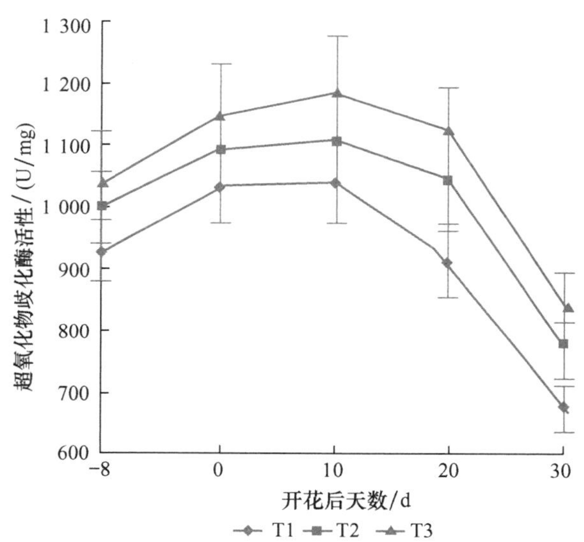

图 4.8　施钾时期对冬小麦旗叶 SOD 活性的影响

（河南农业大学，2010）

效应、增收效应、钾肥当季回收率均显著高于全部基施肥处理。其增产机理在于：①分次施钾有利于提高旗叶叶绿素含量，提高叶绿素荧光参数，降低 NPQ，有利于灌浆期旗叶 SPS 活性、SS 活性与 NR 活性，提高旗叶可溶性蛋白含量与蔗糖含量，提高子粒 SS 活性，提高灌浆后期子粒灌浆速率，有利于提高子粒淀粉积累。②分次施钾提高小麦后期功能叶 SOD、POD、CAT 等保护酶活性，降低叶片 MDA 含量，有效延缓小麦旗叶的衰老。③有利于冬小麦后期干物质的积累，促进花前营养体干物质向子粒的转运，提高对子粒的贡献率,同时促进冬小麦植株氮钾的积累。④有利于提高小麦拔节后土壤速效钾的水平,改善后期植株钾素的供应。

2006年以来,该技术在河南新郑市推广应用13.2万hm^2,平均增产小麦7.5%以上,平均增加经济收入525元/hm^2。

王宜伦等于2007年10月至2008年6月在河南省浚县矩桥镇姜庄高产(采用常规方法测定0～20 cm土层有机质含量为15.80 g/kg,碱解氮72.60 mg/kg,速效磷15.00 mg/kg,速效钾127.50 mg/kg)土壤上研究了钾肥不同基追比对冬小麦产量、养分积累及钾肥利用效率的影响。试验设K0(不施钾肥)、K1(钾肥全部基施)、K2(钾肥基施50%+拔节追施50%)和K3(钾肥基施70%+拔节追施30%)共四个处理。施肥量为N 240、P_2O_5 105、K_2O 90 kg/hm^2。氮肥为尿素,磷肥为过磷酸钙,钾肥为氯化钾。氮肥基施和拔节追施各50%,磷肥全部基施。供试冬小麦品种为衡观35。研究结果表明:施用钾肥能够增加冬小麦产量、提高植株养分积累量;钾肥分次施用增产效果好于钾肥全部基施,亦能增加冬小麦后期植株养分积累量,提高钾肥利用效率。钾肥增产率为1.59%～7.55%、钾肥农学效率为1.21～5.75 kg/kg、钾肥利用率为36.37%～57.63%、钾肥偏生产力为77.37～81.91 kg/kg,各施钾处理中均以钾肥50%基肥+50%拔节期追肥效应最佳。

施钾量相同的情况下,钾肥分次施用协调了植株前后期钾素营养的适宜供应,故增加了作物的产量,这与王立河等(2007)在砂质潮土上的试验结果和武际等(2008)盆栽研究结果一致。与韩燕来等(2001)在轻壤潮土上研究结果(以70%基施+30%拔节期追施的效果最好)有所不同。钾肥50%基施+50%拔节期追施处理的钾肥农学效率与于振文等(2007)报道的统计平均值一致,钾肥偏生产力和钾肥利用率普遍高于平均值,而钾肥70%基施+30%拔节期追施处理钾肥农学效率较低与雷全奎和江丽华(2003)报道的3.55 kg和3.00 kg基本一致。可见,钾肥适当后移可提高钾肥利用效率。在不同质地、不同钾素水平的土壤上,钾肥的肥效以及适宜的基追比例可能不同,尚需进一步的研究。

4.4.2 超高产夏玉米氮肥后移技术

玉米已发展为我国第一大粮食作物,实现夏玉米高产和超高产(≥12 000 kg/hm^2)是提高玉米总产量、保障粮食安全的重要途径。夏玉米生育期内吸肥能力强,需肥量大,充足的养分供应是夏玉米获得高产的关键。已有研究表明夏玉米对氮肥敏感,且耐肥性强,施氮增产效果显著,合理施用氮肥对于提高夏玉米产量和氮肥利用率、减轻环境压力具有重要意义。前人就氮肥用量、施氮时期和不同氮肥类型等对中产和高产水平夏玉米(7 000～10 500 kg/hm^2)产量、品质、氮素吸收利用、碳氮代谢和氮肥利用效率的影响进行了研究报道,而超高产夏玉米的研究多集中在栽培技术、气候条件、土壤性状、种植密度及生理特性等方面,其养分吸收积累特性及科学施肥技术等鲜见报道。作为高产作物合理施用氮肥的重要技术——氮肥后移,在冬小麦产量、氮素吸收、生理特性与氮肥利用率等方面的效应研究报道较多,但对超高产夏玉米产量、氮素吸收积累、氮肥利用效率及氮代谢的影响等这方面的系统研究未见报道。针对目前超高产夏玉米生产中存在施用氮肥过量、施肥时期不合理等问题，笔者连续两年在河南省浚县高产土壤上研究推荐施氮量、不同施肥时期和比例对超高产夏玉米氮素吸收积累、产量及氮肥效率的影响，明确超高产夏玉米植株氮素吸收积累特性及氮肥后移在超高产夏玉米上的效应，以期为超高产夏玉米合理施用氮肥提供科学依据。

试验于 2007 年和 2008 年在河南省浚县矩桥镇的姜庄村（2007 年）和刘寨村（2008 年）进行。该区属暖温带大陆半湿润性季风气候，年太阳辐射总量 110.8 kJ/cm^2，年日照时数2 311.8 h，≥0℃积温5 135.2℃，无霜期 221 d，一年两熟，常年降水量 627.3 mm。地下水资源丰富，灌溉条件好。试验区土壤为黏壤质潮土，土壤基本养分性状见表 4.24。

表 4.24　供试土壤农化性质

（河南农业大学）

试验地点	pH	有机质/(g/kg)	全氮/(g/kg)	碱解氮/(mg/kg)	速效磷/(mg/kg)	交换性钾/(mg/kg)
姜庄村	8.0	16.4	1.1	76.6	12.9	124.9
刘寨村	8.2	17.1	1.2	68.8	32.4	143.0

试验为氮素单因素，共设五个施氮处理：N0（不施氮肥）、N1（习惯施肥，50％苗肥＋50％大口肥）、N2（50％苗肥＋50％吐丝肥）、N3（30％苗肥＋50％大口肥＋20％吐丝肥）和 N4（30％苗肥＋30％大口肥＋40％吐丝肥）。由国际植物营养研究所（IPNI）北京办事处根据目标产量对土壤测试后推荐施肥量，N 为 300 kg/hm^2，P_2O_5 为 90 kg/hm^2，K_2O 为 120 kg/hm^2。氮肥用尿素，磷肥用过磷酸钙，钾肥用氯化钾，磷、钾肥在苗期（五叶期）开沟一次施入，大口期和吐丝期采用穴施追施尿素。

供试夏玉米品种两年均为郑单 958，统一采用超高产玉米栽培的管理方法，即精选高产杂交玉米种子，人工标尺摆播，设计密度均匀一致，种植密度均为75 000株/hm^2。播种后浇蒙头水保证出苗整齐；播后苗前用除草剂和农药混配，进行土壤封闭除草，杀灭小麦秸秆残留害虫；出苗后三叶间苗、五叶定苗，根据叶相留匀苗、壮苗；在玉米大喇叭口期用杀螟丹颗粒剂丢心，防治玉米螟和后期蚜虫；在玉米达到生理成熟、乳线完全消失时进行收获。2007 年试验小区面积 32 m^2，三次重复，随机区组排列，于 6 月 14 日播种，9 月 29 日收获。2008 年试验小区面积 36 m^2，三次重复，随机区组排列，于 6 月 13 日播种，10 月 3 日收获。

4.4.2.1　不同处理对夏玉米产量及其构成因素的影响

从表 4.25 可以看出，超高产夏玉米施氮增产显著，2007 年增产幅度为 9.62％～15.95％，2008 年增产幅度为 9.80％～15.17％，两年均以 N4 处理产量最高。N4、N3 和 N2 比 N1 两年平均增产 5.33％、3.90％和 2.27％，其中 N4 与 N1 产量差异达到显著水平。表明不同比例氮肥后移至吐丝期追施均比习惯施氮增产，以 N4 施氮方式增产效果最佳。

表 4.25 不同处理对夏玉米产量及成产因素的影响

（河南农业大学）

处理号	2007 年				2008 年			
	穗粒数/个	百粒重/g	平均产量/(kg/hm²)	增产率/%	穗粒数/个	百粒重/g	平均产量/(kg/hm²)	增产率/%
N4	513.49a	33.52a	12 432.59a	15.95	594.64a	34.61a	13 894.06a	15.17
N3	505.51a	33.48a	12 322.18ab	14.92	575.28b	34.18ab	13 638.97ab	13.06
N2	500.89a	33.14a	11 963.34ab	11.58	564.65b	34.33ab	13 611.82ab	12.83
N1	494.74a	33.17a	11 753.64b	9.62	531.32c	34.16ab	13 246.32b	9.80
N0	471.57b	30.63b	10 721.98c	—	500.09d	32.48b	12 063.90c	—

注：同列不同字母表示差异 5%显著水平，下同。

表 4.25 还表明 2008 年的穗粒数、百粒重和产量均普遍高于 2007 年，主要原因可能是由于 2008 年试验田土壤肥力较高(表 4.24)有利于夏玉米的生长发育，另外，2008 年气候条件适宜，夏玉米生育期内 7～9 月份平均气温较 2007 年高 0.9℃，降水量多 197.1 mm，光照时数多 20.7 h，因而促进了夏玉米的生长。

4.4.2.2 不同生育时期超高产夏玉米氮素积累与分配

表 4.26 表明，超高产夏玉米各器官氮素积累量随生长发育进程而变化。从拔节期到吐丝期，叶片是氮素的分配中心，吐丝期以后，随着生殖器官的生长发育，茎和叶片中氮素分配的比例逐渐减少，氮素分配中心发生了转移，逐渐从茎叶转向果穗，到成熟期子粒中积累的氮素占氮总积累量的 66.50%～68.33%，茎和叶中的氮素积累量均进一步减少。在灌浆中期茎氮素转运率较大，而叶片氮素转运率较小，至成熟期叶片氮素转运率达到 30.94%～41.79%。随着夏玉米的生长发育，氮素分配随生长中心变化而转移，是导致器官氮素积累量变化的主要原因。在灌浆后期，N4、N3 和 N2 的氮素转运率均小于 N1，使叶片和茎中的氮素维持较高水平，可见，氮肥后移降低夏玉米茎和叶片氮素的转运率，维持夏玉米茎和叶片中较高氮素积累有利于物质的合成，促进夏玉米高产。

4.4.2.3 超高产夏玉米氮素阶段吸收特点

从夏玉米整个生育期对养分的吸收积累量和吸收速率变化看(表 4.27)，在拔节-大喇叭口期和吐丝-灌浆中期，超高产夏玉米氮素吸收积累量大、吸收速率高，拔节至大喇叭口期是夏玉米营养生长的氮素吸收关键期，吐丝至灌浆中期是生殖生长的氮素吸收关键期。吐丝前超高产夏玉米氮素积累量占总积累量的 53.22%～59.70%，吐丝以后氮素吸收积累量占总积累量的 40.30%～47.78%，超高产夏玉米灌浆后期仍能吸收较多氮素。N4、N3 和 N2 在吐丝后的氮素吸收量和吸收速率均高于 N1，说明氮肥后移促进了超高产夏玉米的氮素吸收积累。可见，吐丝后超高产夏玉米需要吸收较多氮素，保证后期氮素养分充足供应对于夏玉米达到超高产水平至关重要，生产中应采取后期追施氮肥等措施保证土壤有效氮的充足供应，促进夏玉米子粒灌浆而增产。

表 4.26 夏玉米各器官 N 素积累与分配

（河南农业大学）

生育期	处理	茎 积累量/(kg/hm²)	茎 占总量比例/%	茎 转运率/%	叶 积累量/(kg/hm²)	叶 占总量比例/%	叶 转运率/%	子粒 积累量/(kg/hm²)	子粒 占总量比例/%	总积累量/(kg/hm²)
拔节期	N4	10.88ab	32.15		22.96a	67.85				33.84a
	N3	10.18bc	29.50		22.73a	65.86				34.50a
	N2	9.50c	29.93		20.78b	65.43				31.76b
	N1	11.56a	33.01		23.47a	66.99				35.03a
	N0	9.77c	32.01		20.74b	67.99				30.51b
大喇叭口期	N4	36.57a	38.57		58.24ab	61.43				94.82a
	N3	36.55a	38.29		58.90ab	61.71				95.45a
	N2	37.57a	38.30		60.52a	61.70				98.09a
	N1	37.14a	36.93		63.44a	63.07				100.58a
	N0	22.63b	29.95		52.93b	70.05				75.56b
吐丝期	N4	45.27a	34.82		77.44ab	59.56		7.30a	5.62	130.01a
	N3	44.51a	34.72		77.09ab	60.13		6.60ab	5.15	128.20a
	N2	48.27a	37.18		75.36b	58.05		6.20ab	4.77	129.83a
	N1	44.09a	33.67		79.29a	60.55		7.56a	5.78	130.94a
	N0	35.49b	35.98		57.51c	58.31		5.63b	5.71	98.63b
灌浆期	N4	29.40a	15.23	35.06	71.76a	37.16	7.33	91.94a	47.61	193.10a
	N3	29.15a	15.59	34.50	69.08a	36.94	10.39	88.77a	47.47	187.00a
	N2	28.36a	15.14	41.24	71.08a	37.94	5.68	87.92a	46.93	187.35a
	N1	28.17a	15.18	36.11	71.22a	38.37	10.18	86.20a	46.45	185.59a
	N0	19.66b	13.28	44.61	56.51b	38.18	1.73	71.85b	48.54	148.02b
成熟期	N4	29.54a	11.89	34.76	53.48a	21.53	30.94	165.41a	66.58	248.43a
	N3	29.33a	11.95	34.11	52.92a	21.56	31.35	163.24a	66.50	245.49a
	N2	26.99b	12.00	44.08	48.21b	21.43	36.03	149.75b	66.57	224.94b
	N1	23.34c	10.64	47.06	46.15b	21.04	41.79	149.81b	68.31	219.31b
	N0	17.29d	10.11	51.29	36.88c	21.55	35.92	113.45c	68.33	167.62c

注：本表数据为 2007 年和 2008 年的平均值。

4.4.2.4 不同处理对超高产夏玉米氮肥利用效率的影响

从表 4.28 可以看出，N4、N3 和 N2 两年的氮肥利用效率均高于 N1，2007 年氮肥利用率提高了 3.11%～7.67%、农学效率提高了 0.70～2.66 kg/kg，2008 年氮肥利用率提高了0.64%～11.74%、农学效率提高了1.22～2.16 kg/kg，其中N4氮肥利用效率最高，与N1差异达到显著水平。氮肥偏生产力、1 t经济产量氮素吸收量与氮肥利用率的趋势基本一致。氮肥适当后移可提高氮肥利用效率。

表4.27 夏玉米植株养分阶段累积量及阶段吸收速率

（河南农业大学）

吸收特点	处理	出苗-拔节	拔节-大口	大口-吐丝	吐丝-灌浆	灌浆-成熟	合计
阶段吸收量/（kg/hm²）	N4	33.84a	60.98a	35.20a	63.08a	55.33a	248.43a
	N3	34.50a	60.95a	32.75ab	58.80a	58.49a	245.49a
	N2	31.76b	66.33a	31.74ab	57.53a	37.59b	224.94b
	N1	35.03a	65.55a	30.36ab	54.64a	33.72b	219.31b
	N0	30.51b	45.05b	23.07b	49.39a	22.93c	170.96c
占总量比例/%	N4	13.62	24.55	14.17	25.39	22.27	100.00
	N3	14.06	24.83	13.34	23.95	23.83	100.00
	N2	14.12	29.49	14.11	25.57	16.71	100.00
	N1	15.97	29.89	13.84	24.92	15.38	100.00
	N0	17.85	26.35	13.49	28.89	13.41	100.00
吸收速率/[kg/(hm²·d)]	N4	1.41a	4.36a	2.51a	2.52a	2.29a	2.43a
	N3	1.44a	4.35a	2.34ab	2.35a	2.40a	2.41a
	N2	1.32b	4.74a	2.27ab	2.30a	1.56b	2.21b
	N1	1.46a	4.68a	2.17ab	2.19a	1.41b	2.15b
	N0	1.27b	3.22b	1.65b	1.98a	0.95c	1.68c

注：本表数据为2007年和2008年的平均值。

表4.28 超高产夏玉米氮肥利用效率

（河南农业大学）

年份	处理	氮肥利用率/%	氮肥农学效率/(kg/kg)	氮肥偏生产力/(kg/kg)	氮素吸收量/(kg/t)
2007	N4	25.17a	5.70a	41.44a	19.32a
	N3	24.11a	5.33a	41.07a	19.24a
	N2	20.61ab	4.14ab	39.88a	18.94a
	N1	17.50b	3.44b	39.18a	18.49a
2008	N4	26.48a	6.10a	46.31a	18.47a
	N3	25.58a	5.25ab	45.46ab	18.62a
	N2	15.38b	5.16ab	45.37ab	16.42b
	N1	14.74b	3.94b	44.15b	16.72b

4.4.2.5 不同处理对夏玉米叶片硝酸还原酶(NR)活性的影响

从图 4.9 可以看出，施氮对夏玉米穗位叶的 NR 活性有显著影响，生育后期 NR 活性下降。各施氮处理 NR 活性均比 N0 显著增强，十三叶展期 N1 的 NR 活性最强，达到 36.77 μg/(g・h)，显著高于其他处理；吐丝后 28 d N 4 的 NR 活性最强，为 26.29 μg/(g・h)，比 N1 活性高出 5.81 μg/(g・h)。吐丝后 28 d N1 的 NR 活性为 20.48 μg/(g・h)，较十三叶展期减少 16.29 μg/(g・h)，下降幅度最大。可见，施用氮肥促进了夏玉米穗位叶硝酸还原酶活性增强，吐丝期追施氮肥有利于灌浆期硝酸还原酶活性维持较高水平，而吐丝期不追施氮肥灌浆期硝酸还原酶活性降低较多。

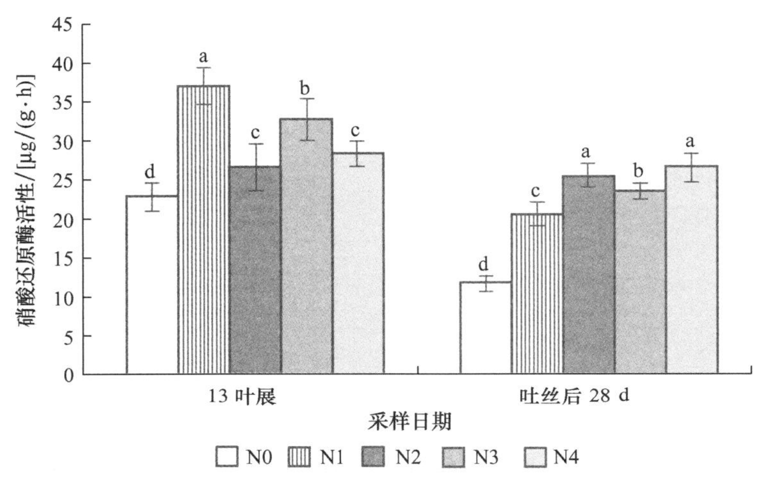

图 4.9 不同处理对夏玉米叶片硝酸还原酶活性的影响

（河南农业大学）

4.4.2.6 不同处理对夏玉米叶片游离氨基酸含量的影响

由图 4.10 可以看出，施氮对夏玉米穗位叶游离氨基酸含量有显著影响，各施氮处理均比 N0 显著提高。吐丝后 2 d，N2、N3 和 N4 游离氨基酸含量均显著高于 N1，N2 的含量最高，达到 53.22 μg/(g・FW)，比 N1 平均高出 11.68 μg/(g・FW)，但与 N3、N4 差异不显著；吐丝后 28 d，N2、N3 和 N4 游离氨基酸含量亦显著高于 N1，N4 游离氨基酸含量最高，为 33.75 μg/(g・FW)，比 N1 平均高出 4.97 μg/(g・FW)，与 N2 差异不显著，但显著高于 N3。可见，施用氮肥促进了夏玉米穗位叶游离氨基酸积累，吐丝期追施氮肥有利于灌浆期游离氨基酸含量维持较高水平，且氮肥后移至吐丝期追施比例大，游离氨基酸含量高。

4.4.2.7 不同处理对夏玉米蛋白产量的影响

图 4.11 表明，各施氮处理蛋白产量均比 N0 显著增加，两年分别增加 38.30％～42.90％和 19.14％～40.41％，N4 蛋白产量最高。2007 年各施氮处理间蛋白产量没有显著差异，2008 年的 N4、N3 和 N2 蛋白产量比 N1 增加 0.73％～17.86％，N2 和 N1 两

次施氮差异不显著，N4 和 N3 三次施氮蛋白产量显著高于两次施氮。可见，夏玉米大喇叭口期追肥后移至吐丝期追施对蛋白产量影响不大，苗期、大喇叭口期和吐丝期三个时期合理运筹氮肥，使氮肥适当后移能增加蛋白产量。

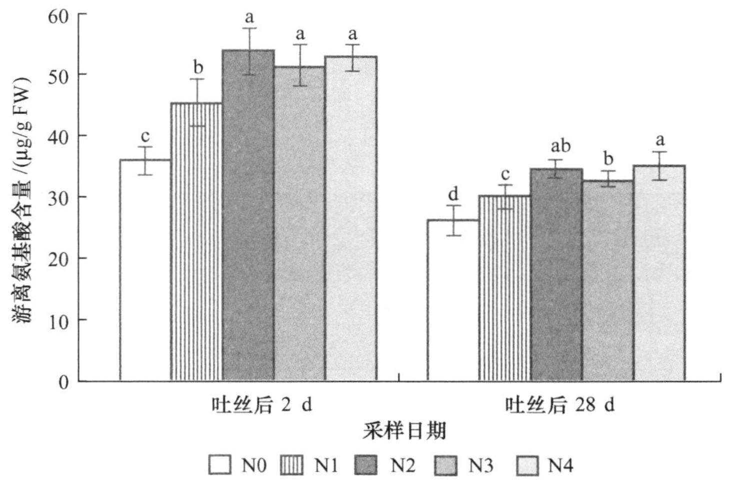

图 4.10 不同处理对夏玉米叶片游离氨基酸含量的影响

（河南农业大学）

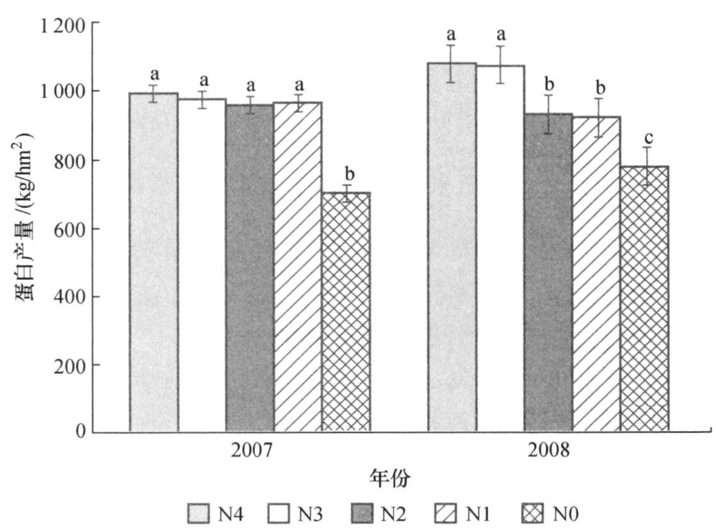

图 4.11 不同处理对夏玉米蛋白产量的影响/(kg/hm²)

（河南农业大学）

本试验表明，超高产夏玉米吐丝后氮素积累量占总量的 40.30%～47.78%，子粒灌浆期需要吸收较多氮素。氮肥后移促进了夏玉米生育后期对氮素的吸收利用，降低了夏玉米茎和叶片中氮素的转运率；显著增强了灌浆期夏玉米穗位叶硝酸还原酶活性，提高了叶片游离氨基酸含量，有利于碳氮元素向穗粒转移，增加了蛋白产量。以"30%苗肥＋30%大喇叭口肥＋40%吐丝肥" 方式运筹氮肥效果最佳，比习惯施氮的产量、氮肥利用率和氮肥农学效率显著增加。

4.4.3 夏玉米合理施钾技术研究

试验于 2004 年 6 月 9 日在河南省新郑市八千乡八千村河南农业大学教学实习基地进行，供试土壤为黄河冲积物母质上发育的潮土，质地为砂壤，土壤农化性质见表 4.29。

表 4.29 供试土壤农化性状

（河南农业大学）

土层/cm	有机质/(g/kg)	全氮/(g/kg)	碱解氮/(mg/kg)	速效磷/(mg/kg)	速效钾/(mg/kg)
0～20	8.28	1.14	60.24	8.16	66.20
20～40	6.22	0.81	38.60	5.18	50.17

试验共设七个处理，分别为：K0，不施钾肥；K1(K_2O)，150 kg/hm^{2}基施；K2(K_2O)，150 kg/hm^{2}基追各半；K3(K_2O)，225 kg/hm^{2}基施；K4(K_2O)，225 kg/hm^{2}基追各半；K5(K_2O)，300 kg/hm^{2}基施；K6(K_2O)，300 kg/hm^{2}基追各半。供试钾肥品种为氯化钾，基肥于耕前撒施、追肥于大喇叭口期穴施。除钾肥外，各处理均施氮肥(N)240 kg/hm^2、磷肥(P_2O_5)120 kg/hm^2，其中，磷肥全部作基肥于耕前一次施入，氮肥 50%作基肥，50%于大喇叭口期与钾肥一起施入。以尿素和过磷酸钙作为氮磷肥的肥源。各处理均重复三次，随机区组排列，小区面积为 3 m×10 m ＝30 m^2。供试品种为豫玉 22。

4.4.3.1 不同施钾处理对夏玉米产量及其构成要素的影响

从表 4.30 可以看出，各施钾处理是产量均随施钾量的增加而增加，增产率为 9.45%～19.70%，其中以 K6 处理单位面积增产量最大。在施钾量相同的情况下，钾肥分次施用(基追各半)增产量均优于钾肥一次基施的处理。从产量构成因素看，穗粒数和百粒重与产量的变化规律相同，可见施钾对产量及构成因子影响趋势一致。施钾量为 225 kg/hm^2 时，分次施钾与一次施钾相比，穗粒数显著增加，而百粒重无显著差异，产量增加 3.39%；而施钾量为 300 kg/hm^2 时，分次施钾与一次施钾相比，穗粒数和百粒重均呈增加趋势。

4.4.3.2 不同施钾处理对夏玉米的经济效益分析

从表 4.31 可以看出，钾肥均作基肥的情况下，随施肥量的增加，钾肥产投比、农学效率、利润增量均呈先增后减趋势。各施钾处理中以 K4 处理钾肥产投比、农学效率、利润增量为最佳，进一步增加施肥量，施肥利润增量降低。在施钾量相同的情况下，钾肥分次施用(基追各半)钾肥产投比、农学效率、利润增量均优于钾肥一次基施的处理。综合考虑，以 K4 处理的增收效果最显著，产投比最高，达到 1.88，每千克 K_2O 的增产量为 4.56 kg，利润增量为 671.4 元/hm^2。

表 4.30 不同处理的产量及其构成要素

(河南农业大学)

处理	穗粒数/个	百粒重/g	产量/(kg/hm²)	增产量/(kg/hm²)	增产率/%
K0	463.57c	30.81c	5 668.50c	—	—
K1	497.85bc	31.52b	6 204.00b	535.50	9.45
K2	524.55ab	32.20b	6 309.00b	640.50	11.30
K3	517.21b	32.04b	6 502.50ab	834.00	14.71
K4	556.99a	32.54ab	6 694.50a	1 026.00	18.10
K5	547.98a	32.85ab	6 655.50a	987.00	17.41
K6	573.13a	33.68a	6 785.00a	1 116.50	19.70

注:表中字母不同表示处理之间差异达到5%显著水平。

表 4.31 施钾经济效益分析

(河南农业大学)

处理	钾肥投入/(元/hm²)	夏玉米增收/(元/hm²)	产投比	农学效率/(kg/kg)	利润增量/(元/hm²)
K0	—	—	—	—	—
K1	510.00	749.7	1.47	3.57	239.7
K2	510.00	896.7	1.76	4.27	386.7
K3	765.00	1 167.6	1.53	3.71	402.6
K4	765.00	1 436.4	1.88	4.56	671.4
K5	1 020.00	1 381.8	1.35	3.29	361.8
K6	1 020.00	1 703.1	1.67	4.06	683.1

注:夏玉米子粒价格为1.4元/kg,K_2O价格为3.4元/kg。

4.4.3.3 不同施钾处理对夏玉米植株钾素积累及钾肥当季回收率的影响

从表4.32可以看出,植株钾素积累以苗期最低,随着生育期的推移钾素积累量逐渐增大,在灌浆期达到最大值,成熟期又有所下降。钾肥均作基肥的情况下,各生育时期不同施钾处理钾素积累趋势相同,总体表现为随着施钾量的增加钾素积累量也呈上升趋势。相同施钾量情况下,分次施用(基追各半)处理钾素积累量在大喇叭口期前低于一次作基肥处理,而在大喇叭口期后则逐渐高于作基肥一次施用的处理,说明钾肥分次施用有利于增加后期钾素的供应,促进植株对钾素的吸收。以成熟期植株钾素积累量计,则各施钾处理的钾肥当季回收率在33.2%~54.2%,钾肥均作基肥处理中,以K1处理钾肥当季回收率最高,为36.6%,施钾量超过这一水平则钾肥当季回收率下降。钾肥用量相同时,钾肥分次施用显著提高钾肥的当季回收率,其中以K2的钾肥当季回收率最高,达到 54.2%。当施钾达 K5 时，钾肥当季回收率仅降为 33.2%，即使分次施用钾肥当季回收率也只有 35.8%，因此，考虑到砂薄地漏水漏肥的特点以及提高肥料当季回收率的必要性，砂质潮土夏玉米适宜的施钾量亦以 150 kg/hm² 左右分次施用为宜。

表 4.32 不同处理对夏玉米不同生育时期植株钾素积累的影响

（河南农业大学） kg/hm²

处理	苗期	大喇叭口期	吐丝期	灌浆期	成熟期	钾肥利用率/%
K0	5.9c	56.5c	108.7c	123.7c	118.7c	
K1	7.7b	82.3ab	145.9b	185.9b	164.5b	36.6
K2	7.3b	79.0b	162.7ab	203.7ab	186.4ab	54.2
K3	9.2a	93.6a	170.9ab	202.3ab	183.6ab	34.6
K4	9.0a	90.1ab	182.4a	215.6a	204.8a	45.9
K5	10.5a	98.4a	184.8a	211.3a	201.7a	33.2
K6	10.2a	95.6a	195.4a	222.5a	208.2a	35.8

4.4.3.4 不同处理对夏玉米生育期内土壤耕层速效钾含量的影响

从图 4.12 可以看出，各施钾处理的土壤速效钾含量均高于 K0，随着生育期的推移，各处理土壤速效钾含量逐渐下降，在成熟期降到最低，这种变化趋势一方面与施入钾素在生育期内被淋溶或固定有关，另一方面也与植株生长发育规律相吻合。不同处理相比，不同时期土壤速效钾含量均随着钾肥施用量的增加而增加；钾肥一次基施处理大喇叭口期前土壤速效钾含量高于钾肥分次施用处理，随着大喇叭口期钾肥的追施，大喇叭口期后分次施肥处理的土壤速效钾水平明显高于一次基施，成熟期仍维持较高的土壤速效钾含量水平。

可见，砂薄地夏玉米施用钾肥具有显著的增产、增收作用。夏玉米产量随施钾量的

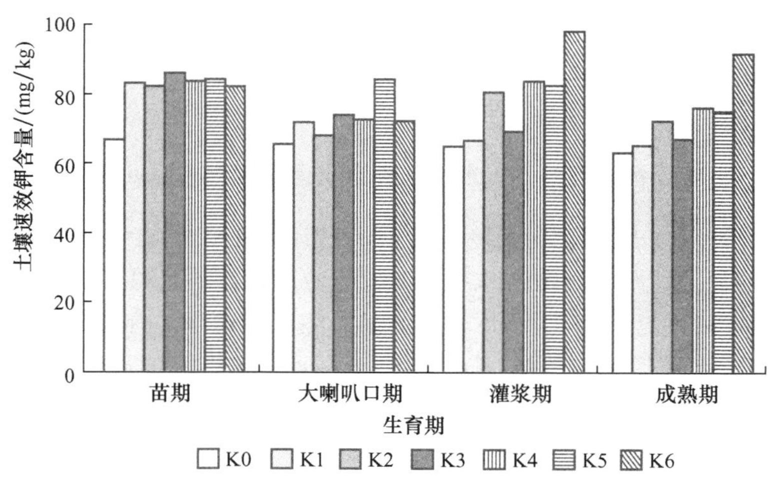

图 4.12 不同处理对夏玉米生育期内土壤耕层速效钾含量的影响

（河南农业大学）

增加而增加，施钾量为 300 kg/hm^2 时，增产最显著，增产量达到1 116.50 kg/hm^2；施钾量为 150 kg/hm^2 分次施用时钾肥当季回收率最高，达到 54.2%；从产投比、农学效率和利润增量看以施钾量为 225 kg/hm^2 分次施用为最佳；施钾量为 150 kg/hm^{2}分次施用即可维持土壤原有的速效钾水平，施钾量超过 150 kg/hm^{2}可使土壤速效钾素盈余。施钾量相同的情况下，钾肥分次施用(基追 5：5)的处理，一方面因协调了植株前后期钾素营养的适宜供应，提高了植株钾素积累量，获得了较高的增产作用；另一方面可以减少钾素的淋溶损失，对于维持土壤速效钾水平有重要作用。

综合分析施钾对土壤速效钾水平、植株钾素积累量、作物产量和施肥利润增加量的综合影响，认为适度增加钾肥供应因提高了土壤钾素供应水平，促进了植株吸收钾素，从而提高了作物的产量，并得到较高的施肥效益，但过多供应钾肥，虽然植株钾素积累量继续增加，但钾肥的增产与增收效果不能得到很好的体现，因此，砂薄地钾肥施用要发挥较好的增产、增收作用必需适度供应钾肥。本研究认为砂质潮土夏玉米钾肥用量在 150～225 kg/hm^2，并且分次施用为宜。

4.4.4 超高产夏玉米“一控二促三补”高产施肥技术

为达到夏玉米 13 500 kg/hm^2 的超高产目标，山东省农业科学院崔荣宗等经过试验研究，总结出玉米追肥的一控二促三补施肥技术。

培肥地力：在夏玉米前茬小麦播种前，连续多年施用腐熟鸡粪22 500～30 000 kg/hm^2，小麦玉米全部秸秆还田，使土壤有机质提高到 15～20 g/kg。

施足基肥：施用磷酸二铵 375 kg/hm^2、硫酸钾 450 kg/hm^2、尿素 150 kg/hm^2、硼砂 15 kg/hm^2、硫酸锌 22.5 kg/hm^2。小麦收获后立即灭茬，将肥料撒施在土壤表面，进行旋耕。

一控：为了防止玉米苗期生长过旺，促进壮苗，第一次追肥采取控的办法，少施氮肥，增施磷钾肥，保证壮苗。在玉米拔节期，追施尿素 120 kg/hm^2、磷酸二铵 150 kg/hm^2、硫酸钾 75 kg/hm^2。采用开沟施肥的方法。

二促：大喇叭口期至灌浆期是玉米需肥关键时期，需肥强度高，需肥量大，我们采取氮肥重施技术，促进玉米生长。大喇叭口期追施尿素 225 kg/hm^2、磷酸二铵 75 kg/hm^2、硫酸钾 75 kg/hm^2；扬花期追施尿素 150 kg/hm^2。

三补：在玉米灌浆期，为防止叶片功能衰退，适当补充氮肥，延长叶片功能期。追施尿素 75 kg/hm^2。

玉米是重要的粮食作物，其产量高低直接影响到我国的粮食安全问题。通过超高产玉米施肥技术研究，摸清当地土壤、气候条件下玉米的产量潜力，为玉米大面积高产提供技术支撑。

采用该项施肥技术，采用超高产玉米品种“超试一号”及配套栽培措施，2009 年在山东省平原县腰站镇王双堂村 0.4 hm^2 田块上取得了夏玉米 13 725 kg/hm^2 的产量水平，说明该技术在玉米超高产创建中具有重要推广价值。

参考文献

[1] 韩燕来，介晓磊，谭金芳，等. 超高产冬小麦的氮磷钾的吸收、分配与运转规律的研究. 作物学报，1998，24(6)：908～915.

[2] 韩燕来，刘新红，王宜伦，等. 不同小麦品种钾素营养特性的差异. 麦类作物学报，2006，26(1)：99～103.

[3] 韩燕来，汪强，介晓磊，等. 潮土区高产麦田钾肥适宜基追比研究. 河南农业大学学报，2001，35(2)：115～117. [4] 韩燕来，赵士诚，王宜伦，等. 包膜肥料 ZP 氮素释放特点及在夏玉米上的施用效果. 土壤通报，2006，37(3)：530～532.

[5] 李见云，王宜伦，介晓磊，等. 不同小麦品种钾素积累差异及其对钾肥施用的产量效应. 河南农业大学学报，2005，36(2)：125～128.

[6] 苗玉红，韩燕来，王宜伦，等. 钾对不同超高产小麦品种产量及氮磷吸收效应的影响. 土壤通报，2007，38(5)：1002～1024.

[7] 王宜伦，韩燕来，谭金芳，等. 氮磷钾配比对高产夏玉米产量、养分吸收积累的影响. 玉米科学，2009，17(6)：123～126.

[8] 王宜伦，韩燕来，谭金芳，等. 钾肥对砂质潮土夏玉米产量及土壤钾素平衡的影响. 玉米科学，2008，16(4)：163～166.

[9] 王宜伦，韩燕来，谭金芳，等. 砂薄地夏玉米施用包膜氮肥效果研究. 河南农业大学学报，2005，39(3)：349～351.

[10] 王宜伦，李潮海，谭金芳，等. 超高产夏玉米养分限制因子及养分吸收积累规律研究. 植物营养与肥料学报，2010，16(3)：559～566.

[11] 王宜伦，李潮海，谭金芳，等. 超高产夏玉米植株氮素积累特征及一次性施肥效果研究. 中国农业科学，2010，43(15)：3150～3157.

[12] 王宜伦，苗玉红，韩燕来，等. 高产夏玉米土壤养分限制因子研究. 江西农业学报，2010，22(1)：23～26.

[13] 王宜伦，苗玉红，谭金芳，等. 不同施钾量对砂质潮土冬小麦产量、钾效率及土壤钾素平衡的影响. 土壤通报，2010，41(1)：160～163.

[14] 王宜伦，苗玉红，谭金芳，等. 钾肥不同基追比对冬小麦产量、养分积累及钾肥利用效率的影响. 江西农业学报，2009，21(12)：112～114.

[15] 王宜伦，谭金芳，韩燕来，等. 不同施钾量对潮土夏玉米产量、钾素积累及钾肥效率的影响. 西南农业学报，2009，22(1)：110～113.

[16] 王宜伦，杨素芬，韩燕来，等. 钾肥运筹对砂质潮土冬小麦产量、品质及土壤钾素平衡的影响. 麦类作物学报，2008，28(5)：861～866.

[17] 王宜伦，张许，谭金芳，等. 农业可持续发展中的土壤肥料问题与对策. 中国农学通报，2008，24(11)：278～281.

[18] 杨素芬,苏菊,王宜伦,等.砂薄地冬小麦-夏玉米轮作施钾效应.中国农学通报,2007,23(5):243～245.

[19] 张许,王宜伦,韩燕来,等.氮肥基追比对高产冬小麦产量及氮素吸收利用的影响.华北农学报,2010,25(5):193～197.

[20] 赵慧萍,苗玉红,王宜伦,等.施钾时期对豫北沙薄地冬小麦旗叶叶绿素荧光特性及产量的影响.河南农业大学学报,2010,44(3):262～266.

第5章

华北小麦-玉米一体化高效施肥技术模式

华北地区是我国华北平原重要的粮食产区，小麦-玉米轮作是主要的作物种植体系。目前该区域小麦播种、收获、玉米播种等农事操作全部实现了机收、机种，大大节约了农村劳动力。因此，为配合机械化种植的生产现状，同时兼顾节肥、高效和环境持续友好等多重目标，在华北小麦-玉米一体化高效施肥关键技术创新研究结果的基础上，根据华北五省情况，研究提出了适合不同生态类型区应用的高效施肥技术模式7套，通过有效的形式在项目区得到了全面转化应用，并在华北典型生态区大面积示范推广，取得了显著的经济效益、社会效益和生态效益，对指导今后几年华北地区小麦-玉米生产中合理施肥具有重要作用。

5.1 施肥技术模式的概念

施肥技术是指将肥料施入各种栽培基质或直接施与作物的一种手段。其组成要素包括施肥量及其养分配比、施肥时期、施肥方式和采用适当的机具等。

施肥技术模式则是对不同施肥技术的归纳总结，适用于同一地区或相同生态类型区的综合施肥技术体系。施肥技术模式不仅仅包括与肥料相关的施肥技术，还包括与之配套的品种选择、灌溉方式、田间管理以及病虫草害防治等方面。

5.2 华北小麦-玉米一体化施肥技术模式

5.2.1 小麦-玉米一体化"一基一追"简化施肥模式

5.2.1.1 小麦-玉米大田专用缓控释 BB 肥一基一追简化施肥模式

根据高产施肥管理技术要求，小麦-玉米轮作周期中氮肥至少要分 4 次施用。其中小麦季要施一次基肥、一次拔节肥，玉米要施一次苗肥、一次攻穗肥。但在生产实际中，在小麦拔节期追肥有一定的困难，原因一方面是由于此时植株个体增大，群体覆盖度增加，给施肥操作带来一定的困难，另一方面是小麦拔节期追肥时，农村青壮年劳动力已大量外出务工，劳动力短缺。在玉米季施攻穗肥时正值高温季节，加之此时植株高大，也给施肥带来一定的不便。而小麦-玉米大田专用缓控释 BB 肥一基一追施肥技术模式正是针对解决上述问题而研究提出的一种简化施肥模式。

该模式采用河南农业大学自主知识产权研制的大田专用缓控释肥产品为核心技术，在华北高产灌区不同土壤肥力条件下，通过研究不同氮磷钾配比、不同速缓比、不同用量缓控释 BB 肥的产量效应、氮肥利用率、土壤供氮动态及氮肥残留，提出不同土壤条件下适用的小麦、玉米大田专用缓控释 BB 肥养分配方，生产出缓控释 BB 肥。

本模式的技术经济指标是：在小麦-玉米轮作周期中共施一次基肥、一次追肥，其中基肥于小麦播种前撒施地表，随耕作翻耕入土；追肥于夏玉米苗期（七叶期）趁墒开沟施用或穴施，或施后灌水。具体施用方案包括：

1. 华北中部灌区中等肥力地块

小麦-玉米产量目标为15 000 kg/hm²，小麦、玉米两季秸秆均还田，轮作周期内氮肥总量为 300～390 kg/hm²，其中小麦季缓控释 BB 肥配方为 24-8-6，玉米季缓控释 BB 肥配方为 28-8-6，施用量每季 600～750 kg/hm²。

2. 华北中部灌区中上等肥力地块

小麦-玉米产量目标为17 250 kg/hm²，小麦、玉米两季秸秆均还田，轮作周期氮肥总量为 390～480 kg/hm²，其中小麦季缓控释 BB 肥配方为 24-10-8，玉米季缓控释 BB 肥配方为 28-8-6，施用量每季 750～900 kg/hm²。

3. 华北中部灌区高肥力地块

小麦-玉米产量目标为19 500 kg/hm² 以上，小麦、玉米两季秸秆均还田，轮作周期氮肥总量为 420～510 kg/hm²，其中小麦季缓控释 BB 配方为 28-10-8，玉米季缓控释 BB 肥配方为 28-10-8，施用量每季为 750～900 kg/hm²。其他栽培管理措施同当地高产田。

5.2.1.2 小麦-玉米有机包膜缓控释氮肥一基一追施肥技术模式

小麦-玉米有机包膜缓控释氮肥一基一追施肥技术模式采用有机包膜缓控释尿素为

核心技术产品，根据华北南部补灌区小麦-玉米不同生产管理目标，或直接采用缓控释尿素、缓控释尿素掺混普通尿素，或采用缓控释 BB 肥，在小麦-玉米轮作周期中一次作基肥，于小麦播种前撒施地表，随耕作翻耕入土，一次作追肥，于夏玉米苗期（三叶期或七叶期）趁墒开沟施用或穴施，或施后灌水。具体施用方案包括：

1. 减施增效方案

与农民习惯施肥相比，减量施用控释尿素，小麦-玉米施氮量为 252 kg/hm^2（相当于农民习惯施氮量的 70%），小麦玉米平均分配，小麦季在耕地时作为基肥施入；玉米季作为追肥在玉米三叶期条施，然后覆盖，施肥量为 600 kg/hm^2。产量与农民习惯施肥相比不减产，甚至有所增加。氮肥利用率比农民习惯施肥提高了 8.9%～9.9%，由于氮素的减少，从而减少了小麦玉米的倒伏程度，起到了减灾防灾稳产的目的。

2. 等肥增产增效方案

施用缓控释尿素施氮量 360 kg/hm^2，同农民习惯施氮量，小麦玉米平均分配，小麦肥在耕地时作为基肥施入；玉米肥作为追肥在玉米三叶期条状施入，然后覆盖，施入量为 600 kg/hm^2。产量与农民习惯施肥相比提高了 11.5%～14.0%，氮肥利用率提高了 10.7%～13.2%，从而达到了增产的目的。

3. 配肥高产高效方案

以有机包膜缓控释尿素掺混普通尿素施用。总氮量300 kg/hm^2，其中控释尿素提供 70%的氮素，普通尿素提供 30%的氮素，小麦玉米平均分配，小麦肥在耕地时作为基肥施入；玉米肥作为追肥在玉米三叶期条施，产量与农民习惯施肥相比提高了 16.1%～23.4%，氮肥利用率提高了 22.3%～24.3%，从而达到了高产的目的。

4. 高产高效方案

本技术以有机包膜缓控释尿素为基础，根据作物需肥特点，制定不同的配方的缓控释 BB 肥，并提出施用数量及方法。小麦控释 BB 肥配方为 24-14-8,。玉米控释 BB 肥配方为 24-12-12。小麦控释 BB 肥在耕地时作为基肥施入，施用量为 600 kg/hm^2。玉米控释 BB 肥作为追肥在玉米三叶期条施，然后覆盖，施用量为600 kg/hm^2。

5.2.2 小麦-玉米“控+减+补+优”平衡施肥技术模式

针对华北东部灌区土壤有机质有待提升、磷素出现积累、钾素不足、微量元素锌、硼等缺乏严重的现状，以及生产中氮肥过量施用、磷肥长期大量施用、较少施用钾素和忽视微量元素施用等突出问题，在土壤培肥，提高土壤肥力的基础上，实施平衡施肥，即控制氮肥施用、减少磷肥施用、补施钾肥及微量元素、优化小麦-玉米磷钾肥分配比例，在轮作周期中统筹考虑不同作物的需肥规律和土壤供肥特点，进行茬口间磷钾肥的合理运筹。同时根据平衡施肥试验研究得出的肥料用量和比例进行物化，生产配方肥料，并根据生育期吸收规律，减少轮作周期施肥次数。具体施用方案包括：

1. 培肥地力

一是全量秸秆还田，提高土壤有机质含量；二是增施有机肥，小麦播种前施用优质有机肥15 000～22 500 kg/hm^2；三是重视中微量元素的施用，根据当地土壤情况，推荐施用锌肥 22.5 kg/hm^2，硼肥 15 kg/hm^2。

2. 控制氮肥施用

小麦推荐施用氮肥（折纯）180～225 kg/hm^2，玉米推荐施用氮肥（折纯）210～240 kg/hm^2，与当地农民习惯氮肥用量轮作周期 450～600 kg/hm^2 相比，减少纯氮 13%～23%。在核心示范区推广表明，通过控氮及其他配套措施，氮肥利用率由原来的低于 30%提高到 35%～40%。

3. 减少磷肥施用，优化茬口间磷肥分配比例

农民习惯上轮作周期磷肥用量为（折纯）210～270 kg/hm^2，磷肥利用率一般只有20%左右。我们根据试验研究，小麦推荐施用磷肥（折纯）120～150 kg/hm^2，玉米推荐使用磷肥（折纯）60～90 kg/hm^2，减少磷肥施用量 11%～16%。

4. 补施钾肥及微量元素，优化茬口间钾肥分配比例

推荐小麦施用钾肥（折纯）60～90 kg/hm^2，玉米 90～120 kg/hm^2，比农民习惯施肥增加 15%～20%。

5. 优化小麦-玉米磷钾肥分配比例

根据整个轮作周期作物的需肥规律和土壤供肥特点，进行磷钾肥的合理运筹。改变了小麦玉米均衡施用磷肥的习惯，磷肥在小麦季重施，施入总磷量的 70%，在玉米季轻施，施入总量的 30%。在核心示范区及示范区推广表明，通过减少磷肥施用和磷肥合理运筹，磷肥利用率提高到 30%以上。钾肥分配与磷肥相反，采用小麦-玉米三七开的运筹模式，在玉米季重施。

6. 简化施肥环节与方法

根据“控＋减＋补＋优”平衡施肥技术方案，生产配方肥，并根据作物吸收规律，将习惯上轮作周期施 6 次肥改为施 4 次肥。

综合运用以上技术，氮肥用量减少 13%～23%，氮肥利用率提高 5%～10%；减少磷肥施用量 11%～16%，磷肥利用率提高 3%～5%；增加钾肥用量 15%～20%。

5.2.3 小麦-玉米两熟作物秸秆全还田条件下一体化施肥技术模式

该技术模式是针对华北东部灌区当前农业生产中小麦和玉米轮作两季作物秸秆还田比例越来越高，却少见相应与之相配套或适应的施肥技术的现状而提出的。

本技术关键在于把小麦、玉米两茬作物作为一个周年轮作整体系统进行考虑，以提高地力保持稳产或高产为中心兼顾肥料不同养分总量及在各茬作物中的分配和每种作物关键需肥时期的养分分配。肥料投入特征区别于以前的最主要特征在于两点：一是不以牺牲另外一种作物的产量和产值作为代价；二是在有大量秸秆还田条件下科学进行氮素运筹，同时考虑磷钾的分配问题。原因在于：秸秆在腐烂过程中，要补充氮肥调节碳氮比，以利微生物的活动和有机质的分解，加快秸秆腐熟，否则会出现与作物幼苗争夺土壤中速效氮素的现象。通常玉米秸秆的碳氮比为（60～65）：1，必须调整到 25：1 左右才

有利于秸秆腐熟。所以，要按每 100 kg 秸秆加 1.2～1.5 kg 纯氮的比例进行补施。与小麦基肥一起深翻时施入。如此时在小麦播种前施用氮肥不足，因为小麦苗期生长阶段较长，就会出现微生物与麦苗争氮素而造成小麦“黄弱苗”。小麦秸秆还田虽也有此特点，但玉米从播种到出苗速度较快，植株体营养生长阶段较小麦生育期缩短很多，所以出现苗与微生物争氮的情况较少，且不严重。

收获小麦的同时机械粉碎麦秸，将麦秸覆盖田地，然后，免耕播种机播种玉米，在玉米苗期进行小麦灭茬，于玉米苗期至拔节期施肥；补施肥料后深耕翻埋肥料与麦秸，整地后播种玉米。待玉米成熟时，收获玉米果穗，粉碎玉米秸秆和根茬或者联合机械收获玉米果穗同时粉碎玉米秸秆和根茬，粉碎玉米秸秆和根茬混合均匀覆盖田地，然后，旋耕土壤或深耕翻埋玉米秸秆，整地后播种小麦同时补施肥料；补施肥料后旋耕土壤或深耕翻埋玉米秸秆与肥料，整地后播种小麦。具体施用方案包括：

5.2.3.1 小麦 7 500～9 000 kg/hm^2，夏玉米 9 000～10 500 kg/hm^2 的产量水平下

1. 氮肥施用

当施用纯氮为 375～420 kg/hm^2 时，小麦施氮量占全年氮素总投入量的 50%～55%，其中氮素的基肥与追肥比例为基肥 N：拔节追 N：灌浆期追 N=6：2.5：1.5 或一次追施氮肥，按基肥与追肥氮素比在 6：4 至 4：6 之间，夏玉米氮素投入量占全年投入的 45%～50%，其中基肥或苗期(三至六叶期)追施氮:大喇叭口期追施氮=1：2，或追加一次开花期追肥，比例为苗期追施氮：大喇叭口期追施氮：花粒期追施氮=3：5：2。

2. 磷肥施用

当施用纯 P_2O_5 为 195～240 kg/hm^2 时，小麦施磷量占全年磷总投入量的 55%～60%，底肥一次性施入，夏玉米磷素投入量占全年投入的 40%～45%为宜，其中苗期(三至六叶期)一次性施入。

3. 钾肥施用

当施用纯 K_2O 为 195～240 kg/hm^2 时，小麦施钾量占全年钾素总投入量的 40%～45%，底肥一次性施入，夏玉米钾素投入量占全年投入的 55%～60%为宜，其中苗期(三至六叶期)一次性施入。

5.2.3.2 小麦 9 000～10 500 kg/hm^2，夏玉米 10 500～12 000 kg/hm^2 的产量水平下

1. 氮肥施用

当施用纯氮为 420～480 kg/hm^2 时，小麦施氮量占全年氮素总投入量的 52%～56%，其中氮素的基肥与追肥比例为基肥 N：拔节追 N：灌浆期追 N=5：3：2 或一次追施氮肥，按基肥与追肥氮素比在 5：5 至 4：6 之间，夏玉米氮素投入量占全年投入的 44%～48%，其中基肥或苗期(三至六叶期)追施氮：大喇叭口期追施 N=1：3，或追加一次开花期追肥，比例为苗期追施氮：大喇叭口期追施氮：花粒期追施氮=2：5：3。

2. 磷肥施用

当施用纯 P_2O_5 为 240～270 kg/hm^2 时，小麦施磷量占全年磷素总投入量的 50%～

55%，底肥一次性施入，夏玉米磷素投入量占全年投入的45%～50%为宜，其中苗期(三至六叶期)一次性施入。

3. 钾肥施用

当施用纯K_2O为240～270 kg/hm^{2}时，小麦施钾量占全年钾素总投入量的45%～50%，底肥一次性施入，夏玉米钾素投入量占全年投入的50%～55%为宜，其中苗期(三至六叶期)一次性施入。

总之，在华东灌区小麦、玉米中高产水平下即冬小麦产量7 500～10 500 kg/hm^2，夏玉米产量9 000～12 000 kg/hm^2，在中等及中等以上肥力的平坦地块上，需施用N 375～480 kg/hm^2，P_2O_5 195～270 kg/hm^2，K_2O 195～270 kg/hm^2，两种作物产量越高，其中的氮肥倾向于小麦上的施用比例就略大，磷、钾的分配比例则略有差异。

5.2.4 小麦-玉米“一基二追四灌”水肥协同增效施肥模式

针对限制华北西北部小麦-玉米高产高效生产的主要因子养分和水分，在采用平衡施肥技术、新型肥料产品和设施节水技术的基础上，研究水肥互作控肥、节水及其耦合效应，在此基础上提出“一基二追四灌”水肥协同增效简化施肥模式。模式中，一基指磷钾肥、微肥和有机肥和小麦季的1/3N全部用作底肥或缓控新型肥料的全部底施；二追指小麦拔节期追施小麦季的2/3N和玉米拔节期追N，四灌指冬小麦越冬水、冬小麦拔节水、夏玉米五至六叶壮苗水和大喇叭口期丰产水。

5.2.5 小麦-玉米“四肥五水”施肥技术模式

华北北部灌区基于小麦-玉米水肥耦合效应、作物品种与氮肥协同增产效应等农业资源管理技术，结合当地秸秆全部还田的农业生产现状，应用养分资源综合管理理论对新型耕作栽培制度下农田无机养分平衡效应进行了研究，提出小麦-玉米“四肥五水”施肥技术模式，“四肥”指的是小麦季施足基肥，拔节期适量追肥；玉米季在随机播种时施入少量基肥，拔节后-大喇叭口期重施追肥；“五水”指的是小麦播前水、拔节水、扬花-灌浆水、玉米出苗水、抽雄扬花水。

在小麦-玉米轮作周期总产量达18 000 kg/hm^{2}以上地力条件下的施肥指标为：纯N 480～510 kg/hm^2，P_2O_5 135～150 kg/hm^2，K_2O 180～225 kg/hm^2，硼砂7.5 kg/hm^2，硫酸锌15 kg/hm^2，配合机耕机播施入基肥，肥料以氮磷钾复合肥和氮钾配方复混肥为主，并结合全年灌水5次，即小麦播前水、拔节水、扬花-灌浆水、玉米出苗水、抽雄扬花水。

小麦季施肥量为纯N 210 kg/hm^2，P_2O_5 120 kg/hm^2，K_2O 90 kg/hm^2，硼砂7.5 kg/hm^2；其中全部磷肥、50%氮肥、50%钾肥和硼砂均作基肥施入，以小麦专用复合肥为主，50%氮肥、50%钾肥在小麦拔节期随水追施。玉米季施肥量为纯N 270～300 kg/hm^2，P_2O_5 15～45 kg/hm^2，K_2O 120 kg/hm^2，硫酸锌15 kg/hm^2；其中全部磷肥、25%氮肥、50%钾

肥均作基肥，肥料种类为复合肥并结合机播施入，75%氮肥和50%钾肥在拔节期－大喇叭口期开沟追施，硫酸锌则可随基肥施入或随追肥沟施。

选择小麦玉米轮作周期产量在18 000 kg/hm^2 地力水平的地块，要求0～20 cm土壤耕层养分含量为有机质12.5 g/kg，速效N 68 mg/kg，速效P 21.5 mg/kg、速效K 95 mg/kg以上地力水平。

5.2.5.1 小麦季技术规程

1. 选择适宜品种

要选用抗旱、抗寒优良品种，河北省中南部可选石新828、良星66、冀麦2号、衡观35、冀麦5 265等。

2. 保证播种质量

(1)播前精细整地　前茬玉米收获后及时粉碎秸秆，耕翻入土，耕深25～30 cm，打破犁底层，除净根茬，粉碎土块，耕透耙实，做畦，将土壤整平、整细。

(2)施足底肥　随整地施入纯N 105 kg/hm^2、P_2O_5 120 kg/hm^2、K_2O 45 kg/hm^{2}和硼砂7.5 kg/hm^2，肥料以小麦专用肥为主于耕地前撒施于地表，然后耕翻入土。

(3)足墒播种　小麦播种耕层土壤适宜含水量，即轻壤土16%～18%，两合土18%～20%，黏土地20%～22%。一般年份华北北部灌区小播前降雨不足，需要播前灌水造墒，适墒耕翻耙平播种。

(4)适期适量播种　小麦播种时的行距配置应统筹夏秋两季均衡增产，在保证下茬玉米高产行株距配置前提下，合理确定小麦的行距配置，采用等行距种植或宽窄行种植。

河北省中南部一带适宜播期为半冬性品种10月5～22日，播期越晚，播量越大。早播地，分蘖力强、成穗率高的品种，播量135～165 kg/hm^2；中晚播地，分蘖力弱、成穗率低的品种，播量165～225 kg/hm^2。播深3～5 cm，播后镇压保墒。

3. 适时灌溉和追肥

(1)拔节期肥水　河北省中南部小麦拔节期常年在3月末4月初，该生育期需结合拔节水，追施N 105 kg/hm^2，K_2O 45 kg/hm^2。若旺长麦苗，肥水推迟；若低温冷害弱苗，于晴朗天气提早肥水管理，促苗早发。

(2)扬花期灌浆水　灌溉小麦生育后期如遇干旱，应在小麦孕穗期或子粒灌浆初期进行及时灌溉。

4. 田间管理

小麦返青后及时中耕，松土保墒，提高地温，促苗早发，消灭杂草，抑制春蘖过量滋生，确保麦苗稳健生长。同时，做好播前和整个生育期的病虫草害防治。

5.2.5.2 玉米季的技术要点

1. 选择适宜品种

选用高产、优质、抗病、抗倒、适应性强，生育期所需积温比当地常年活动积温少150℃的优良品种，如郑单958、浚单20、锐步1号等，并选用包衣种子。

2. 保证播种质量

小麦留茬 25 cm，播前造墒，播种土壤含水量 20%；6 月中旬机械贴茬播种，3～4 cm 播深，60～65 cm 行距开沟，株距根据种植密度确定，用种量 3.5 kg；随机播施纯 N 67.5 kg/hm^2，P_2O_5 15～45 kg/hm^2，K_2O 60 kg/hm^2，做底肥，种肥隔离，播种后根据天气和土壤墒情浇蒙头水。

3. 适期定株定苗

在玉米的三叶期间苗，五叶期定苗，密植品种可根据品种特性，留苗65 000～80 000 株/hm^2，株型繁茂的品种，酌情减少留苗株数。

4. 适时追肥和灌溉

在玉米拔节后-大喇叭口期结合降雨开沟追肥，追肥量：纯N 202.5 kg/hm^2，K_2O 60 kg/hm^2，硫酸锌 15 kg/hm^2，并在抽雄扬花期注意灌水。

5. 田间管理

在播种后出苗前，用 50%乙草胺乳油进行化学除草；做好整个生育期的病虫草害防治；在抽雄扬花期进行人工去雄，辅助授粉，以增加穗粒数。

5.2.6 砂壤土区小麦-玉米"水、肥、农艺"协同减氮施肥技术模式

选用高产高效作物品种，统筹全年光热资源，充分发挥土壤库的调节作用，进行水肥耦合周年调控。通过调控上层土壤适度水分亏缺，促进根系下扎，充分利用下层土壤水分、养分资源，减少水肥损失，实现水肥耦合增效、提高资源利用效率和收益的目标。

5.2.6.1 小麦季技术要点

1. 品种选择

要求选择成熟早、初生根多、耐旱性强、水分生产率高、株高中等、穗型紧凑、穗层整齐、穗容量大、子粒发育快、灌浆强度大、结实时间短的高产高效冬小麦品种，如科农 199、周麦 18、洛麦 20 等。

2. 足墒播种

在播种前要蓄足底墒，切忌抢墒。播前浇底墒水，使 2 m 土体含水量达到田间持水量的 90%左右，正常年型灌水量 750 m^3/hm^2。

3. 合理配施基肥，主张氮肥后移

稳氮增磷，调配氮肥 1/3 用作基肥，2/3 用作追肥，全年磷肥集中用于小麦，促进小麦根系发育和前中期生长，小麦增产显著，夏玉米利用磷肥后效，并不减产。基肥具体用量：纯 N 70～75 kg/hm^2，P_2O_5 150～200 kg/hm^2，低肥力地块取上限。

4. 精耕匀播，确保播种质量

一是精细整地。前茬玉米收获后，秸秆粉碎到细碎，田间分布均匀，若采用深耕，要求耕翻达到 20 cm，深耕后人工整地、耙平后播种。二是旋耕。要求旋耕 2 遍，深度要达到 15 cm，旋耕后要踏地(擦盖、镇压)，之后播种。连续旋耕 3～4 年的地块，进行一次深

(松)耕。适时晚播增密,以苗增穗,可避免冬前过旺和越冬冻害,冬性品种一般适宜播期在10月8日左右,弱春性品种在10月15日左右,播量165～195 kg/hm²。播深一致,落籽均匀,达到苗匀、苗齐、苗足,适宜播种深度3～5 cm。采用等行距条播,行距不大于15 cm为宜。

5. 划分大畦为小畦,利于节水灌溉

改变目前一亩为一畦进行大水漫灌的习惯,进行小畦灌溉,畦面积控制在40～70 m²,畦内平整,灌水均匀。

6. 春季适时灌溉追肥

麦田不浇返青水。湿润年型,只浇拔节水一水;常年浇拔节水、抽穗扬花水二水;特别干旱年份浇越冬水、拔节水、抽穗扬花水三水。每次灌溉水量60～70 mm,相当于600～675 m³/hm²。结合春季拔节期浇水追施氮肥,施纯N 140～150 kg/hm²,全生育期掌握在N 210～225 kg/hm²。

7. 越冬后病虫草害防治

冬小麦起身-拔节前期防治小麦根腐病、纹枯病和红蜘蛛,并防治麦田杂草。孕穗期进行小麦吸浆虫蛹期防治。抽穗开花期防治蚜虫、吸浆虫成虫、锈病、白粉病、综合叶斑病等,进行杀虫剂、杀菌剂、生长调节剂或叶面肥混合喷施,实施防病、防虫以及防干热风等一喷多防。抽穗扬花期遇雨,要防治赤霉病。

8. 适期收获

完熟初期及时收获。根茬高度小于15 cm,小麦秸秆粉碎后均匀覆盖还田。

5.2.6.2 夏玉米季技术要点

1. 精选种子

选用高产与水氮高效夏玉米品种,如豫玉23、浚单20、郑单958等;精选种子,进行包衣。

2. 适时早播

适当增加密度、提高整齐度、建立高效冠层。播种时间在6月中旬之前为宜,采用50 cm左右等行距播种,播量37.5 kg/hm² 左右。

3. 适时灌溉

在播种后要及时浇出水苗,播种后0～50 cm土壤含水量低于田间持水量70%时,立即浇出苗水,灌水量以小定额灌溉为宜;在夏玉米各生育阶段,若0～50 cm土壤含水量不低于如下标准,可不进行灌溉,即拔节期65%、大喇叭口期至灌浆初期70%、乳熟至蜡熟期60%的田间持水量,夏玉米每次灌溉量宜控制在每亩600～750 m³/hm²。

4. 适当晚定苗

玉米出苗后及早到田间检查出苗情况,对缺苗断垄处进行补种,3～4片展叶期间苗,5～6片展叶期定苗,留壮苗匀苗,缺苗时可留双株。根据品种特性和当地风灾情况确定留苗密度,紧凑型中、矮秆品种留苗63 000～78 000株/hm²,高秆紧凑型或中秆半紧凑型品种则留苗54 000～63 000株/hm²。

5. 合理施肥

减氮适当补钾，提倡施用缓控肥。如果施用尿素，于大喇叭口期进行追肥。一次性追施纯 N 170～200 kg/hm²，K_2O 75 kg/hm²。也可分两次追氮肥，一次在大喇叭口期、一次在吐丝扬花期，用量分别为 N 75～90 kg/hm²。施肥方法提倡深施（沟施或穴施），如果撒施，施肥后没有降水，应立即灌溉。如果施用缓控肥，则在播种时作为种肥一起施入，肥料应距种子 2～3 cm，以防烧苗，可使用农哈哈播种施肥机，施 N 量 150～180 kg/hm²。

6. 病虫草害防治

封闭除草、防治结合。灌水后立即喷洒封闭型除草剂，对地表进行封闭处理和灭除麦田残留大草，同时防治灰飞虱、蚜虫及其传播的病毒病。玉米苗期注意防治蓟马、灰飞虱、蚜虫、棉铃虫和瑞典蝇等虫害；拔节至大喇叭口期防治玉米螟、棉铃虫等害虫及褐斑病，抽雄以前防止玉米螟蛀茎；灌浆期注意防治蚜虫、螟虫、红蜘蛛和纹枯病等病虫害。雨季田间大草较多时，要防治杂草。

7. 适期晚收

夏玉米尽量晚收，可推迟到 9 月底或 10 月 5 日前。

综上所述，该模式结合平衡施肥、水肥耦合、施肥后移、减施增效技术潜力效应，因而其创新性首先在于各技术效应的综合体现，同时又综合考虑小麦-玉米一体化管理模式，该技术模式的应用可望有 6%～16%的节肥潜力。

参考文献

[1] 陈吉，赵炳梓，张佳宝，等.长期施肥潮土在玉米季施肥初期的有机碳矿化过程研究.土壤，2009，41(5)：719～725.

[2] 陈吉，赵炳梓，张佳宝，等.长期施肥处理对玉米生长期潮土微生物生物量和活度的影响.土壤学报，2010，47(1)：122～130.

[3] 陈吉，赵炳梓，张佳宝，等.主成分分析方法在长期施肥土壤质量评价中的应用.土壤，2010，42(3)：415～420.

[4] 郭丽，贾秀领，张凤路，等.定位水氮组合对冀 5265 小麦叶片硝酸还原酶、可溶性蛋白及产量的影响.华北农学报，2010，25(1)：180～184.

[5] 郭丽，张凤路，贾秀领，等.冬小麦-夏玉米复种连作中定位水氮组合对子粒灌浆特性及产量的影响.华北农学报，2010，25(3)：159～164.

[6] 孙克刚，和爱玲，李丙奇，等.小麦-玉米周年轮作制下的控释肥及控释 BB 肥肥效试验研究.中国农学通报，2009，25(12)：150～154.

[7] 孙克刚，和爱玲，李丙奇.控释尿素与普通尿素掺混不同比例对夏玉米产量及经济性状的影响.河南农业大学学报，2009，43(6)：606～609.

[8] 孙克刚，和爱玲，李丙奇．砂姜黑土区控释尿素与普通尿素掺混对小麦－玉米轮作定位产量及氮肥利用率的影响．磷肥与复肥，2010，25(2)：63～64．

[9] 孙克刚，胡颖，和爱玲，等．控释尿素对小麦品种郑麦 366 产量及氮肥利用率的影响．河南农业科学，2009(8)：67～69．

[10] 孙克刚，李丙奇，和爱玲，等．砂姜黑土区麦田土壤有效磷丰缺指标及推荐施磷量研究．干旱地区农业研究，2010，2(28)：159～161．

[11] 孙克刚，李丙奇，和爱玲．砂姜黑土区麦田土壤有效钾施肥指标及小麦施钾研究．华北农学报，2010，25(2)：212～215．

[12] 孙克刚，李丙奇，李潮海，等．控释 BB 肥及控释尿素在夏玉米上的增产效果试验研究．河南科学，2010，6(28)：693～696．

[13] 谭德水，金继运，黄绍文，等．长期施钾对玉米连作土壤－作物系统钾素特征的影响．土壤通报，2009，40(6)：1376～1380．

[14] 谭德水，金继运，黄绍文，等．长期施钾及小麦秸秆还田对北方典型土壤固钾能力的影响．中国农业科学，2010，43(10)：2072～2079．

[15] 谭德水，金继运，黄绍文，等．灌淤土区长期施钾对作物产量与养分及土壤钾素的长期效应研究．中国生态农业学报，2009，17(4)：625～629．

[16] 王宏庭，金继运，王斌，等．山西褐土长期施钾和秸秆还田对冬小麦产量和钾素平衡的影响．植物营养与肥料学报，2010，16(4)：801～808．

[17] 王宜伦，韩燕来，谭金芳，等．氮磷钾配比对高产夏玉米产量、养分吸收积累的影响．玉米科学，2009，17(6)：123～126．

[18] 王宜伦，李潮海，何萍，等．超高产夏玉米养分限制因子及养分吸收积累规律研究．植物营养与肥料学报，2010，16(3)：559～566．

[19] 王宜伦，李潮海，谭金芳，等．超高产夏玉米植株氮素积累特征及一次性施肥效果研究．中国农业科学，2010，43(15)：3151～3158．

[20] 王宜伦，李潮海，谭金芳，等．缓/控释肥在玉米生产中的应用与展望．中国农学通报，2009，25(24)：254～257．

[21] 邢素丽，韩宝文，刘孟朝，等．有机无机配施对土壤养分环境及小麦增产稳定性的影响．农业环境科学学报，2010，29(B03)：135～140．

[22] 徐明岗，卢昌艾，李菊梅，等．农田土壤培肥．北京：科学出版社，2009．

[23] 袁硕，彭正萍，史建霞，等．磷对不同基因型玉米生长及氮磷钾吸收的影响．中国土壤与肥料，2010(1)：25～28．

[24] 赵惠萍，苗玉红，韩燕来，等．施钾时期对豫北沙薄地冬小麦旗叶叶绿素荧光特性及产量的影响．河南农业大学学报，2010，44(3)：262～266．